设计绘画

[第二版]

DESIGN DRAWING

[Second Edition]

程大金 | Francis Dai-Kam Ching

史蒂夫·P. 罗塞克 | Steven P. Juroszek 著

张卫澜　译

韩学义　审校

U0305438

WILEY

天津大学出版社
TIANJIN UNIVERSITY PRESS

Design Drawing [Second Edition] by Francis Dai-Kam Ching and Steven P.Juroszek
Copyright © 2010 by John Wiley & Sons, Inc. All rights reserved.
Simplified Chinese edition copyright © 2016 Tianjin University Press

天津市版权局著作权合同登记图字 02-2011-40 号
本书中文简体字版由约翰·威利父子公司授权天津大学出版社独家出版。

图书在版编目（CIP）数据

设计绘图：第二版 /（美）程大金，（美）罗塞克著；张卫澜译 . —天津：天津大
学出版社， 2016.4
　　ISBN 978-7-5618-5551-5
　　Ⅰ．①设… Ⅱ．①程… ②罗… ③张… Ⅲ．①建筑设计—绘画技法 Ⅳ．① TU204
中国版本图书馆 CIP 数据核字（2016）第 082826 号

出版发行	天津大学出版社
地　　址	天津市卫津路 92 号天津大学内（邮编：300072）
电　　话	发行部：022-27403647
网　　址	publish.tju.edu.cn
印　　刷	廊坊市海涛印刷有限公司
经　　销	全国各地新华书店
开　　本	210mm×285mm
印　　张	25.5
字　　数	826 千
版　　次	2016 年 4 月第 1 版
印　　次	2016 年 4 月第 1 次
定　　价	100.00 元（含光盘）

DESIGN DRAWING

Preface to Chinese Edition

As always, I am extremely grateful to Liu Daxin of the Tianjin University Press for offering me the opportunity to address architecture and design students and faculty in the People's Republic of China through his publication of my works. Special thanks go to Mr. Zhang Weilan, for his expert and sympathetic translation of my text.

Following on *Architecture: Form, Space and Order, Interior Design Illustrated, Drawing: A Creative Process, Architectural Graphics* and *Building Structures Illustrated: Patterns, Systems, and Design*, this Chinese edition of *Design Drawing* embodies the same approach that I have taken in all of my works—outlining the fundamental elements of an essential subject in architectural education and illustrating the principles and concepts that govern their use in practice. In this particular case, we are concerned with how we can communicate the three-dimensional reality of architectural constructions on a two-dimensional surface through representational means, whether these drawings are done by hand or executed on a computer.

I am privileged and honored to be able to offer this text, and I hope it not only teaches but also inspires the reader to achieve the highest success in their future endeavors.

Francis Dai-Kam Ching
Professor Emeritus
University of Washington
Seattle, Washington
USA

设计绘图

中文版前言

我一如既往地非常感谢天津大学出版社刘大馨编辑给自己提供这样的机会，得以再次向中国建筑和设计专业的师生们出版我的作品。特别感谢张卫澜先生对于书稿文字专业、精准的翻译。

继《建筑：形式、空间和秩序》《图解室内设计》《绘图：一个创意的过程》《建筑绘图》和《图解建筑结构：形式、系统和设计》之后，这本中文版的《设计绘图》继续遵循了以往我所有著述中业已采用的相同方法，在建筑教育中揭示本质性主题的基础要素，以图解形式阐释统御实践用途的原则与概念。在此种情况下，我们关心的是：如何能够在一个二维的表面上，利用徒手画出或是计算机绘制等表现手段表达建筑构筑物的三维实体——无论这些图纸是徒手画出，还是计算机绘制的。

我为能奉献此书深感荣幸，并且希望它不仅是传授知识，也可以激发读者通过自己未来的努力，实现最大的成就。

程大金
华盛顿大学荣誉教授
华盛顿州，西雅图
美国

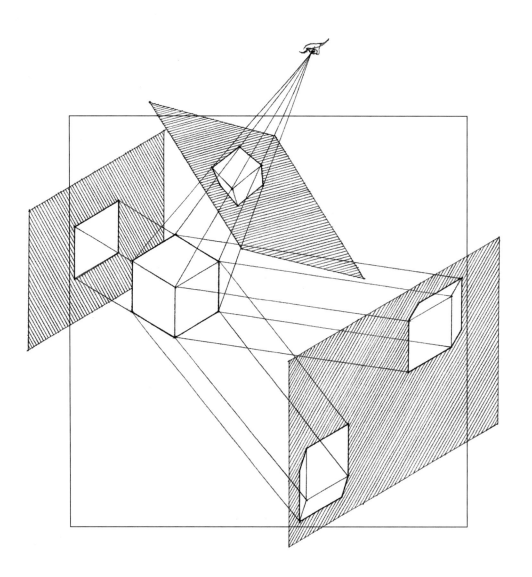

目 录

本书首先是华盛顿大学建筑学院撰写的设计绘图课程读本。本书还汇集了专业娴熟、尽职尽责的教师对设计绘图领域的许多讨论、建议和其他多方面的成果，这些老师包括：凯瑟琳·巴雷特（Catherine Barrett）、辛西娅·埃谢尔曼（Cynthia Esselman）、凯文·卡恩（Kevin Kane）、安妮塔·莱曼（Anita Lehmann）、阿兰·马斯金（Alan Maskin）、本·沙普（Ben Sharpe）、朱迪斯·斯韦恩（Judith Swain）、卡罗·托马斯（Carol Thomas）、马克·沃尔夫（Mark Wolfe）、盖尔·王（Gail Wong）。要特别感谢邰南金（Nan-Ching Tai）为书中数字照明案例以及本书所附CD光盘中绘图系统演示动画制作所提供的珍贵专业知识与协助。

许多学生们充满热情地定期参加了设计绘图课程的教学稳定性测试，他们的努力、成绩以及重要的反馈意见在本书中得到了充分体现。

最后，谨向定期参加设计交流协会（Design Communication Association）会议的指导教师们致以衷心的感谢，他们热心并且无私地与我分享了他们对教学和绘图的思路。他们的洞察力推动了本书的编写进程，同时丰富了此项工作的内涵。

本书第一版得到了格雷厄姆高级美术研究基金会（Graham Foundation for Advanced Studies in the Fine Arts）的部分资助。

这是一本内容全面的绘画手册，面向建筑、室内设计及相关设计专业的学生。书中介绍的绘画指导涵盖了从如何绘制某些对象，比如景观或人物的初步介绍，到更高级的将绘画作为一门艺术的阐述。有些内容针对某种特定的绘画工具，比如铅笔或墨水笔；还有一些内容详细叙述了某种绘画技法，比如透视画法。更进一步的讨论通常仅限于如何通过观察进行绘画。本书基于绘画是"设计的核心"这一理念，将着重论述绘画是一种构想与传达设计思想的工具。

本书首先介绍绘画的过程，包括观察、想象、表现。其余的内容分为三个部分。第一部分为通过观察绘画，介绍组成绘图语汇的图形元素——线条、形状、明暗、形式和空间。这些在徒手绘画领域仍占有很大的比重，因为我们可以直接审视，很好地学会观察、理解和表现这些元素。

第二部分为绘画体系，介绍一套规范的体系去表现三维的物体和空间，这些构成了设计绘画的语言。无论运用哪种绘画方式或技法，每种绘画体系都以一种独特的方式观察和表述我们所直接体验的视觉世界，或者在设计中想象的未来世界。

第三部分为想象绘画，讨论通过思考激发设计的过程中遇到的问题，利用绘画形成设计理念，同时设想如何将我们的设计方案以最好的方式表达。在这一领域，无论在学术上还是实践上，数字绘图和建模工具都具有明显的优势。

针对每一章，本书设置了一系列小练习来提高绘图技能，还提出建议，设置用于测试对概念的理解和应用的长期训练项目。同其他学科一样，绘画需要持之以恒的定期练习，才能达到精通和游刃有余。这本手册的内容必须是主动地参与到绘画过程中来习得，而非被动地去接受。

本书重点依然是徒手绘画，它是我们表达视觉思维
和感受的最直接、最本能的手法。通过在表达视觉
思维和感受过程中有质感的绘画，我们加深了对空
间概念的理解，形成了立体思维的关键能力。

尽管如此，不能忽视电脑技术的优势已经极大地改
变了建筑绘画和设计的过程。目前的图形软件包括
了从二维绘图到三维表面和实体建模的功能，这些
功能用于辅助设计和表现建筑，范围涵盖了从小住
宅到复杂的大型结构。因此，了解数字工具在建筑
图形生成过程中提供的独特机遇和挑战也是十分重
要的。所以，作为本书的第二版扩充了第一版的内
容，增加了对一些适合随手训练的数字绘图技术的
讨论和实例。

无论是徒手，还是借助电脑实现的绘图，能有效地
交流建筑设计概念是始终如一的评判标准，就如同
无论是手写、用打字机或者操作文字处理软件输入，
书面文字的拼写规则、语法和标点符号都始终适用。

引言
Introduction

绘画是通过在画面上绘制线条表现事物（比如一个物体、一个场景或一个想法）的过程或技法。这个定义表明线描和用色彩绘画是不同的。绘画本质上是线性的，它也包括了一些其他图形元素，比如点和笔触，这些同样也可以被理解为线。任何构成绘画的元素都可以采用，这是组织和表达视觉思维和感受的主要方式。因此，我们认为绘画不仅是艺术的表达方式，也是构思和解决设计问题的实用工具。

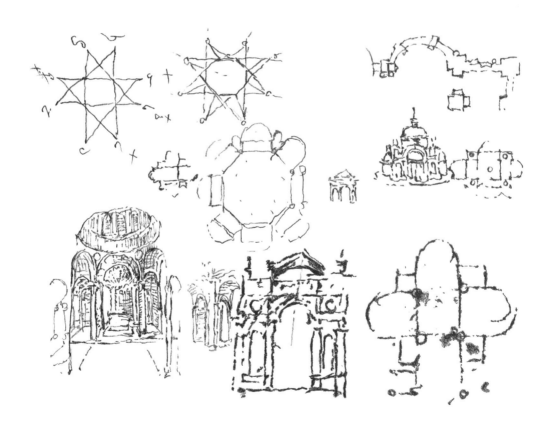

设计绘图的概念让人想到表现绘图，它用于向观众表现一个设计方案的亮点。类似的还有施工图和生产流程图，它们用来为产品或建筑项目提供图示指导。但设计师也会在其他情况下使用流程图和产品图。在设计中，绘图的作用可以扩展到记录现状、推敲想法以及推断和计划未来情况。在整个设计过程中，我们运用绘图使一个概念从构思到方案直到实现建成。

为了学习如何绘图以及将绘图作为一个有效的设计工具，必须掌握一些基本技法，比如绘制线条和记录明暗色调。经过长时间充足的练习，任何人都可以掌握这些技法。除非理解了这些技法依据的感知原则，否则单纯的技法并没有太大价值。尽管数字绘图技术促进和扩展了传统的绘画方法，能够将设计概念转换到电脑屏幕上并把它们转换成三维模型，但绘图依然是感知观察和视觉思考的认知过程。

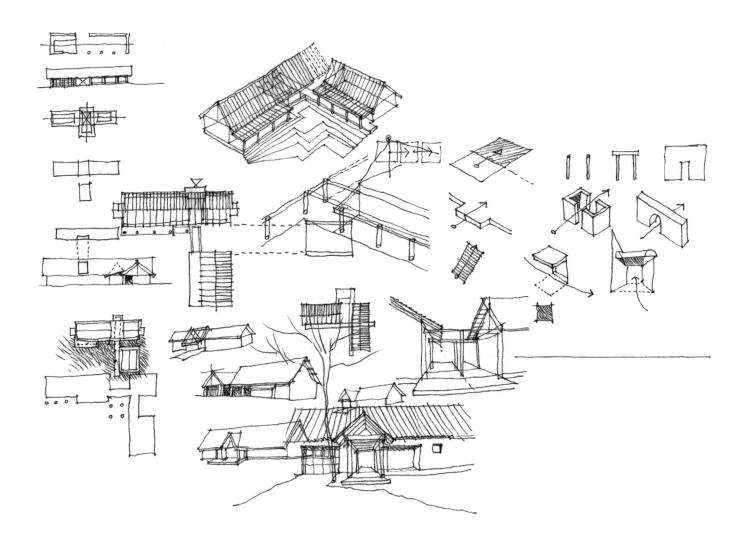

所有绘图的核心是观察、想象和再现图像的互动过程。我们张开双眼，通过观察创造外部现实的图像，从而发现世界。闭上双眼，心灵之眼[责编注]呈现内心真实的图像——过去发生事情的视觉记忆或者想象的未来投影。然后是我们在纸上创造的图像，通过绘图表达和交流想法及所感知的事物。

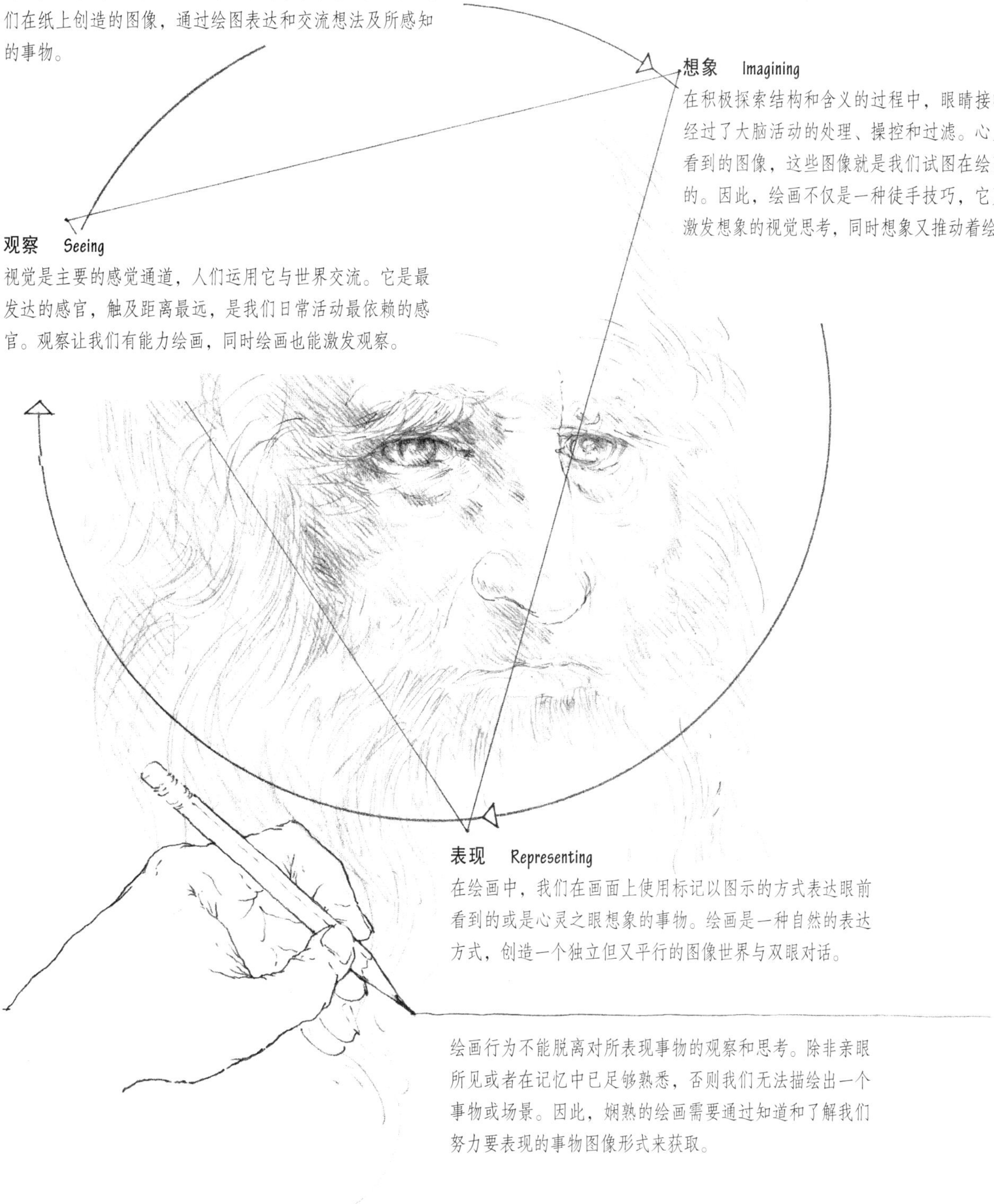

想象　Imagining

在积极探索结构和含义的过程中，眼睛接收的视觉信息经过了大脑活动的处理、操控和过滤。心灵之眼创造出看到的图像，这些图像就是我们试图在绘画中想要表达的。因此，绘画不仅是一种徒手技巧，它更包含了能够激发想象的视觉思考，同时想象又推动着绘画。

观察　Seeing

视觉是主要的感觉通道，人们运用它与世界交流。它是最发达的感官，触及距离最远，是我们日常活动最依赖的感官。观察让我们有能力绘画，同时绘画也能激发观察。

表现　Representing

在绘画中，我们在画面上使用标记以图示的方式表达眼前看到的或是心灵之眼想象的事物。绘画是一种自然的表达方式，创造一个独立但又平行的图像世界与双眼对话。

绘画行为不能脱离对所表现事物的观察和思考。除非亲眼所见或者在记忆中已足够熟悉，否则我们无法描绘出一个事物或场景。因此，娴熟的绘画需要通过知道和了解我们努力要表现的事物图像形式来获取。

[**责编注**] the mind's eye，也可理解为"思维"。

观察行为是一个动态且富有创意的过程。它具有对动态变化的图像传送稳定三维感知的能力，这些图像组成了人们的视觉世界。我们观察图像迅速且复杂的过程有三个阶段。

·接收：人眼以光的形式接收能量输入，无论是光源或者是被照射面的反光。眼睛的视神经在视网膜（作为大脑外延的神经细胞集合）上将进入的光线形成倒立的图像。这些光敏细胞将电磁能转换为电化学信号的同时，提供对每一个点接收到的光线的光强度测定。

·提取：大脑从光能输入中提取基本的视觉特征。这种输入本质上是明暗的图谱，它被视网膜中的其他神经细胞进一步处理，并由视觉细胞传输。经过一个中转，光能输入抵达大脑的视觉皮质，那里的细胞可以提取特定视觉输入特征，比如边界的位置和方向、运动、尺寸和颜色。

·推断：基于所提取的这些视觉特征，我们对身边的世界作出推断。视网膜上只有很小的一部分区域有鉴别精密细节的能力。因此，人眼要不断对一个对象及它的周边环境进行扫描以便看到整个对象。当观察某一事物时，我们所看到的景象实际上是由一系列迅速相互关联的视网膜图像构成的。即使在眼睛扫描浏览时，我们也可以感知一个稳定的图像。人的视觉系统不仅是被动机械地记录视觉刺激的物理特征，而且是主动地将感知的光能转换为有意义的形式。

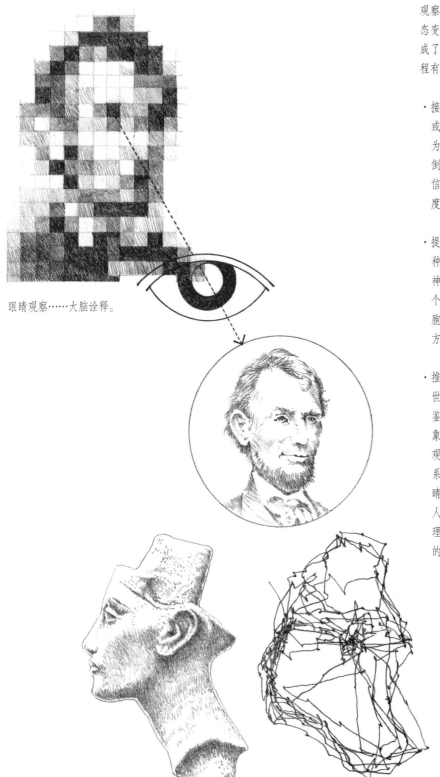

眼睛观察……大脑诠释。

纳芙蒂蒂女王半身像 *Bust of Queen Nefertiti*
观察肖像时人眼睛运动的轨迹，来自莫斯科信息传输问题研究所（Institute for Problems of Information Transmission）阿尔弗雷德·卢基扬诺维奇·亚布斯（Alfred Lukyanovich Yarbus，1914—1986，俄罗斯心理学家）的研究。

观察是一个活跃的图像搜寻过程。心灵之眼以从视网膜图像提取的输入为基础，对我们身处的世界作出有根据的推测。大脑可以很轻松地作出推断。心灵之眼积极地搜寻那些符合我们针对世界印象的特征。它为接收到的图形寻找意义和解读。我们能够从最简单的视觉数据框架中形成形象，必要时通过填补缺失的信息来完成。例如，可能不理解这幅不完整的明暗图案，但一旦被认知，图案就一定能被识别。

因此，视觉感知是心灵之眼的创造。内心不感知，眼睛就会视而不见。脑海中的画面不仅基于从视网膜图像中提取的输入，更是由每个人在观察行为中相关的兴趣、知识和经历共同塑造的。文化环境同样修正感知，同时教会我们如何解释所经历的视觉现象。

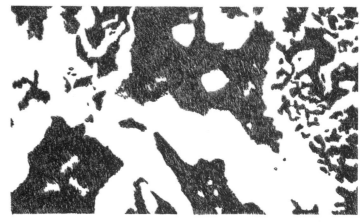

在这张由美国心理学家埃德温·加里格斯·波林（Edwin Garrigues Boring，1886—1968）在 20 世纪 30 年代设计的错觉图像中，既可以看到一个年轻女人的轮廓，又可以看到一个老妇人的头像。

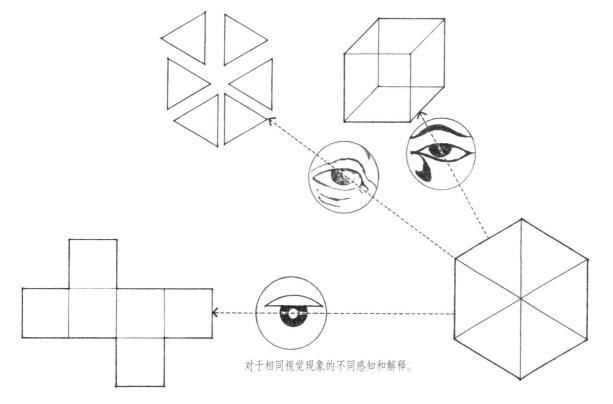

对于相同视觉现象的不同感知和解释。

观察促进绘画　　*Seeing Facilitates Drawing*

实物素描以及对大师作品的临摹是艺术家和设计师传统的基础训练。通过观察绘画是拓展眼—脑—手协调性的经典训练。绘画是用直接的方式体验和研究可见的世界，这让我们更深刻地感知动态的视觉。相应地，这种理解也有助于绘画。

绘画激励观察　　*Drawing Invigorates Seeing*

我们通常不会关注到所有能够看到的事物。通常我们期待想要看到的预设观念指引我们的观察。由于熟悉，人们往往忽视每天面对和使用的东西，而没有真正留意它们。这种感知的选择性（prejudices）使生活更简单、更安全。我们不需要完全重视每一个视觉刺激，如同每次都是第一次看到它一样。相反地，可以只选择那些我们暂时需要的相关信息。这种迅速的观察形成了我们普遍采用的模式化图像（stereotypical images）和视觉习惯（visual clichés）。

对视觉模式进行归类不仅避免感觉混乱，也可以防止我们在看新事物和熟悉事物时同等对待。视觉环境通常比我们由粗略观察而感受到的更为全面和丰富。为了充分利用视觉感官（不仅只是看到符号），必须学会像要把它们画下来一般地进行观察。

绘画鼓励我们要注意和体验全方位的视觉现象，欣赏最普通事物的独特性。绘画加强了对视觉环境的关键性认知，也有助于了解和提高视觉记忆。通过想象绘画时，我们回忆当时的感受，凭借这些回忆把它们画出来。

我们的感知不仅局限于此时、此地可以看到什么。图像经常瞬时出现去回应一个感官知觉——事物被看到，触摸到，或是闻到。即使没有任何感官刺激，我们的智力仍会去回顾或重建图像。你可以轻松地，几乎不费吹灰之力地想象描述给你的事物。读了这些描述，你可以很容易地将它们视觉化：

· 地点，比如童年的卧室、你生活的街道，或者一部小说中描述的场景。

· 东西，比如一个三角形或正方形、一个飘在空中的气球，或者祖父的时钟。

· 人物，比如亲密的朋友、亲戚，或者电视新闻主播。

· 活动，比如打开了一扇门、骑自行车，或者扔棒球。

· 运行（operations），比如一个在空间中旋转的立方体，球在斜坡上向下滚动，或者一只鸟起飞。

对应所有这些口头提示，我们通过心灵之眼加以描绘，进行视觉思考。

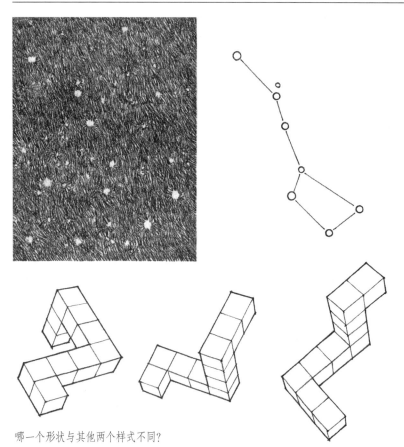

哪一个形状与其他两个样式不同?

视觉思考（图像思维）遍及所有人类活动。它是日常生活中不可或缺的一部分。我们运用视觉思考，比如开车时在街道上寻找一个地址，为晚宴布置餐桌，或对弈时考虑一步棋。当我们在夜空中寻找星座，根据图纸制造一个橱柜或设计房屋时，思想里已经有了视觉形象。在这些活动中，我们积极去尝试把看到的图像与心灵之眼所期待的图像相匹配。

人们脑海中的图像不仅限于当前所看到的。心灵能够超越一般的时间与空间范围，形成、探索或重组图像。后知后觉，我们能够将之前对物品、地方和事件的回忆视觉化。先知先觉，我们也能超前——用想象憧憬一个可能的未来。因此，想象力让我们既可以有一种历史感，又能对未来有规划。它能够在过去、现在和未来之间建立联系（视觉桥梁）。

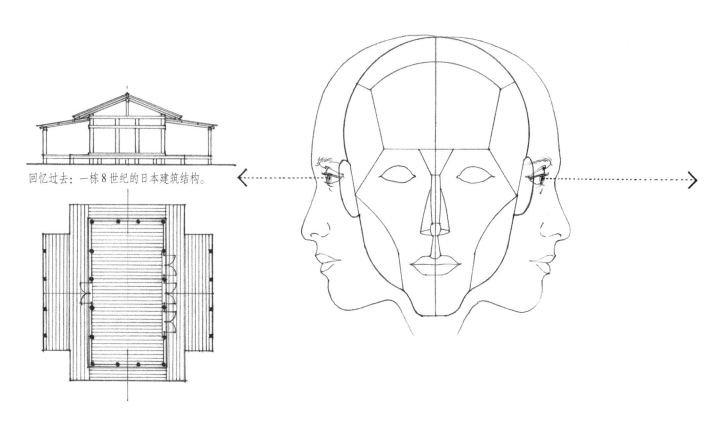

回忆过去：一栋8世纪的日本建筑结构。

想象启发绘画　Imagination Inspires Drawing

我们在心灵之眼中想象的图像往往是朦胧短暂的，而且太难以捉摸。即使生动清晰，它们在脑海中也转瞬即逝。除非采用绘画捕捉，它们会很容易在意识中丢失并被意识流中的其他事物所取代。因此，绘图是一种天然和必要的视觉思维的延伸。内心的图像指导眼睛和手在纸上运动，同时创作中的绘图与脑海中的画面相协调。进一步的想法浮现在脑海中，融入想象和绘画的过程中。

绘画激发想象　Drawing Stimulates the Imagination

绘画是一种影响思考的途径，同样思考也引导绘画。将一个想法画在纸上使人们能够探索并弄清它在很大程度上和人们通过文字形成与理清一个想法的过程是相同的。让想法具体而可见，使我们能够执行它们。我们可以分析它们，以一个新的角度审视它们，将它们以新的方式组合，并转换成新的想法。采用这种方式，设计绘图进一步激发了想象力，并让它们迸发出来。

这种绘图类型是在设计过程的初始和发展阶段必不可少的。一个艺术家考虑一幅画的各种构成，编舞家为演出排练舞蹈序列，建筑师组织建筑的复杂空间—— 都运用绘画这种探索方式想象各种可能性并推测未来。

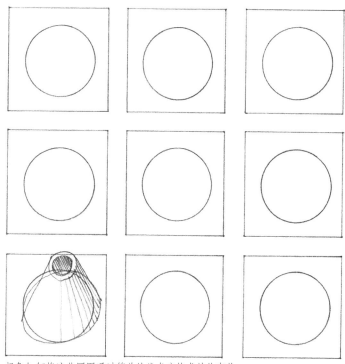

想象如何将这些圆圈通过简单的线条变换成其他事物。

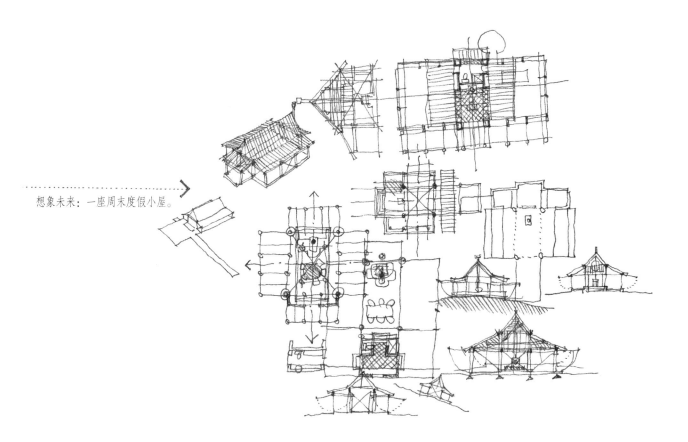

想象未来：一座周末度假小屋。

绘画永远无法重现现实，它只能使我们把感知到的外部现实和心灵之眼产生的内心憧憬变得可见。在绘画过程中，创建了一个与我们经历平行的独立的现实。

我们的感知是全面的，包含所经历过现象的所有信息。然而，一幅绘画只能表达人们经历中有限的部分。在观察绘画时，我们将注意力引导到想象中某些特定方面，有意或无意地忽视其他方面。我们选择的途径和方法也会影响到我们在绘图中表达的内容。

我们也可以画一个熟悉的物体，将它以一个不同于我们亲眼所见的状态去表现。例如，在想象绘画时，不局限于视觉现实中的感性视觉。实际上，我们通过思维产生的概念图像绘画。感性图像和概念图像都是有效的表现方法。它们体现了观察和绘画是相辅相成的。选择哪一种方式取决于绘画的目的和我们想要表达的内容。

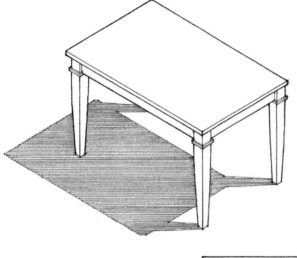

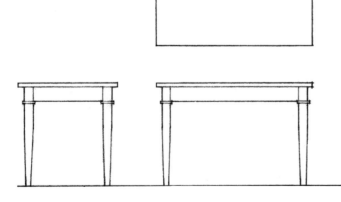

表现同一现实事物的不同方式。

视觉表达   Visual Communication

所有的绘画都会激发观察者对某些部分的注意从而进行表达。图画首先要被眼睛看到才可以表达或指导。一旦引起观察者的注意，它们应促进观察者的想象力并引起回应。

实际上图画的信息量丰富。有些难以使用文字充分描述的内容可以在图画中一目了然。但是因为每个人都以不同的方式观察，我们会对看到的相同画面作出不同的诠释。即使是最真实的绘图也只是一种诠释。因此，需要以一种别人可以理解的方式表达。图画越抽象，就越需要依赖于约定俗成的惯例和文字来传递资讯和信息。

视觉交流的一个常见形式是示意图（diagram），一种用来说明过程或行动的简化绘图，它可以说明关系，或描述一种变化或增长方式。另一个例子是全套表现图（presentation drawing），它提供一个设计方案以供他人审查和评价。更加实用的图形沟通形式包括设计模式、施工图和工艺图。这些视觉指导引导人们实现建筑设计或将一个想法转化成现实。

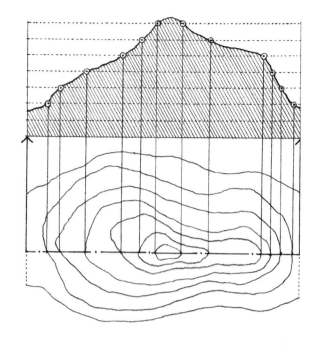

显示关系、过程和模式的绘画实例。

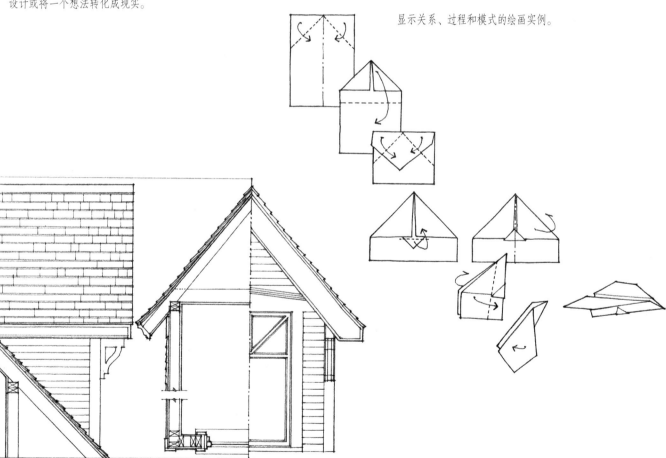

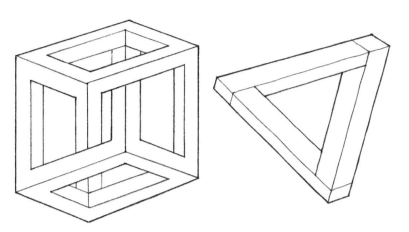

在画面上合理的事物可能在现实中是不可能存在的。

设计绘画中一个基本的问题是观察者对图画的理解与作者的意图在多大程度上相吻合。

阅读绘画　Reading Drawings

尽管我们能够阅读那些不是我们所创作或我们无法实现的绘画，但反之则不然。除非我们清楚创作所需的图形标记，并理解其他人观察和理解它们的方式，否则我们无法创建一幅图画。学习如何绘画的一个重要组成部分就是学习阅读我们看到的以及我们自己创作的绘画。

能够阅读图画意味着我们了解了事物本身以及它在画面中如何被加以表达之间的关系。例如，任何绘图，无论是电脑屏幕生成的或手工创作的，都可能错误地构建和扭曲它所要表现的三维概念。当一个图形所表达的东西不可能在现实中实现时，我们应该能够作出判断，即便图形印象让人觉得它是可能的。

为了更好地评判和提高自己的绘画技能，应该训练站在他人的观察角度来理解自己的绘画。让自己的眼睛相信我们的绘画确实代表了我们要表现的事物是容易的。看到其他人图画中的错误也很容易，因为我们以一种全新的眼光去观察它。颠倒地看一幅图画，远距离观看，或从镜子中看，都让我们有一个新的方式。观察方式的突然变化使我们能够看到容易被忽略的问题。即使是很小的、微不足道的错误也可能让绘图的信息或意义被混淆。

通过观察绘画
Drawing From Observation

"学习绘画实际上是学习如何去看，如何正确地看，它意味着很多内容，而不仅仅是用眼去看。我所指的这种'看'是尽可能多地运用五种感官在同一时间透过眼睛去观察。"

美国艺术教育家基蒙·尼克莱德斯（Kimon Nicolaïdes, 1891–1938）在其所著《自然画法》（ *The Natural Way to Draw* ）一书中如是说。

尽管知觉的本性是主观的，视觉仍是收集身边信息最重要的感官。在看的过程中，我们能够穿越空间，追踪对象的边缘，审视表面，感受纹理，探索空间。在直接回应感官现象时，绘画的触觉性和动觉性锐化了我们当下的意识，扩展了对过去的视觉记忆，并刺激了设计未来时的想象。

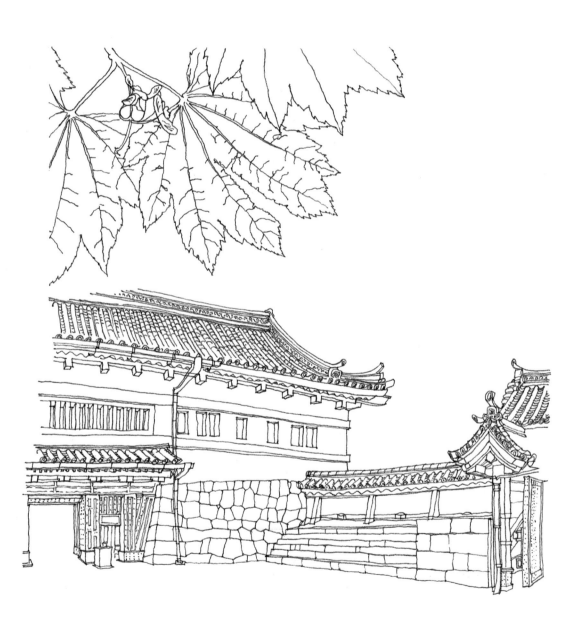

1

线与形 Line and Shape

一个点没有尺寸或比例。当一个点被显示出来，它就在空间中建立了一个位置。当点在一个面上移动时，它描绘出线的轨迹，这是绘画的精髓元素。我们主要依靠线条来描绘在视觉空间里看到的物体的边缘和轮廓。在勾勒这些边缘时，线条开始自然地定义形状——画面元素在视野中建立形体轮廓和组织绘画构图。

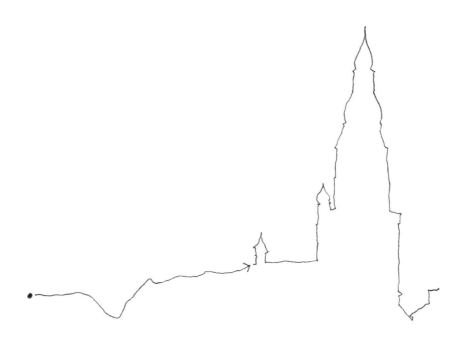

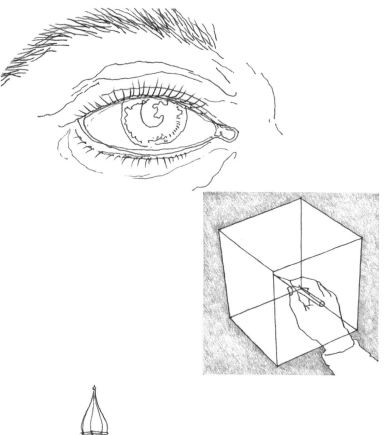

从概念上讲，一条线是一维元素，有连续的长度，但没有宽度或厚度。这种线实际上并不存在于自然物质世界中。任何我们认为是线的事物，实际上是一种细长的、固体的体积，比如一股电线，或一个很窄的凹陷；比如一个折痕，或在颜色或色调中的中断；比如一个物体与它的影子相交接。然而，我们的视觉把所有这些都感知为线条。线条在我们认知身边世界时起到了重要作用，它在我们通过绘画表现感知时也是必不可少的。

绘画时，我们运用绘画工具拉起或拖动点，在画面上产生一条线。作为一个图形元素，线是在二维表面上的一维轨迹。然而，这是我们限定和描述一个物体三维形式最自然、最有效的手段。与视觉中的一样，我们创作这些线条去再现一个形式存在的空间感。而作为观察者，我们可以轻易地将绘制的线条与形态的实际边缘和它内部各部分的边界联系起来。

在以后的章节中，将探讨如何通过线条表达明暗、质感以及形态的内部结构。现在，我们将关注线条在勾勒边缘和轮廓时所起的作用，这是最常见的图案表现形式。

轮廓主宰了我们对视觉世界的感知。人的思维通过眼睛接收到的明暗分布来推断轮廓的存在。人们的视觉系统沿光线或颜色对比区域上的边界点搜寻并创建一条认知线。有一些边缘是清晰的，其他一些边缘因为改变了颜色或因色调明暗而消失在背景中。尽管如此，出于识别物体的需要，思维能够沿每条边缘产生出一条连续的线。在观察过程中，思维强化了这些边缘，并把它们看作轮廓。

最明显的轮廓是那些将一个事物从其他事物中分离出来的轮廓。这些轮廓构成了我们在视觉空间中所看到对象的图像。它们限定对象并定义图—底之间的外部边缘。在限制和确定事物边缘的同时，轮廓也描述它们的形状。

但是轮廓不仅描述一个平面的、二维的轮廓剪影。
· 一些轮廓向内折叠或在平面上断开。
· 另外一些轮廓由相互重叠或突出部分构成。
· 还有一些轮廓描述空间形状和其内部阴影的形式。
无论是观察还是绘画，我们都能够追寻这些轮廓线，因为它们可以充分地描述形式在空间中的立体特征。

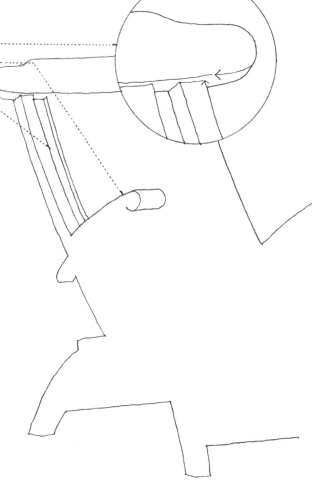

轮廓图是通过观察绘画的方法之一。其主要目的是开发视觉对表面和形式特征的视觉灵敏度和敏感性。轮廓图的绘制过程抑制我们通常在表现事物时运用的符号性抽象（symbolic abstraction）。相反地，它迫使我们要密切注意，仔细观察，并用视觉和触觉去体验一个事物。

我们对于轮廓图的目标是让追踪形态边缘的双眼和绘制表现这些边缘线条的双手实现精确的协调一致。当眼睛慢慢追踪一个物体的轮廓时，手以同样缓慢慎重的节奏移动绘画工具，并且对每一处形态的痕迹和波动作出回应。这是一个细致且有条不紊的过程，需要在每一个细节、每一个部分和每一个形态上下功夫。

绘画过程和视觉一样是可感知的。试想用铅笔或钢笔实际接触所画出的对象。不要重复地描或擦掉线条。最重要的是，缓慢、有意识地画。避免手画的速度比眼观察得更快，跟随眼睛的速度，审视看到的每一个事物轮廓的形状，不必考虑或担心它们的特性。

轮廓图最好是用一个软的削好的铅笔或一个细尖的钢笔，能够产生一条单一锐利的线条。对应于轮廓图所促进的视觉灵敏度，这可以培养一种精确感。

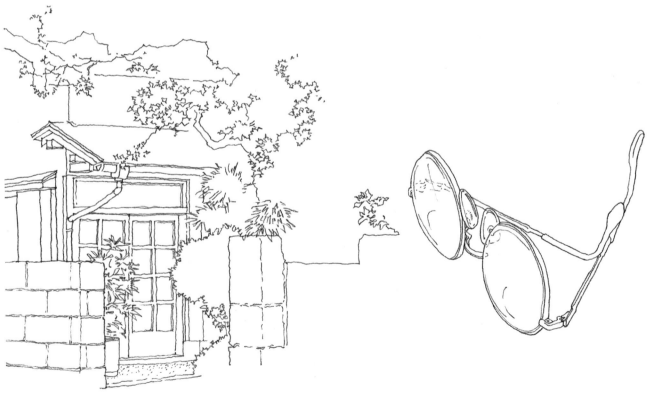

轮廓线图是指只看所画的对象，而不看画面或者不看图像生成的过程。将你的身体从画面转开，把所有的注意力都集中在所画的对象上。当双手试图记录眼睛看到的事物时，双眼则一直停留在所画的事物上。

眼睛专注于轮廓上一个明确定义的点。将钢笔或铅笔的笔尖放在纸上，想象它如同是触摸在所画对象的那一点上。缓慢、有意识地用你的眼睛追踪轮廓，观察轮廓上每一个细微的变化或弯曲。当你的眼睛移动时，在纸面上也以同样谨慎的速度移动钢笔或铅笔，记录每一个你看到的轮廓变化。

继续画你看到的每条边缘，一点一滴，以缓慢均匀的速度推进。当你持续地审视对象时，必须不时地停下来，但要避免这些停顿过于明显。在看到每一条轮廓上的点时都争取记录下来。让眼、心、手同时响应每一个感知到的重要事件。

在这种绘画模式下，歪曲和夸张的比例会经常出现。绘画成品不是看起来像你所画的对象，而是记录并表达你对线条、形状和体量细致的感受。

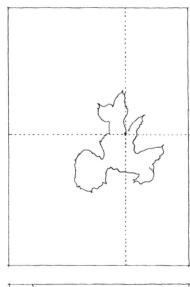
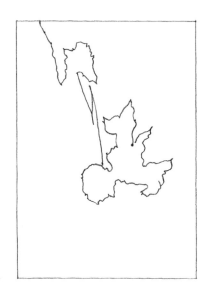

修饰轮廓图从轮廓线图开始。但为了检查大小、长短和角度等的关系，我们允许自己每隔一段时间去留意一下创作的绘画。

一开始和轮廓线图的步骤相同。选择任何一个在所画物体轮廓线上方便的点。将钢笔或铅笔笔尖置于纸张上，想象它接触到所画物体的同一个点。审视轮廓与想象中的垂直或水平线条的关系。当你的眼睛追寻空间中的轮廓时，认真地以同样缓慢谨慎的速度画出轮廓线。

沿着、穿过或围绕一个形态的边缘和表面，画完一条轮廓再画另一条。对每一个表面变化作出相同的手部动作回应。在具有某些特点的点（平面上的断开处或边缘的折叠），轮廓可能在一个弯曲处消失或被另一个轮廓中断。在这些连接处，看一眼图纸并将你的钢笔或铅笔与刚才画的边缘线对齐，以确保一个合理的精度和比例。调整对齐只是一瞥而过，让双眼注视所画对象，继续绘画。

我们越专注于所看到的画面，就越注意到一个形态的细节——材料厚度，它是如何围绕一个角转折或弯曲的以及它如何与其他材料相接触。当遇到大量的细节时，必须判断每一个细节的相对重要性，从而只画出对于形态的理解并表现出绝对必要的轮廓。争取做到线条的经济性（economy）。

不要担心整体比例。通过经验和练习，我们最终可以发展出这种能力——审视每一个对象的轮廓，在心灵之眼中把握线条的图像，将它们在绘图表面上可视化，最后将设想的轨迹画出来。

一个真实的轮廓可以采用单一的线条宽度，而采用不同的线宽可以让轮廓线更有表现力。加粗线条起到强调作用，建立一种纵深感，或暗示一层阴影。定义轮廓的线条特点可以表达形式的性质——它的材质、表面纹理和视觉重要性。

练习 1.1

选择一个具有有趣轮廓的事物，比如自己的手、一双运动鞋或一片落叶。全力关注事物的轮廓，并绘制一系列的轮廓线图。轮廓线图能够开发视觉敏感度、对轮廓的洞察力以及手—眼—脑的协调性。

练习 1.2

与一个朋友配对。用你的右手绘制你朋友左眼的轮廓图，再用左手绘制朋友右眼的轮廓图。比较一下你用通常绘画的手所画的图画与用另一只手所画的图画。用你"不常用的手"绘画会迫使你画得更慢，对所看到的轮廓也更敏感。这个练习也可以通过看一面镜子，然后绘制你自己双眼的方式进行。

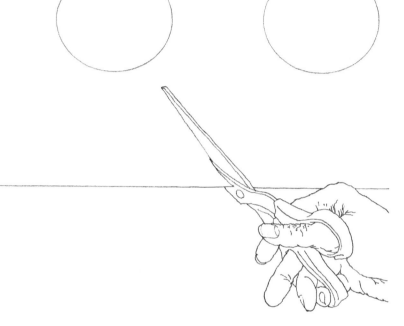

练习 1.3

创作不同形态物体的静物画——花、工具、几个水果和瓶子、树叶、一个手袋。为这组物体绘制一系列的修饰轮廓图。尽量不要命名或辨识你绘制的东西，这可能会变成符号绘画。相反，密切关注、感觉并记录你看到的轮廓和边缘的不同性质。

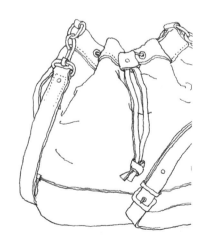

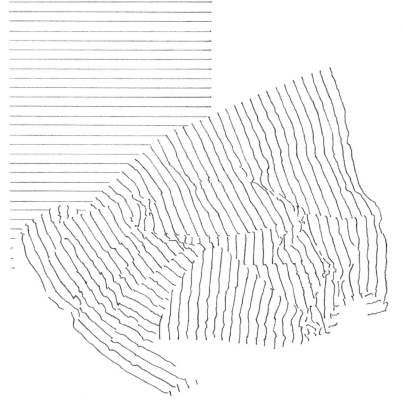

在交错轮廓图中，我们并不以感触被画对象的方式绘制线条，而是通过想象线条间相互叠压接合来绘制线条。所以，并非是描绘一种形态的空间边缘，交错轮廓图强调其空间中的转折和变化。

我们使用交错轮廓图探索和表现一个对象的体积特性，特别是当它的形态不是由平面组成或被画对象形态为有机体时。交错轮廓图沿着表面的突起和凹陷分布。当表面是凹陷的，交错轮廓线便下凹；当表面是抬升的，交错轮廓线也上升。

为了更好地将沿对象表面的空间转折和变化实现可视化，想象在图形上切割出一系列等距、平行的平面，然后画出若干截面的轮廓。通过一系列密集的交错轮廓线，被画对象的形态就会显现出来。

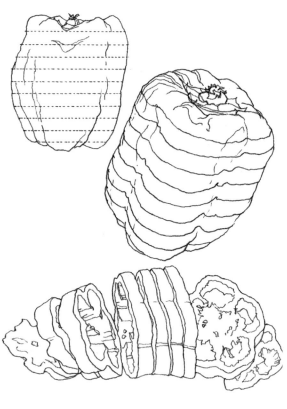

我们在视觉空间中看到的线对应那些可见的颜色或色调的变化。在轮廓图中，我们使用可见的线条表现出在对象和空间边缘的反差。轮廓线刻画一个区域或体量起始以及另外一个区域或体量明显结束的地方。我们对区分不同事物的分界线的感知和描绘，让我们可以对形状加以识别和描述。

形状是有特征的轮廓或形态、形式的表面构造。作为一个在绘画和设计中的视觉概念，形状特指由自身边界围合而成的，从一个更大的区域中分割出来的二维区域。所有我们看到的事物，包括视野领域中被轮廓线围合的区域，或由对比的色彩或色调之间边缘线界定的区域，都具有形状的特质。我们通过形状组织与识别我们所看到的。

一个形状不可能单独存在。它只能透过其他形状或它周围的空间而被看到。任何定义形状的线条，既是切割空间的轮廓线，又是一条路径。因此，当画出一条线时，我们不仅必须意识到它从哪儿开始，在哪儿结束，也要意识到它如何移动以及它切割塑造出来的形状。

在感知阈上，我们首先会看到视野中的某一部分以实体的、明确定义的形象从一个不太明显的背景中显现出来。格式塔心理学（Gestalt psychology）使用"图—底关系"（figure-ground relationship）这个术语来描述这种感知的特性。图—底关系是视觉世界次序中的一个基本概念，没有这种图与底的区分就像是雾里看花。当一个图形具有某些特性时就会从背景中显现出来。

图形边界的轮廓线看起来像是在围绕着图形，而不是在围绕着周围的背景。

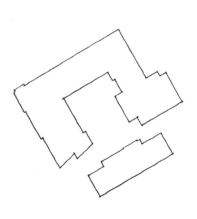

图形看起来像是独立存在的形象，而它的背景则不然。

图形看起来突出于连续的、退后的背景之前。

带颜色与色调的图形比背景显得更实在与坚固。

图形显得距离更近，而背景则稍远一些。

图形统御了一片区域，作为视觉形象它更能令人记忆深刻。

视觉环境实际上是一个连续的图—底关系的阵列。视野中没有任何一个部分是完全沉寂的（inert）。当我们注意到一个事物时它就变成了图形。当我们将目光固定在杂乱桌面上的一本书时，它就变成了图形，而桌面的其他部分都消融到背景之中。当注意力转移到另一本书、一叠纸或一盏灯时，每个事物都可以成为相对于桌面背景的一个图形。进一步拓展我们的视线，办公桌可以看作相对于墙壁的一个图形，而地面和墙壁可以看作相对于房间封闭表面的一个图形。

我们可以从背景中比较清楚地看到的图形通常都具有一个正形。相比之下，图形周围相对无形的背景具有一个负形。图形的正形一般是突出的，相对完整的，实实在在的；而它们的背景看起来是退后的，相对不完整的，无定形的。

我们习惯于看到事物的形状，而不是它们之间空间的形状。虽然通常认为空间空隙是没有内容的，其实它们与其所分割或包围的对象共享相同的边缘。形状的正形和背景的无形空间共享相同的边界，它们一起形成一个不可分割的整体——一个对立统一体。

在绘画中，负形与它们所定义的正形的边缘共用轮廓线。一个绘图的格式和构图包括组合在一起的正形和负形，如相互咬合的拼图图片。在观察和绘画时，我们应该将负空间的形状提高到与图形的正形同等重要的高度，把它看成关系地位平等的伙伴。由于负形并不总具有正形那样容易辨别的特性，我们只能尽自己的努力去观察它们。

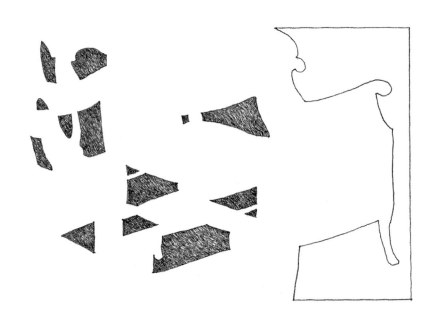

练习 1.4

通过所提供的指导逐一复制这些字母形状的线条。上下颠倒地绘制事物迫使我们减少对它的识别，更注重看到的轮廓和空间的形状。

练习 1.5

将几个回形针放在一张纸上，重叠在一起创造出一些有趣的空间。使用锐利的软铅笔或细尖的黑色钢笔，集中精力绘制你看到的纸张表面上回形针之间的形状。替换成其他的小物件组合塑造出负形，有带缺口的、锯齿状的或复杂外形的，如树叶、钥匙或银器，进行相似的绘画。

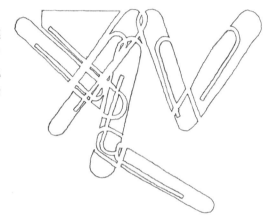

练习 1.6

组合几把形态上有空隙的椅子。重叠它们，创造出有趣的空间。使用锐利的软铅笔或细尖的黑色钢笔，集中精力绘制你看到的纸张表面上重叠的椅子之间的形状。

感知对象的形状一定会由于观察的距离和角度而改变或变形。这可能仅是简单的尺寸上的变化，或更复杂的形式关系的变形。即使看到的图像发生了转变或位移，我们的感知仍然可以识别出事物。这种现象被称为"形状恒常性"（shape constancy），使我们能够把握与我们体验到的知觉现象无关事物的结构特点。

我们对物体的认知却往往会干扰我们画出它在眼中呈现出来的形状。例如，我们可能会倾向于画一个遵循透视原理缩小的形状，表示出是从上面或从侧面看到它的。虽然一个圆形的桌面会表现为一个椭圆的形状，我们可能还是倾向于把它画成一个圆圈。虽然没有一个立方体的面在人眼中呈现的是正方形，我们可能还是会趋向于把一个或多个面画成正方形。

为了避免先入为主地绘制各种形式，需要仔细观察正形和负形相互关联的特性。当绘制正形的边缘时，也应该意识到正在建立的负形。关注这些负空间的形状会防止我们有意识地思考我们所表现的正形，我们可以自由地把它们画为纯粹的二维图形。从一个自相矛盾的方式，暂时将形态平面化为二维的形状让我们能更准确地记录面前看到的三维形象。

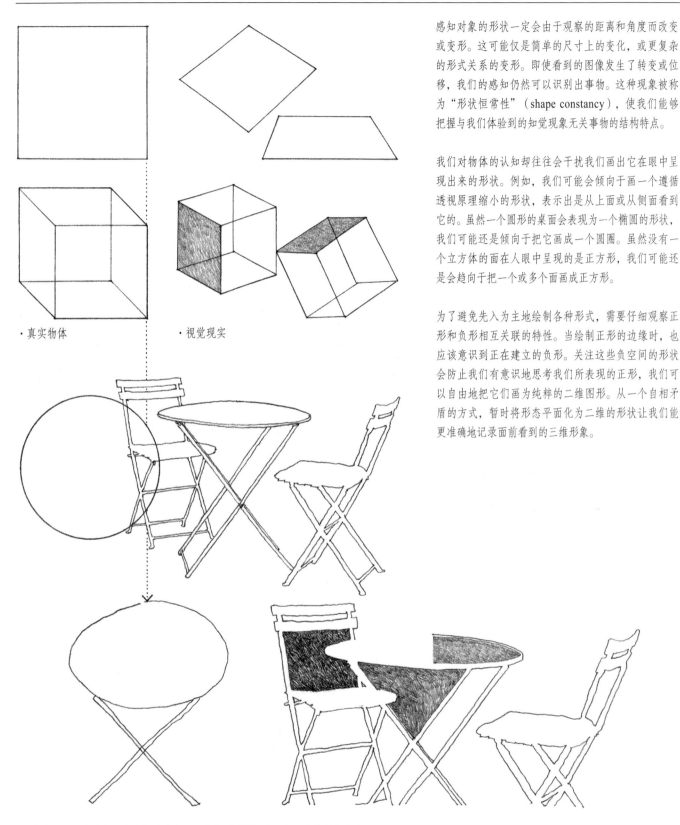

·真实物体　　　·视觉现实

通常我们所画出的是我们所知道的事物与我们看到的视觉图像二者协调的产物。

照准是借助任意辅助装置用肉眼测量的方法。历史上一个著名的例子是德国画家阿尔布雷希特·丢勒（Albrecht Dürer，1471—1528）通过一个透明网格观看事物的装置。网格允许丢勒将所画事物上特定的点和线段转换到画面上。

一个类似但更便携的装置是取景器，它是在一个8.5英寸[责编注]宽、11英寸高的暗灰色或黑色纸板中间整齐切出一个3英寸宽、4英寸高的矩形开口。开口的每条边上用两段黑色的线两等分，用胶带固定。这个取景器帮助我们构成一幅视图并测量轮廓的位置和方向。更重要的是，用一只眼透过矩形开口观察，有效地将视觉图像平面化，使我们更加深入地感知事物的正形和空间的负形所构成的整体。

我们也可以用铅笔或钢笔的笔杆作为照准装置。将手臂伸直并握紧铅笔或钢笔的笔杆，在一个与眼睛平行并垂直于视线的平面上，我们用它来测量线条的相对长度和角度。

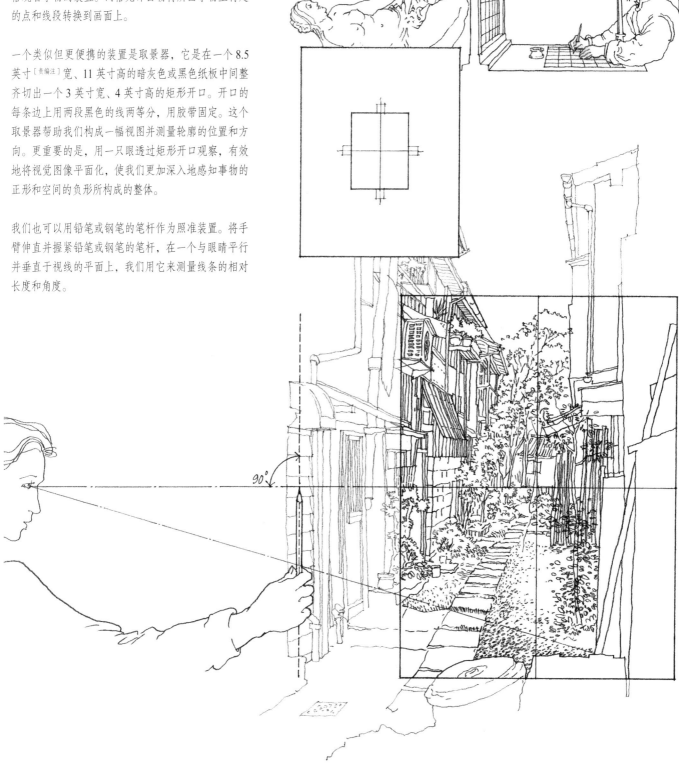

[**责编注**] 1英寸≈2.54厘米。本书系美国建筑学者撰写，所以书中部分计量单位采用了英制单位。

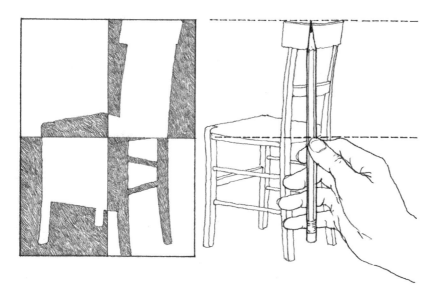

我们使用取景器、钢笔轴或铅笔轴衡量和比较我们所看到的和绘制的点、直线、角度和准线之间的关系。

可以简单地通过取景器中的十字线寻找图像的中点。将图像等分有助于将图像置于画面上并且锐化我们对形状的感知。为了找到一个或一组形状的中点，我们先用钢笔或铅笔的笔杆估计中心的位置。然后检查两部分是否是相等的。

为了进行线性测量，将笔尖对齐我们看到的线的一端，用拇指标记线的另一端。然后将铅笔转移到另一条线，使用测量的长度作为一个单位长度，测量第二条线的相对长度。我们通常使用一个短的线段建立测量单位，其他较长线段是该测量单位的倍数。

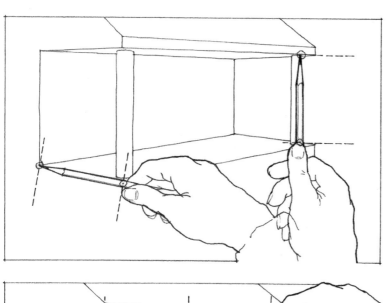

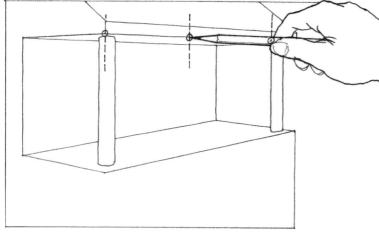

为了测量明显的坡度或线的角度，我们使用垂直线和水平线。这些参考线可能是取景器的边缘或十字线，或伸直手臂握住的水平或垂直的钢笔或铅笔的笔杆。将有角度的线的一端与水平或垂直参考线对齐，直观地测量两者之间的角度。然后将这个测量角度转移到绘图中，作为指导画面边缘对应的水平和垂直的参考线。

我们也可以使用相同的参考线去观察图像中哪些点是水平或垂直对齐的。用这样的方法检查对齐能有效地控制正形和负形之间的比例和关系。

通过训练和经验，我们可以不借助取景器或铅笔等外部设备来运用照准方法。相反地，我们培养仅靠眼睛来测量一个形式的尺寸及衡量关系的能力。为此我们应该在形态的一个方向上，在心灵之眼中建立一把视觉标尺。然后，将这个图像投影在我们所画的其他部分或方向上。进行视觉判断时，重要的是，对照实际看到的检查我们进行的任何初步假设。根据想象或记忆绘画时，必须能够根据想要表现的内容去评判我们的绘画。

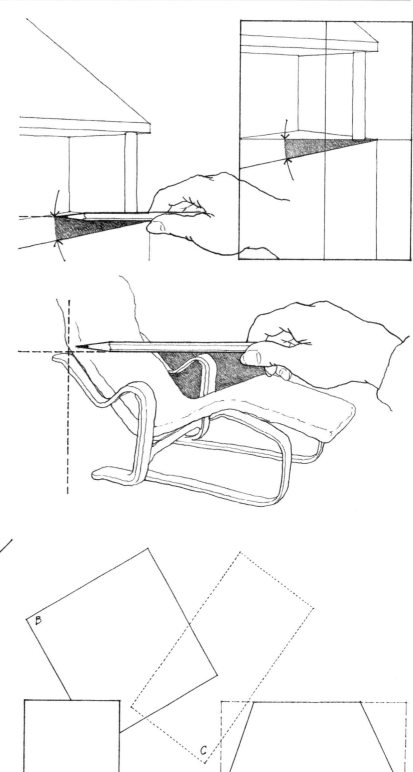

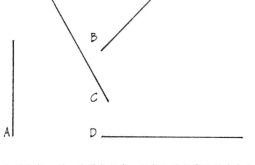

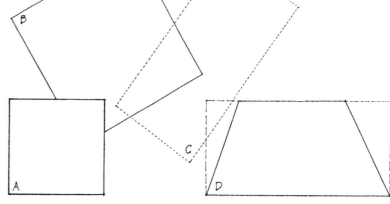

如果线条 A 是一个单位长度，线条 B 的长度又是多少个单位长度呢？线条 C 和线条 D 呢？

如果 A 是正方形，正方形 B 的比例是多少？矩形 C 又是多少？那围合四边形 D 的矩形比例是多少呢？

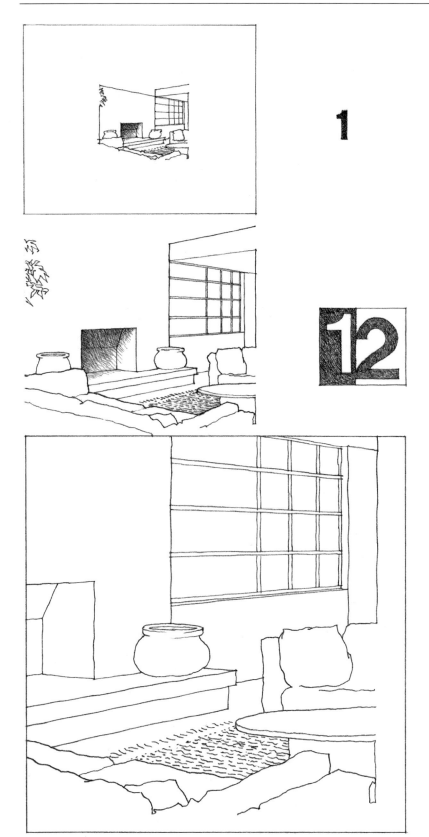

组织一幅图画或一个设计的构图实质上是组织形状。当在纸上开始绘画时，我们要决定相对于纸张的大小、形状和边缘，图像将会是多大，放在什么位置，什么方向。我们还必须要决定画面中包括什么，什么可以从我们看到的或想到的内容中省略。这些决定将影响我们如何感知正形和负形之间最终的图—底关系。

当一个图形悬浮时，孤立于广阔的空旷空间当中，它的存在更加突出。这种类型的图—底关系是容易看到的。图形清晰地显现为一个相对于空旷的、广泛散播的、无形背景上的正形。

当一个图形夹杂在它的背景区域中或与同一区域中其他图形重叠时，它就开始组织周围空间变成可识别的形状。就发展出一个更加互动和整合的图—底关系。视觉运动发生在正负形状之间，而由此产生的视觉张力带来了趣味。

当图形和背景都具有正形的特质或者我们使得重叠的形状变得透明时，图—底之间的关系就会变得模糊。起初，我们可能将一些形状看成图形。然后，转变视线或者解读，将之前可能认为是背景的形状看作正形。取决于绘图的目的，这种正负形之间模糊的关系在有些情况下是需要的，而有时又使人分散注意力。任何一个图—底关系的虚化应该是有意的，而不是偶然的。

练习 1.7

安排一组景物然后使用取景器研究不同的构图。变化观察
距离创建一个相对于无形背景的孤立图形、一个互动的图—
底布局形状，最后构成一个模糊的图—底关系。

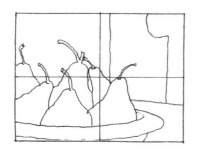

练习 1.8

做类似的研究，如何将一个室外场景取景创建为一个插图、
一个互动的图—底布局形状，最后构成一个模糊的图—底
关系。

搜寻模式 *A Search for Pattern*

我们所看到的和所画的，往往是一个包含各种线条和形状的复杂构成。通常存在的不是一个而是整个阵列的相互关联的图—底模式。我们如何理解这样一个复杂的视野呢？我们看到的不是单个形状，而是一个关系模式。据格式塔感知理论，我们往往简化我们所看到的，组织复杂的事物成为更简单、更全面的模式。这种分组会按照一定的原则发生。

相似性
我们倾向于将一些有共同视觉特征的事物组合在一起，如形状、大小、色彩、细节、排列或方向等类似的事物。

接近性
我们倾向于将比较接近的元素组合在一起，排除那些较远的元素。

连续性
我们倾向于将沿同一条直线或沿同一方向的元素组合在一起。

这些感觉上的倾向使我们看到一个构图中各图形元素之间的关系。如果这些关系形成了一个相对规律的形状，那么它们可以将一个复杂的构成组织为一个感知上更简单、更容易理解的整体。因此编组原则有助于促进绘画中整体、多样和视觉丰富性的共存。

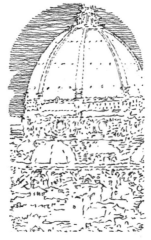

搜寻稳定性   *A Search for Stability*

围合是指一个开放的或间断的图形倾向于被看作一个完整的和稳定的形状。将一些点按某种模式排列，视觉线路连接这些点并形成一个规则稳定的形状。这些线条与构成一个规则形状的线条相似，即使这个形状的一部分是隐藏的。不完全的图形往往试图使自身完整，成为具有简单性和规律性的形式。

在有些情况下，即使事实上一条线也不存在，心灵之眼仍试图让一个形状变得规则可见。这些被看到但并不存在的线是虚幻的，没有实体根据的。我们在视觉领域中看到的线是完全同质的（homogeneous）。它们既可以是直的，也可能是弯曲的。虽然看似它们所定义的形状是不透明的，图形也可以是透明的。在任何情况下，我们倾向于感知的是最简单、最规则的线条结构，使我们所看到的形状能够完整。

围合原则促使观察者在思维中将一幅图画中中断的线完成并填充不连续的形状。因此即使不用实际绘制出来，我们仍使用这种感知特性暗示形状。这会使线条使用更经济，让绘图更有效率。

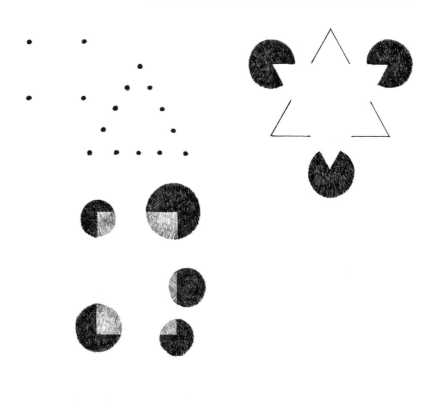

从图形的明暗图案中你看到了什么?

搜寻含义   A Search for Meaning

编组原则的相似性、接近性和连续性没有考虑它所代表的含义。它们帮助我们组织即使是最抽象的图案。由于心灵之眼不断搜索我们所看到事物的含义，我们也倾向于将形状编组成熟悉的图像。

仅仅看到一个明显模糊的形状有时会让思维更有准备，更有兴趣地去搜寻一个更具体的图像。在寻找意义时，心灵之眼想象并将熟悉的图像投射到看似无形的图案上，直到找到一个相符的意义。它试图完成一个不完整的图案，或者依照我们已经知道或希望看到的，从一个较大的图案中寻找一个有意义的图案。一旦看到并理解，是很容易看到图像的。

思维确定所看到事物意义的方式往往是不可预知的。因此必须不断意识到其他人可能会从绘画中看到不同于我们想要或希望他们看到的内容。

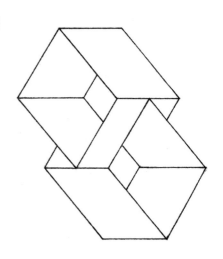

绘画并不能自己表达自身的含义。这幅画对于观察者有什么含义?

练习 1.9

锻炼你的头脑倾向将含义投射于不熟悉的或模糊的图像上。在墨迹中你看到多少不同的事物？

练习 1.10

七巧板是一种中国拼图游戏，一个方形被切割为五个三角形、一个正方形和一个菱形，可组合成各种各样的图像。一幅七巧板沿粗线裁剪。你能否排列七巧板的各部分组成下列范例？你还可以组成多少其他可识别的图案？

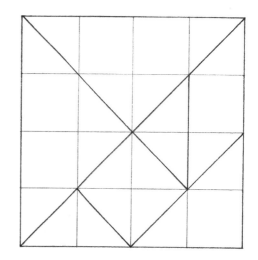

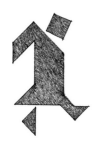    

"……当看到一个布满污点的墙壁，你可能会发现它好似不同的景观，美如山川、河流、岩石、树木……或者你可以看到战斗中的和动态的人物或陌生的面孔和服装以及无数各种你可以简化为一个完整的、众所周知的形式。而这些出现在墙壁上混乱的如铃铛声一样刺耳的图案，你可能会选择任何名称或文字去想象它们。"

——列奥纳多·达·芬奇（Leonardo da Vinci，1452—1519，意大利画家、雕塑家、建筑师）

2
色调与质感
Tone and Texture

虽然线条是刻画轮廓和形状必不可少的，但表面和体积的某些视觉特质是不能单纯用线条来描述的。即使我们改变线宽去暗示表面方向的转变或形式的重叠，它的效果也是潜移默化的。为了突出形状、塑造形态的表面，我们要渲染色调的明暗。通过色调明暗的相互作用我们能够生动地表现光线、质量和空间的质感。通过线条和色调明暗的组合，建立了称之为"质感"的触觉和外观。

视觉来自于眼睛上视网膜神经细胞的刺激、光强和颜色的图案信号。我们的视觉系统加工处理这些明暗的图案，并提取环境中某些特征——边缘、轮廓、大小、运动和色彩。这种评估让我们产生在空间中将不同事物区分开的感知。

我们看到的明暗图案产生于光与周围事物表面的相互作用。被照亮表面所反射的辐射能创建亮的区域，而光线不足时则产生相对较暗的区域，这是因为表面转移到背向光源或不透明体阻挡了来自光源的光线。

正如看到明暗图案是人们感知对象时必不可少的，在绘画中表达色调明暗对于用图纸描绘物体明暗，描述光对于形态的影响以及弄清它们在空间中的布局也是必要的。在开始创造并运用色调明暗塑造形态并表达光存在之前，有必要理解颜色和明暗之间的关系。

颜色是一种光的现象和视觉感知，它通过物体的色相、饱和度、亮度及光源的色相、强度和亮度来描述。我们所指的明暗是颜色的相对亮度。在颜色的属性中，明暗在观察和绘画中是最关键的。

· 有些色相会比其他色相反射更多的光线，这就是为什么我们感觉它们比其他色相更浅或者更淡。

· 相同色相阴影调子的明暗是不同的。比如，天蓝和靛蓝是相同的色相，但前者是固有的，在明暗上比后者更亮。

· 光线照亮颜色，让它变得以可见的方式影响其显示出的明暗。一个有颜色表面上的高光会比同样色调在背阴或投影中显得亮很多。

· 周边的色相或明暗会改变我们对一个颜色或调子的感知。

每种颜色都有一个色调明暗，但它往往是难以辨别的。然而，如果眯起眼睛看一个物体或一个场景，我们对色相的感知会减弱，而调子的图案开始显现。这样看颜色明暗并能够把它们转化为等价的色调明暗，是在用传统的铅笔和钢笔等工具绘制中的重要任务。

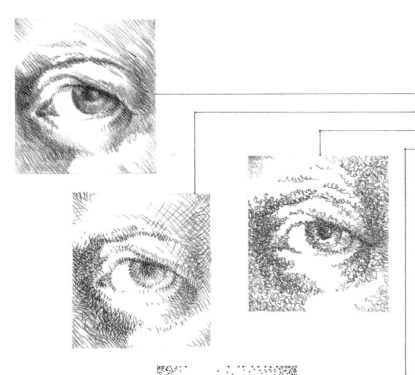

使用传统铅笔、钢笔和墨水工具在一个浅色表面绘制深色印迹，有几个创作色调明暗的基本技法。

单向影线
交叉影线
乱线涂鸦
点画

这些技法都要求逐渐描绘完成或者要有诸多线条或点的分层。每种技法的视觉效果根据不同的线条性质、绘图工具、图面纹理而不同。不管使用哪种阴影技法，我们必须充分认识到所产生的色调明暗。

由于色调明暗主要是利用画面上相对的明暗区域的比例表示，这些技法的最重要特征是笔画或点的间距和密度。次要特性包括视觉质感、纹理和线条方向。当表现最暗的色调时，应该小心不要丧失纸张留白。用一个不透明的技法完全遮盖纸张表面会导致一幅绘画失去深度和活力。

空间

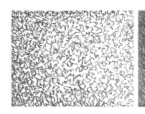

纹理

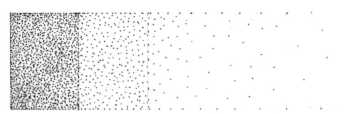

密度

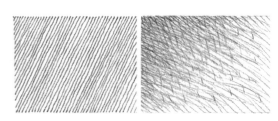

方向

单向影线　Hatching

单向影线包含了一系列近乎平行的线。线条或长或短，机械排列或徒手绘制，用钢笔或铅笔在光滑或粗糙的纸上流畅地落笔。当间隔密了，线条就会失去个性，合并成一个色调明暗度。因此，我们主要依靠线条的间距和密度控制明暗程度。虽然增加线条宽度可以加深暗度值，使用太粗的线条可能会导致不希望有的粗糙和沉重的质感。

要用铅笔产生一个调子范围，用不同硬度的铅笔或者控制绘画时的压力。要当心不要过于密集地使用一种硬度的铅笔，或压力过大造成铅笔笔尖将绘图表面压出痕迹。

与铅笔线不同，墨线的色调明暗能够保持均匀。我们只能控制影线的间距和密度。但是，当使用一个有灵活笔尖的钢笔，则可以改变压力从而微妙地改变线条宽度。

最灵活的徒手影线技法使用相对较短、急速、对角线方向的线条。为了准确刻画边缘，稍微用力定位每条线的起始，羽化线条的两端来描绘出曲面、纹理渐变或调子的细微差别。当将色调明暗延伸至一个较大的区域，软化边缘和相互重叠每组线条来避免直线条状的密集组合。

采用一层额外的对角线方向的线条，使其与之前的线条只有细微的角度差别，我们增加密度进而增加一个区域的色调深浅。以这种方式保持对角线方向的线条，避免了与底层绘画混淆并统一了构图中的各种色调区域。

影线的方向也可以沿着一个形态的轮廓并强调其表面的方向。然而要记住，仅这个方向没有对色调明暗产生影响。用纹理和轮廓线，一系列的线条也可表现材料特性，如木纹、石材质大理石花纹或织物编织。

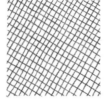

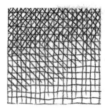

交叉影线　Crosshatching

交叉影线利用两组或更多组的平行线创造色调。和单向影线相似，线条或长或短，机械排列或徒手绘制，用钢笔或铅笔在光滑或粗糙的纸上流畅地落笔。

最简单的交叉影线由两组垂直的平行线组成。尽管产生的交织可能适合描述某些纹理和材质，图案也会产生僵硬、枯燥和机械的感觉，特别是当线条以宽间距规则地排布时。

使用三组以上或多层的影线在产生更广的色调明暗范围时提供了更多的灵活性和表面纹理。多方向的影线特征也使得它更容易描述表面的方向和曲率。

在实践中，我们常常将单向影线和交叉影线结合成一种技法。简单的单向影线在绘画中创造较浅的调子范围，交叉影线渲染较深的调子范围。

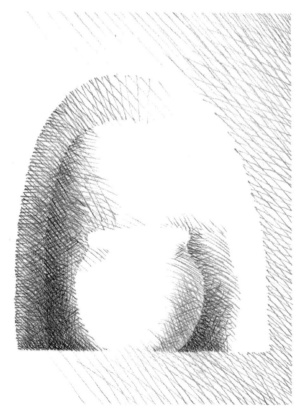

乱线涂鸦　*Scribbling*

乱线涂鸦是包含了绘制随意的、多方向线条网的阴影绘制技法。乱线涂鸦的徒手特性给我们描绘色调明暗和纹理提供了极大的灵活性。我们可以改变线条的形状、密度和方向实现广泛的色调明暗、纹理和视觉表现。

线条可以是断开的或连续的，比较直的或弯曲的，锯齿状或轻轻地起伏的。通过交织线条，创建一个更具凝聚力的色调明暗结构。通过保持一个主导方向，我们生成一种质感从而将各个区域和光影明暗统一起来。

和单向影线相似，我们必须既注意线条的尺度比例和密度，又要注意它们所表达的表面纹理、图案和材质的特性。

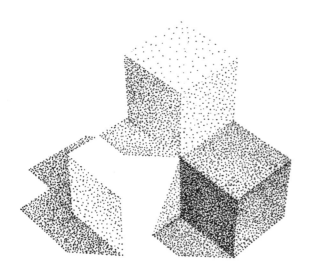

点画 *Stippling*

点画是用非常精细的点绘制出阴影的技法。使用细尖的墨水笔在光滑的绘画表面绘画时效果最好。

采用点画法是一个缓慢而耗时的过程，需要最大的耐心并注意控制点的大小和间距。依靠密度控制色调明暗。避免尝试把点增大而加深色调。相对于带色调区块的面积而言，如果点的尺度过大，会使纹理显得过于粗糙。

我们在纯色调绘画中用点画建立色调明暗，单独依靠调子来定义边缘和轮廓。运用点画给轻描的形状上调子。我们首先用间距均匀的点覆盖所有的阴影区，创造最浅的调子。然后，用更多的点创建下一层的调子。我们按一定的规则继续添加点，直到建立了最暗的色调调子。

既然在纯色调绘画中没有客观描述轮廓和形状的线，必须依靠一系列的点勾勒边缘空间轮廓并定义形式的轮廓。我们使用间隔紧密的点来定义清晰、明显的边缘，用间隔稀疏的点表示更柔和、更圆润的轮廓。

白色代表最浅的调子，而黑色代表最暗的调子。在这两者之间存在一个灰色的中间范围。这个范围利用一种类似的形式表现，包含均匀渐变的明暗或灰度。

当我们开始看到了明暗的关系，就必须运用各种工具和技法培养出能够创造相应色调的能力。为此，生成有层次等级的色调明暗是有益并值得的。探索所有前几页介绍的绘制阴影技法。研究在一个着色或彩色表面上完成一个灰度等级，使用黑色铅笔界定比画面更深的明暗度，用白色铅笔建立比画面更浅的明暗度。

每次尝试后，离开一定距离仔细评估明暗的次序。检查调子中是否有任何中断之处，从白到黑，调子是否均匀。经过规范的训练，应该能够培养出可以复制任何所需色调并保持绘图所需明暗对比的控制力。

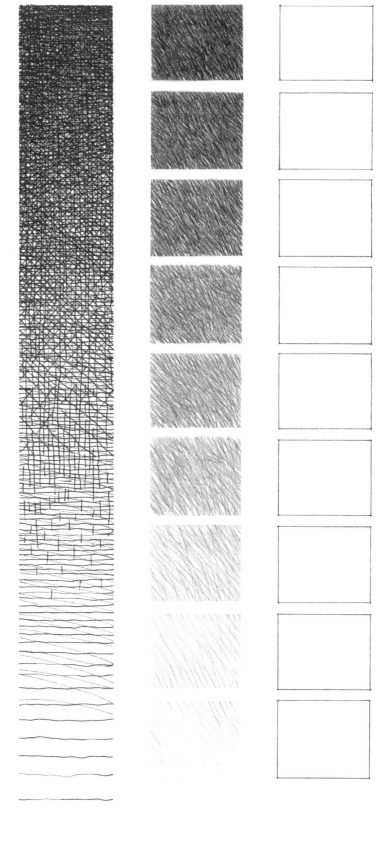

塑形是指通过表现阴影在二维表面渲染体积、固态和深度的错觉效果。通过色调明暗表现阴影从一个简单的轮廓扩展到三维形态领域中空间上的组织排布。

从亮到暗塑造调子可以描述表面性质——无论是平面或曲面、光滑或粗糙。亮的区域，可以从暗的背景中显现，如土丘从土地中升起；而暗的区域可能显现为凹陷入绘图表面的进深之中。从亮到暗的逐渐过渡发生在圆柱、圆锥和有机形态表面，而突然的明暗变化反映出在立方体、棱锥体和其他棱柱体平面上呈一定角度的相交。

既然定义边缘可以帮助人们认识形状，我们期待着通过边缘去发现一个三维形态的表面造型。我们必须谨慎定义边缘的性质或由两个形成对比的调子构成的形状二者相交的边缘。对色调边缘熟练的操控是定义表面或物体的特性及稳固性的关键。

硬性边缘描绘形态上的突然转折或描述由插入空间使轮廓从背景中脱颖而出。用生硬精确的色调明暗转折定义硬性边缘。柔性边缘描述模糊或不明确的背景形状、圆角形态表面的柔和曲线以及低对比度的区域。我们逐渐改变色调明暗或减弱色调对比创建了一个柔性边缘。

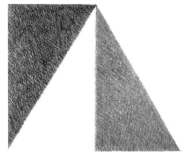

硬性边缘

柔性边缘

软－硬混合边缘

练习 2.1

使用软铅笔创建一个色调明暗范围将二维的圆形、三角形和多边形转换为一个三维的球体、圆锥体和立方体。尝试用单向影线、交叉影线和乱线涂鸦技法营造出所需的色调明暗范围。

练习 2.2

重复上面的练习，但这次使用细尖的黑钢笔，尝试用单向影线、交叉影线和点画技法营造出所需的色调明暗范围。

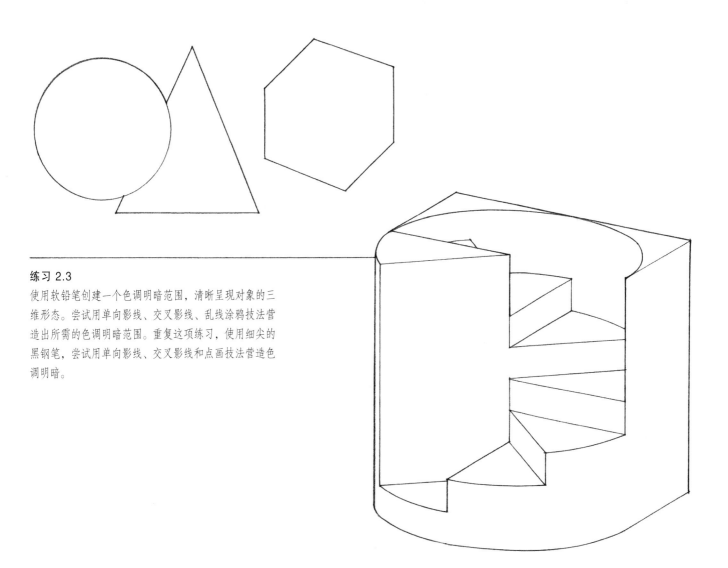

练习 2.3

使用软铅笔创建一个色调明暗范围，清晰呈现对象的三维形态。尝试用单向影线、交叉影线、乱线涂鸦技法营造出所需的色调明暗范围。重复这项练习，使用细尖的黑钢笔，尝试用单向影线、交叉影线和点画技法营造色调明暗。

虽然色调明暗可以在一个绘图平面上表达深度，我们能够借助光亮更生动地描述环境中形态和空间的三维特质。光是辐射能量，照亮世界，使我们能够看到三维空间中的形态。实际上我们看不到光，看到的是光的效果。光线落在表面被反射，创造出受光区、背光区和阴影区，从而给我们提供了关于它立体特征的知觉线索。色调明暗在图像上相当于背光区域和阴影区域，受光区域只能通过色调的缺失来表达。在渲染明暗调子形状所呈现的模式时，利用一个有质量和体积的形态创造空间深度感。

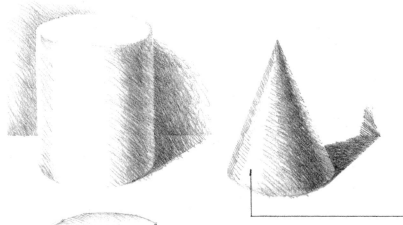

几乎我们所看到的一切都包含一个或多个相对简单的几何形状的组合——立方体、棱锥体、球体、圆锥体、圆柱体。如果了解光线是以一种有逻辑的、连贯的方式照在这些基本的固态物体上，我们可以在更复杂的物体上更好地渲染光线效果。当光线接触到一个对象，它创造了一个受光面、一个背光面和一个阴影区。在这种明暗模式下，我们认识以下要素：

亮的色调出现在任何面向光源的面。

色调明暗的变化出现在表面背离光源的面，中间调子出现在与光线方向相切的表面上。

高光表现为光滑表面上直接面对或反射光源的发亮的点。

背光是指光滑表面上背离光源、比较暗的色调。

反光区域——光线从附近的表面反射，使一个背光或阴影区域的色调明暗变亮。

阴影是被一个对象或一个对象的一部分在表面上投影后呈现的较暗的调子，否则它会被光源照亮。

在建模时，我们往往首先考虑一个表面本身的调子。本身的调子描述材料表面的明暗。这是一个表面的恒定特征，与光无关。然而，照亮表面的光线特质会改变它本身的调子。例如，浅的颜色在阴影中会比那些本身较暗但被光照亮的颜色显得更暗。渲染色调明暗时，应该尝试表现这种本身调子、光和阴影之间的相互作用。

重要的是要记住，通过周围环境感知色调明暗。同步对比法则指出一种颜色或色调明暗的刺激会导致对其加以补充的感知，也就是瞬间设想到一个并列的颜色或调子。例如，两种对比的颜色或调子并列时，较浅的颜色会让较深的颜色显得更深，而较深的颜色会让较浅的颜色显得更浅。以类似的方式，一个色调明暗叠加在一个较深的色调上会比叠加在一个较浅的色调上显得更浅。

本身明暗 ＋ 光影模式

＝ 明暗模式

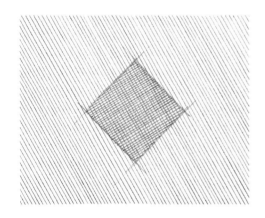

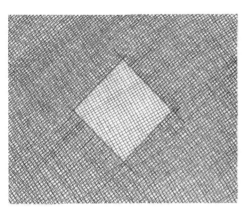

明亮的光线

漫射光

为了渲染光线效果，我们必须能够理解光源的性质，它与由它照亮的对象之间的空间关系以及形态本身的三维性质。

背光表面和投影的清晰度以及明暗色调提供了光源特征的线索。

· 明亮的光线产生强烈的明暗对比以及清晰的阴影。
· 漫射光在被照亮的表面和投影之间创建较弱的明暗对比。

投射阴影披露出空间中物体的相对位置。

投影将一个对象固定在它所放置的表面上。

投影显示形态和承影表面之间的距离。

投影表明承影表面的形态。

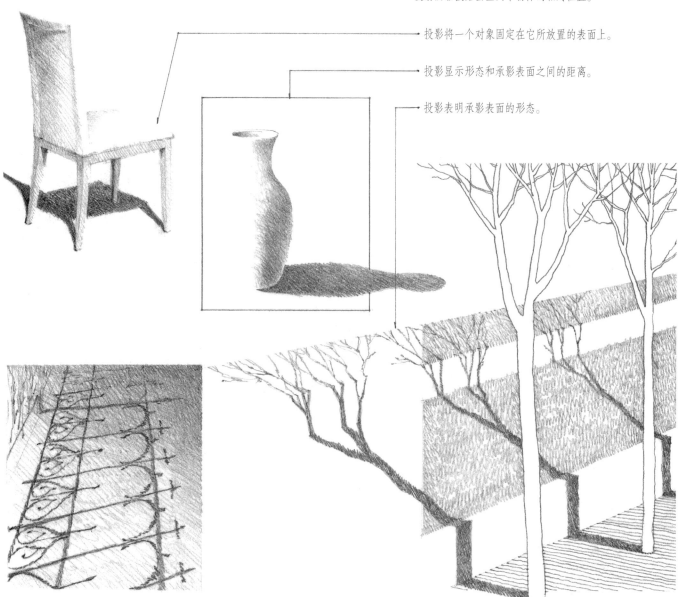

即使物体形态不在视野范围之内，它们所投射的阴影揭示它们的形状。

阴影的形状和路径表现了一个光源的位置及其光线的方向。

· 投射阴影后退的方向与光源的方向相反。
· 正面照明在被照物体的后方创建出较深的阴影使其远离观察者。
· 顶部照明创建的阴影较浅或位于被照物体的正下方。
· 侧向照明使被照物体的一侧处在阴影中，投射阴影的方向与光源方向相反。
· 半侧面照明，从观察者的顶部穿过肩膀的方向，创建出强烈的体积感，并揭示了被照物体的表面纹理。
· 背光照明向观察者创建较深的阴影，强调对象主体的轮廓。

正面照明   顶部照明

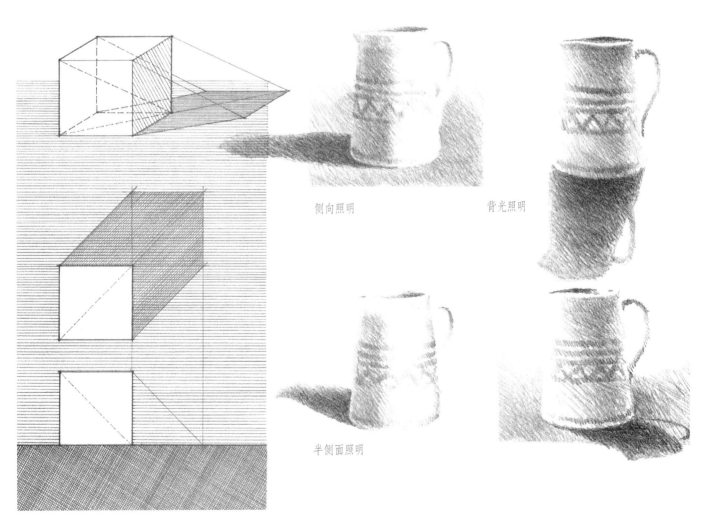

侧向照明   背光照明

半侧面照明

建筑绘图中阴和影的形式构成，参考"多视点绘图"。

背光表面和投射阴影通常是透明的，调子也不均一。应尽量避免采用大面积纯粹的深色调，抹杀细节而且破坏我们对一个表面形态的解读。相反，应该将阴和影表现为依附于形态的透明的薄涂层，通过它我们可以读解出表面的纹理和其本身的色彩。

沿空间边缘或平面的转折，背光面会变为投影区。为了保留形态占据空间的三维立体感，我们应该区分背光表面的调子和投射阴影区的调子。背光表面往往比投影区更亮，但这种明暗关系需要仔细观察去证实。

与背光面相交的投影区通常是最暗的，在外围边缘又变亮。投影区的边界在明亮的光照中是很清晰的，但在漫射光照中会显得柔和。在这两种情况下，应该通过明暗对比而非画线定义投影的边缘。

阴和影的区域明暗调子绝不是均一的。光从附近的表面反射回来照亮背光或投影的表面。为了描绘反射光的修饰影响，我们变换背光表面和投影表面的色调明暗度。然而，反射光的影响应该以一种微妙的方式去暗示，使其不掩盖背光或投影表面的特性。

练习 2.4

靠近窗台位置或台灯下面，在一个水平表面上排列一组静物，使物体产生明确和清晰的投影。眯起眼睛并关注形状以及背光面和投影面的色调明暗。使用软铅笔和你选择的建模技法，渲染观察到的色调明暗。

练习 2.5

重复上述练习,使用尖细的黑钢笔渲染观察到的色调明暗。

练习 2.6

靠近窗台位置或台灯下面，排列另一组静物。这次不要用绘图铅笔或钢笔渲染较暗的色调，而是用白色铅笔在黑色绘图表面上画出亮的色调。

明暗模式的测绘是开始建模的最简单方式。测绘涉及将我们在一个物体上或一个场景中看到的光、阴、影的所有区域分解成特定的形状。果断处理是必需的。当背光或投影变得模糊时，我们就必须给出边界。在这一过程中，我们创建了一个有组织的测绘图，包含了环环相扣的形状，作为以后细化改进的起点。

测绘需要将我们看到的许多色调变化简化为少数几个。一开始我们将色调范围分类为两组——亮和暗，或三组——亮、中和暗。各组内，色调明暗可以变换，来表达表面的性质，但总体调子的测绘应保持清晰。半眯起眼观察会使这项任务变得更加容易。另一种方法是透过有色玻璃或硫酸纸观察，从而减少了一个场景中颜色的数量，并简化了我们所看到的明暗。

明暗模式所建立的基本结构将建模图组合在一起，并赋予它统一和力度。如果明暗模式是零散的，无论单独的图形元素渲染得多么仔细，技法多么高超，构成元素也是不连贯的。缩略图草图是对不同明暗模式有效的研究工具，并制定出绘图中色调明暗的范围、布局与比例的策略。

一旦确立了整体的明暗模式，我们从明到暗开始着手。我们常常可以调暗一个色调，一旦有一个色调已经变暗了，就很难重新建立一个亮的色调。这里有一些额外的要点，在素描绘画时要牢记：

· 明暗区域分层。避免按顺序从画面的一部分到另一部分地描画明暗。这样做会割裂绘图，阻碍我们阅读一个形态。先建立宽泛的色调明暗组群再细分为小的具体明暗调子。增加一个额外的色调层次加深调子。继续增加色调层次直到建立起最暗的色调明暗。
· 确定纹理。保持一致的线条方向，统一色调明暗的各个领域，为一个画面中注入一种整合性。
· 保持硬性边界尖锐的色调对比和柔性边界模糊的色调对比二者之间的区别。
· 保留高光。不要失去受光的区域是非常重要的。虽然在用铅笔绘画时这些区块可以拿橡皮涂抹而重新获得，但是在用钢笔和墨水绘图时这样的机会是不存在的。

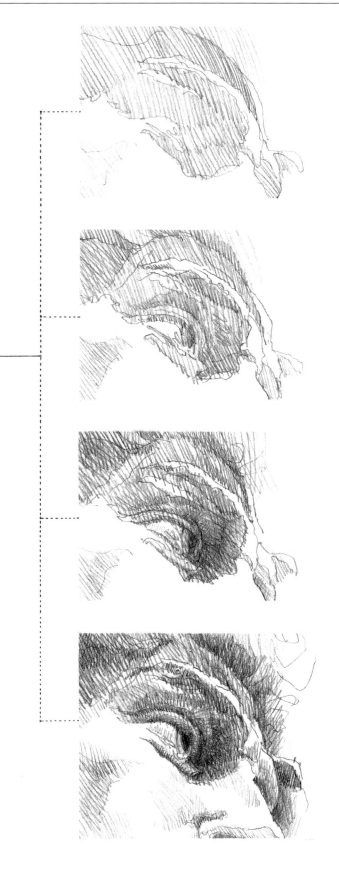

紧凑的色调明暗

宽泛的色调明暗

高度对比

我们在绘图中使用的色调明暗范围会影响画面构图的分量、和谐与气氛。明显的明暗对比生动地定义并强调色调形状。宽泛的色调明暗范围以及中间的明暗，提供了从最亮到最暗的色调过渡，将会显得内容丰富而且视觉活跃。但是，过于宽泛的明暗范围会割裂画面的整体与和谐。密切关联的明暗往往会产生更舒适的、潜移默化的、有节制的效果。

明与暗的相对比例定义了主导性的色调明暗或绘图的基调。

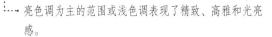

亮色调为主的范围或浅色调表现了精致、高雅和光亮感。

中间的色调明暗范围或中等色调赋予和谐与平衡的感觉。但是，如果没有一些积极的对比，一幅中间色调的绘图可能会变得平淡而死气沉沉。

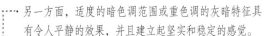

另一方面，适度的暗色调范围或重色调的灰暗特征具有令人平静的效果，并且建立起坚实和稳定的感觉。

当一个中间色调是绘图的主导色调时，它可以方便地画在灰色或彩色表面，这会自动建立起中间色调明暗。这种表面色彩可以作为一种有效的衬托，用黑色铅笔确立较深的调子，白色铅笔渲染浅的调子。

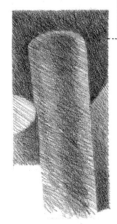

练习 2.7

靠近窗台位置或台灯下面，排列一组静物，使光、阴、影
清晰显现。只用纸张本身的白色加两个调子——浅灰和
中等灰，进行绘画构图的测绘练习。

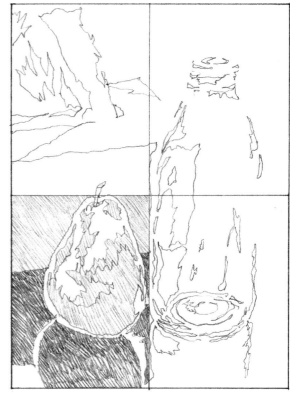

练习 2.8

寻找一个包含近处和远处元素的室外景观。使用取景器建
立视野边界，确立一个明暗模式来描述你看到的风景中的
形状及色调明暗。

练习 2.9

重复上述练习，但这次在每个明暗区域内，通过分层附加
的中间色调值进一步发展每幅绘画。

实体质感   视觉质感

当我们使用影线或点画创建明暗色调时，同时也确立了纹理。同样，只要我们开始用线条来描述一种材料的性质，同时也建立了一个色调明暗。我们应始终注意这种色调明暗和纹理质感之间的关系，是光滑或是粗糙，硬或软，抛光或无光泽。在大多数情况下，色调明暗在表现光影方式以及在空间中塑造形式方面比纹理更关键。

我们使用纹理质感这个术语时最常用来描述表面的相对光滑或粗糙程度。它也用来描述熟悉材料的表面特征，如雕琢的石材外观、木纹或织物面料。这是可以通过触摸感受到的触觉纹理。

视觉纹理表现的是一个表面的结构，不同于颜色或形式。它可以在绘图中体会或感知。所有触觉纹理也会提供视觉纹理。另一方面，视觉纹理可能是虚幻的，也可能是真实的。

人们的视觉和触觉感官紧密联系在一起。当眼睛阅读表面的视觉纹理时，我们通常无需实际接触即可回应其明显的触觉特性。视觉质感提示对过去经历的回忆。当手触碰材料表面时，我们会记得这些材料的感觉。这些身体反应是基于过去曾体验过的类似材料的纹理质感特性。

相对于明暗调子面积和绘画构图，我们用来创建色调明暗的笔触或点的比例尺度，自然地表现了表面的视觉纹理。

视觉纹理也来自于绘画的介质和绘图表面之间的相互作用。在粗糙表面上绘画会打断墨水或石墨的痕迹。笔触细浅的线条只在图面凸起的部分保留介质，而增加力道也将迫使介质进入图面低洼的区域。在效果上，绘画表面的物理质感赋予一幅图画本身视觉纹理与质感。

另一种在色调明暗区域施加纹理特质的方法是拓印画法（frottage）。拓印画法是将纸张放置在呈颗粒状的、有凹痕的或其他粗糙表面上，摩擦石墨或炭笔从而获得质感效果的方法。这种创造有纹理的明暗色调的方法在防止出现过度的深色调时尤其有效，过度的深色调可能导致一幅绘图失去清新与自然。

小尺度的笔触或点

大尺度的笔触或点

平滑的笔触

不规则笔触

拓印

平滑的表面

粗糙的表面

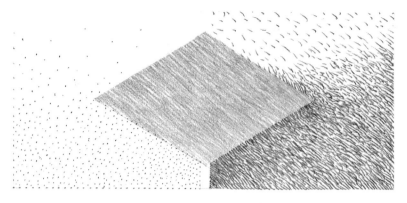

对比

尺度和距离

光

修饰要素　Modifying Factors

对比、尺度、距离和光线是我们感知纹理及其所表现的表面时重要的修饰要素。每当在绘画中表现材质时，需考虑以下因素。

对比影响纹理质感表现出的强弱程度。相比于并列放置在类似的质感背景当中，一个材质相对于一个均匀光滑的背景纹理时会显得更加突出明显。相对于一个粗糙的背景时，材质会显得更精细，尺度减小。

绘图的相对尺度决定了我们正在阅读的纹理是小草的叶片、一片麦田或拼花床罩。绘图的相对尺度也会影响一个平面在空间中呈现的形状和位置。一种材质上有方向的纹理可以突出一个平面的长度或宽度。粗糙的材质可以使平面显得更近，减小了尺度，并增加其视觉分量。一般情况下，纹理往往在视觉上填满所占据的空间。

所有的材料都有一定程度的纹理质感，但纹理尺度越细，材料显得越平滑。即使粗糙的纹理当从远处观看时也会显得比较平滑。只有在仔细查看时粗糙的纹理才会变得明显。

光线会影响我们感知纹理质感，反过来，光线又受到它所照亮的纹理的影响。光滑、有光泽的表面反射明亮的光线，显现为聚焦眼球，吸引我们的注意。有磨砂质感的表面会不均匀地吸收并发散光线，因此比相似颜色的光滑表面显得更黯淡。直接光照亮粗糙表面时，其自身投下明显的明暗阴影图案并揭示出它们的纹理特征。漫射光消除对物理结构的强调，甚至会模糊纹理的三维结构。

练习 2.10
选择两个或两个以上有着截然不同纹理质感的对象。可能包括一个纸袋和一个玻璃瓶，一个鸡蛋和一个勺子或者放在一块布料上的叉子，或放在瓷碗中的各种水果。将对象排列在靠近窗台或台灯下面，使光照强调不同的纹理质感。使用任何塑形技法描绘对比性的纹理质感。

练习 2.11
重复以上练习，但这次移动到非常接近某一个重叠边缘的位置。专注于这个边缘，并描绘边缘相交处扩大的表面纹理。

练习 2.12
多次重复上述练习，试验铅笔和墨水钢笔等介质，在光滑和粗糙的绘图表面上进行绘制。

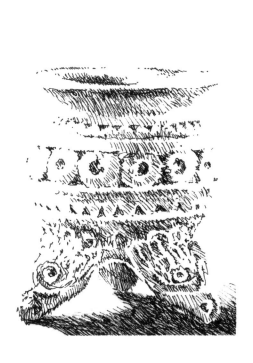

3
形式与结构
Form and Structure

"所有图面形态都开始于点自身的运动……点移动……产生线——第一维尺度上的存在。如果线位移而形成一个平面，我们便得到一个二维的元素。从平面到空间的运动，平面的冲突产生了一个（三维）体……对这一动能的总结为点生线，线生面，面生成空间维度。"

——保罗·克利（Paul Klee，1879—1940，瑞士画家）
《思维之眼》（*The Thinking Eye*）

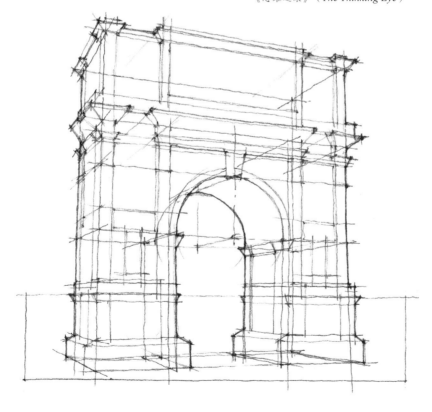

形状（shape）、图形（figure）和形式（form）有着相似的含义。它们都是指清晰的、可识别的事物外观，由它可见的轮廓所决定。图形是一个形状或形式确定的轮廓。形状指一个图形有特点的轮廓或一个形式的表面构造。形式，一个比形状和图形更具包容性的术语，指涉内部结构、外部轮廓以及三维体量感或体积感。它还指统一的整体原则。

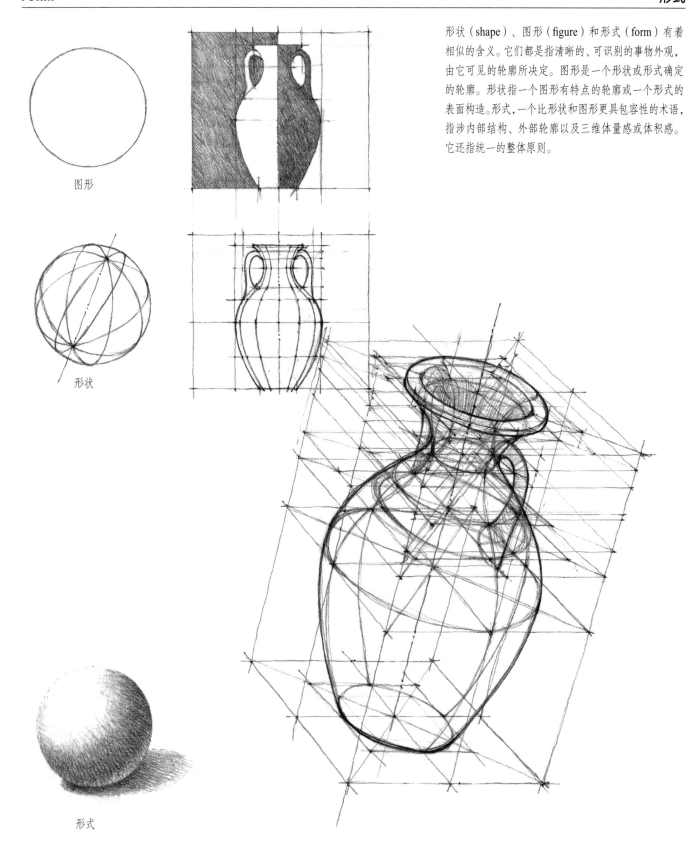

图形

形状

形式

体积是指物体的三维范围或空间区域。从概念上讲，体积由平面界定并具有宽、高、深三个尺寸。在绘画中，我们努力在一个二维表面上表现假想出的体量或空间的三维体积。

所有物体都填充一个体积空间。即使细的、线性的对象也会占用空间。我们可以拿起一个小的物体让它在手中旋转。物体每次都显示出不同的形状，因为物体和眼睛之间的关系变化了。从不同的角度和距离看物体，我们的视觉将形状组合成一个三维立体的形式。

一幅绘画说明了从一个固定的视角和距离只能描述单一时刻我们的感官。如果是一只显示宽度和高度的正面视角，图像会显得是平的。但转动视角显示物体三个相邻的面便揭示了第三维的深度，并使形式清晰。注意平面形状可以帮助我们搞清它们是如何结合起来去表现三维形式的体积。

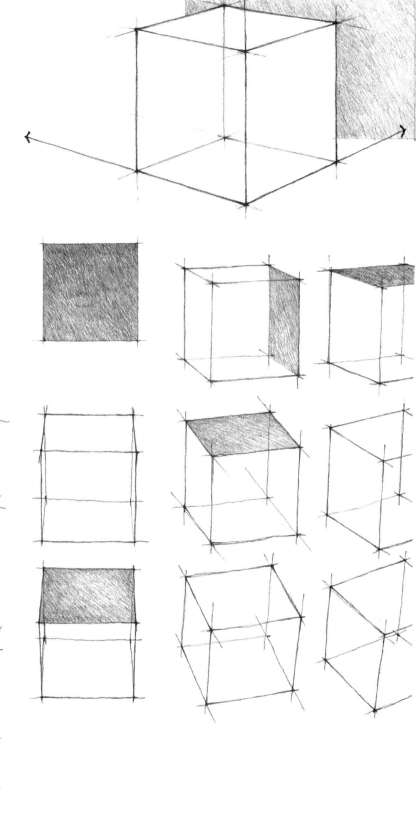

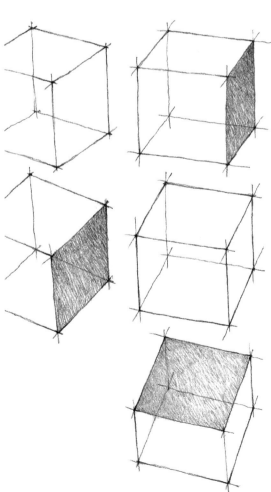

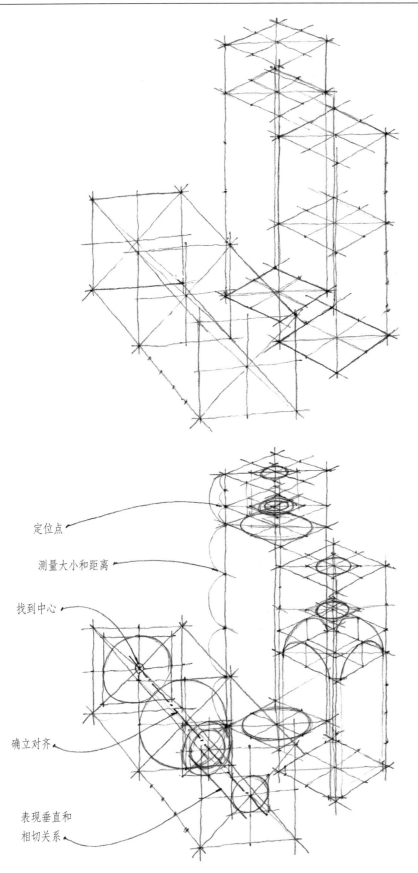

定位点

测量大小和距离

找到中心

确立对齐

表现垂直和
相切关系

一幅绘画可以描述一个物体表面的外部构造，或解释其内在的结构特性以及各部分在空间中组合安排的方式。在分析性的绘图中，我们寻求合并这两种方法。

与轮廓绘图从各部分开始的方法不同，分析绘图从整体开始到从属部分最后到细节。使部分和细节从属于整体形式的结构防止了零零碎碎的方法，零散可能导致错误的比例关系并缺乏整体性。

我们从光照开始进行分析性的绘图，使用柔软、削尖的铅笔自由画线。用试探性及探索性的方式画这些线条，勾勒并建立一个形态的透明体积框架。想象一个透明的盒子，其各个面触及一个物体的正面、背面、顶部、底部和两侧。这个假想的容器描述了物体的三维范围和关系。将这个物体围合起的体量可视化有助于绘制出它的立体形式。

这些线条本质上是示意性的，不仅是为了建立并解释表面的外观，而且是为了物体内在的几何形状和结构。我们称之为"起始线"（initial line）或"调节线"（regulating line），因为它们规范秩序并控制一个形式基本组成部分的位置、大小和比例。在勾勒一个物体围合的形状及其体量的过程中，我们使用调节线来定位点，测量大小和距离，找到中心，表现垂直和相切关系，并建立起对齐和偏移。

绘制相近线条首先帮助眼睛寻找正确的线条。它们表示的是有待确认或调整的视觉判断。我们不要擦掉任何先前绘制的线条。如果必要时，我们重画一条线，修正基本形状，检查各部分之间的相对比例，一直努力对过去所画的线条逐步加以改善。

因为调节线的建设性性质，它们不受物体实体边界的局限。它们可以剖切过形态；当联系、组织并量测物体的各个组成部分或构图时，它们又在空间中延伸。在排列形态和空间关系时，它们建立了一个平面的或空间的框架，在这面上我们可以分阶段创建绘图，类似于雕刻家塑造黏土所用的支架。

画出物体不可见和可见的部分更易于衡量角度、控制比例以及看到形状的视觉外观。所产生的透明度也表现出一个令人信服的形态占据空间的体积感。这种工作方法防止过多注意表面而不注意体积所导致的外形平面化。

经过不断排除和强化的过程，我们逐步确立起最终轮廓或物体线条的密度和分量，特别是在重要的交叉点、连接或过渡部分。让所有线条在最终绘图中均为可见，这增强了图像的深度，揭示了绘图产生和发展的建设性过程。

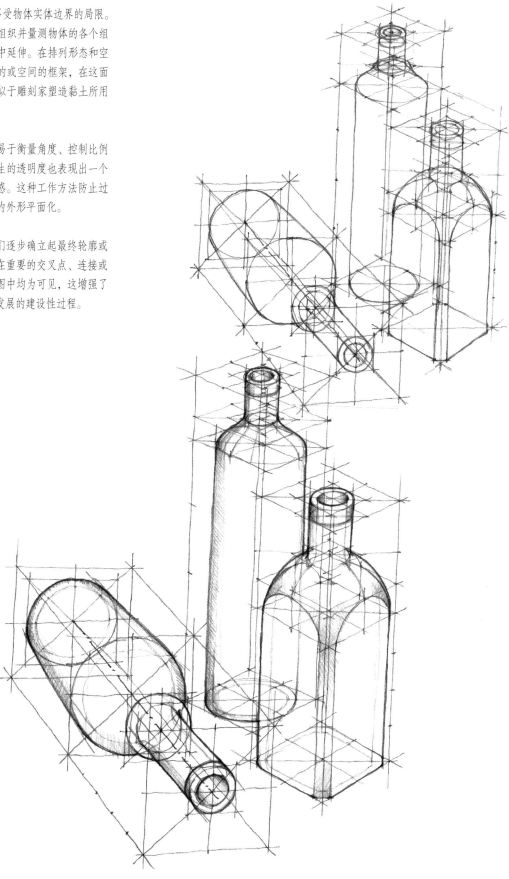

形式与结构

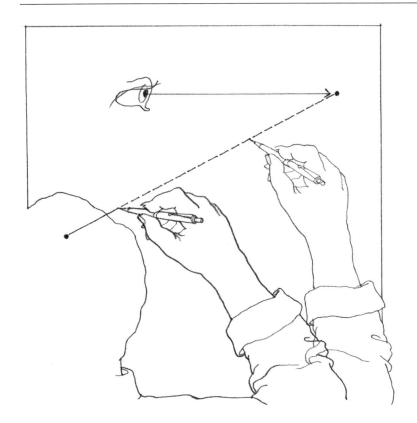

当勾勒细浅的构造线条时，轻轻按住钢笔或铅笔进行绘画。挤压钢笔或铅笔过轻会造成张力打断手绘线条的流畅特性。相反，试着使用绘图工具的尖端去感觉绘图表面。

在实际绘制线条之前，练习眼—脑—手预定的移动，用点标记要画的线条的开始与结束。拉动铅笔绘画，不要推动铅笔。对于习惯使用右手的人，这意味着从左至右，从上到下画线；左撇子应该从右到左，从上到下画线。一只眼睛有意识地保持在线条前进的地方，而不是在它所在的地方。避免擦画短而弱的线条。相反，慢慢地但连续地画线。

对于短线条或使用相当大的压力时，摆动手腕，或让手指进行必要的运动。对于较长的线条，从肘部摆动整个前臂及手，让手腕和手指的运动最小化。只有当你接近线条结束时，才应该移动手腕和手指到控制线条的结束。

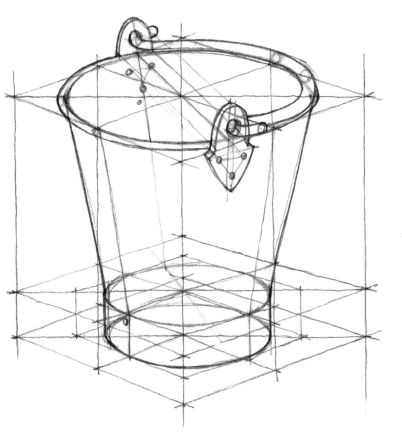

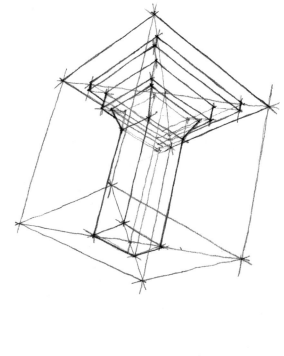

练习 3.1
运用绘图分析过程，从各种不同视点练习绘制立方体。

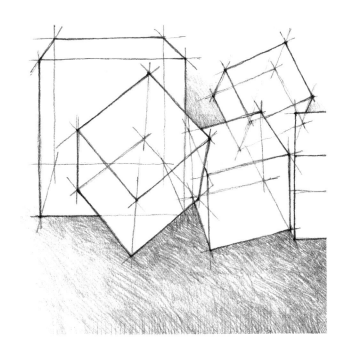

练习 3.2
收集三四个不同大小的空纸箱。堆放在地板上，有的箱子恰好可以放进其他的箱子中。将纸箱看作几何形状，具有沿直线相交的光滑平面。运用绘图分析过程，描述箱子的几何形状。

练习 3.3
收集两个玻璃瓶，一个高的，圆柱形体量的；另一个有一个方形或矩形的横截面。排列玻璃瓶，一个立着摆放，另一个侧放。运用绘图分析过程，描述玻璃瓶的几何形状。密切注意重要的轴线和比例关系。

当我们对所看和所画的视觉特征变得更加敏感时，不应该失去对整体形象的观察。绘画中没有单个的元素脱离于整体构图之外。所有的部件都依赖彼此的视觉影响、功能和意义。为了确保事物彼此之间保持在适当的位置和关系——既看到树木，又看到森林，同时避免管中窥豹——我们必须注意比例。

比例是相对的、合适的或和谐的关系，部分与部分、或部分与整体之间顾及互相的尺寸、数量或程度。比例关系是一个比率问题，比率是整体中任何两部分之间，或任何局部与整体之间的关系。在观察时，应该要注意比例关系，规范我们对大小和形状的感知。

尽管经常是在数学中定义，比例指的是一个构图中各部分统一一致的视觉关系。它成为一个有价值的设计工具，促进整体与和谐。但是，我们对事物物理尺寸的感知往往是不精确的。透视角度、观察距离，甚至文化偏见，都会扭曲感知。

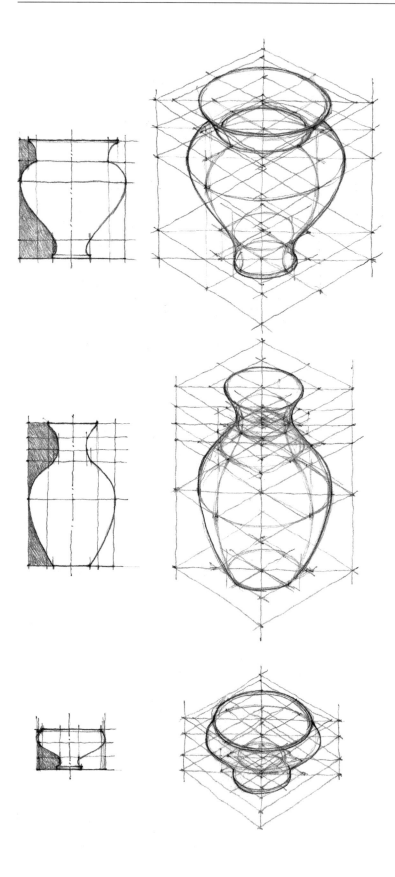

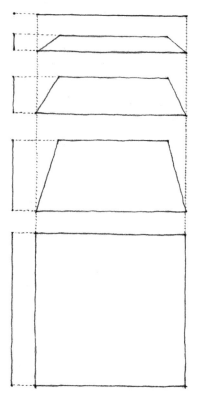

比例主要是一个关键的视觉判断问题。从这方面来讲，事物相对尺寸的显著差异是很重要的。最终，在一个给定条件下，我们感觉到呈现出的一个元素或特征既不太少也不太多，这个比例就会显得正确。

以下这些是在绘图中衡量或使用比例时需牢记的要点：

· 物体所显示的尺寸受它所在环境中其他物体相对大小所影响。

· 当处理立体形态时，必须关注三维空间中的比例。

· 当绘画时，用语言表述出所画的比例来提醒自己适当的比率。

· 注意不要改正真实的形状去对应你在图纸上正在绘制的形状。

· 当绘制复杂形状时，寻找你所理解的形状，如方形。

· 哪怕是细微的比例变化都对图像的视觉形象和审美特质产生强大的影响。漫画家利用这种刻意扭曲的优势创作漫画。

· 如果两个矩形的对角线是平行的或它们彼此垂直，表明这两个形状有类似的比例。

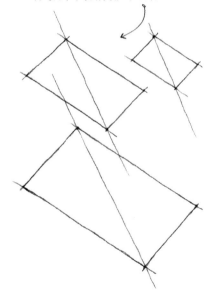

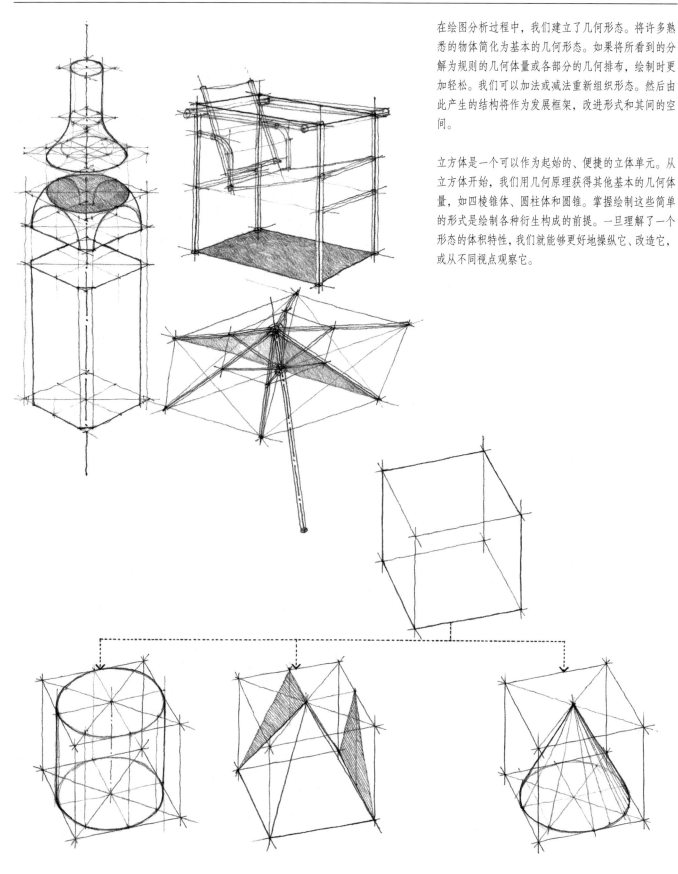

在绘图分析过程中，我们建立了几何形态。将许多熟悉的物体简化为基本的几何形态。如果将所看到的分解为规则的几何体量或各部分的几何排布，绘制时更加轻松。我们可以加法或减法重新组织形态。然后由此产生的结构将作为发展框架，改进形式和其间的空间。

立方体是一个可以作为起始的、便捷的立体单元。从立方体开始，我们用几何原理获得其他基本的几何体量，如四棱锥体、圆柱体和圆锥。掌握绘制这些简单的形式是绘制各种衍生构成的前提。一旦理解了一个形态的体积特性，我们就能够更好地操纵它、改造它，或从不同视点观察它。

练习 3.4
使用绘图分析过程，将每个立方体转换成四棱锥体或
其他柱状形式。

练习 3.5
使用绘图分析过程，复制每个立方体并将其转换成圆
锥体、圆柱体，或基于圆形的类似形体。

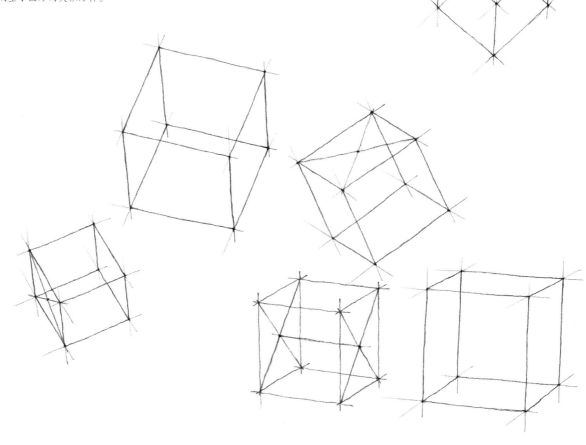

练习 3.6
在前述两个练习所发展的几何形态基础上，将每个形
态转换成一个熟悉的对象。

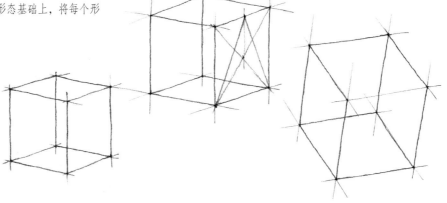

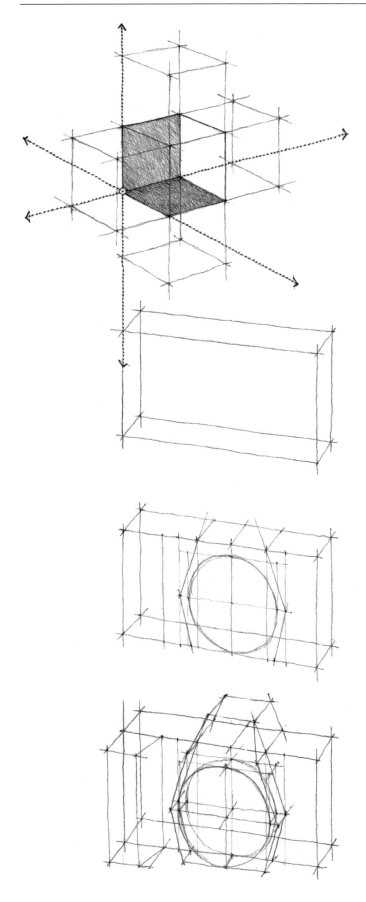

添加形态　Additive Forms

我们将一个立方体沿着水平方向、垂直方向或者朝图纸的进深方向拓展。很多立方体量或衍生形态可以连接、延长或沿轴线和切线生长为集中式的、线性的、对称的或聚集的构图。

我们也可以将立方体底面延伸为一个两维的网格，在上面我们探索形状和大小的关系。一个网格可以包括点、线或形状。点提示了微妙的位置。线代表垂直和水平，规范元素的间距。形状定义领域，强调空间而不是位置。

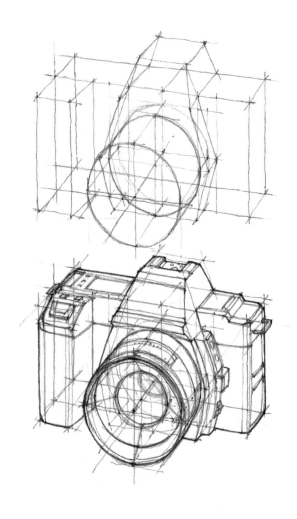

削减形态　　Subtractive Forms

从一个简单规则的形式开始着手，我们可以有选择地去除或挖掉一部分从而产生一种新的形态。在这种削减过程中，使用体量和空间之间的虚实关系来指导我们画出比例并进一步发展各部分。这个过程类似雕塑家将一个脑海中的形象投射到一个石块上，系统地雕凿材料，直到完成这个形象。

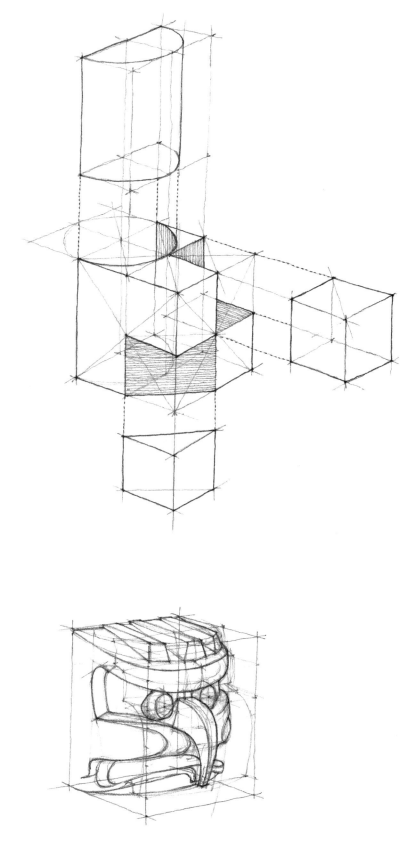

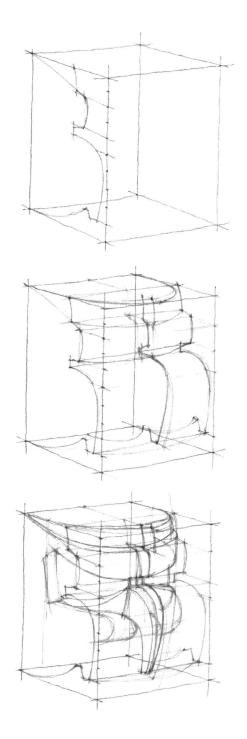

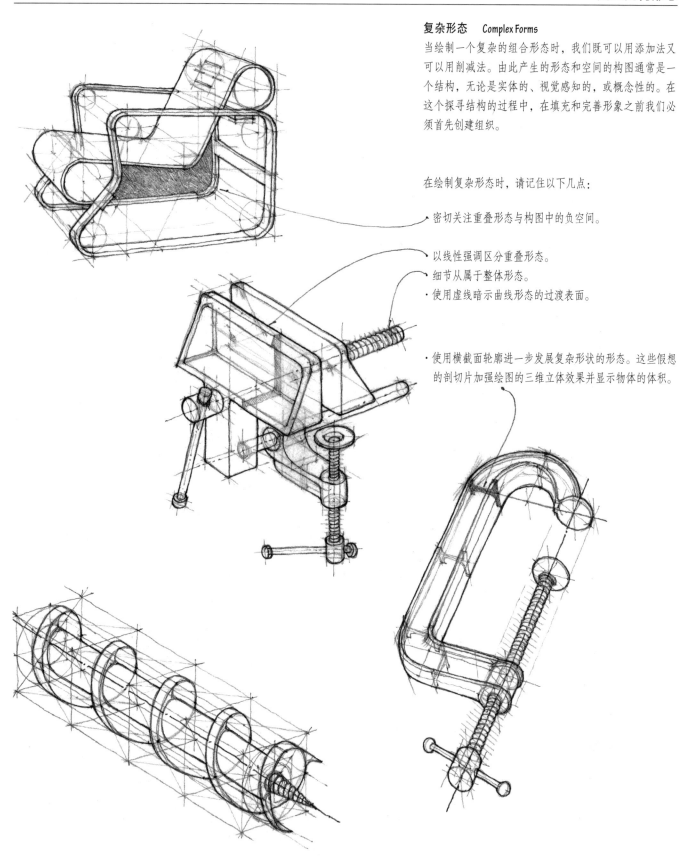

复杂形态　Complex Forms

当绘制一个复杂的组合形态时，我们既可以用添加法又可以用削减法。由此产生的形态和空间的构图通常是一个结构，无论是实体的、视觉感知的，或概念性的。在这个探寻结构的过程中，在填充和完善形象之前我们必须首先创建组织。

在绘制复杂形态时，请记住以下几点：

密切关注重叠形态与构图中的负空间。

以线性强调区分重叠形态。

细节从属于整体形态。

·使用虚线暗示曲线形态的过渡表面。

·使用横截面轮廓进一步发展复杂形状的形态。这些假想的剖切片加强绘图的三维立体效果并显示物体的体积。

练习 3.7
将一个立方体沿着水平、垂直以及朝图纸的进深方向拓展。将一两个立方体转换为一把椅子。

练习 3.8
转换一两个立方体，切掉立方体的某些部分，将切掉的部分重新连接到原来的立方体的新位置上去。

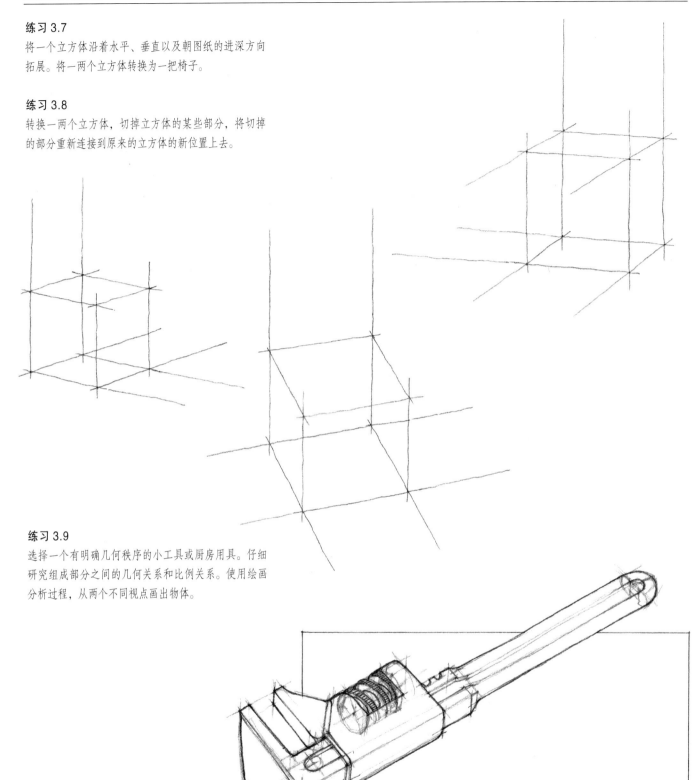

练习 3.9
选择一个有明确几何秩序的小工具或厨房用具。仔细研究组成部分之间的几何关系和比例关系。使用绘画分析过程，从两个不同视点画出物体。

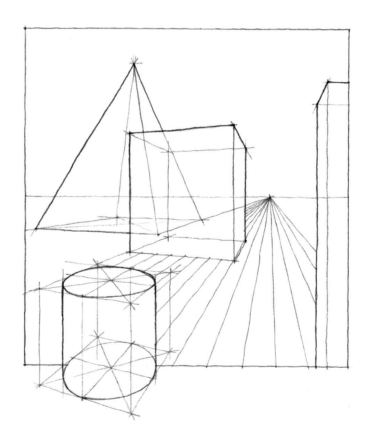

4
空间与深度
Space and Depth

我们生活在三维世界的物体和空间中。实体的物体占据空间，设定空间的边界并赋予空间以形态。另一方面，空间包围并将我们看到的物体赋予颜色。绘画中一个根本的挑战是如何在一个二维平面上描绘线条、形状和色调明暗，表现出三维物体在空间中的存在。

物体不仅占据空间体积。它们还存在于空间中并和它们周围的事物产生关系。像图形和其背景共同构成了一个二维表面的对立统一，实体体量和空间体积也共同构成了三维的现实环境。在环境设计中，从多个尺度上研究考察并发现了实体体量和空间体积的共生关系。

在物体尺度上，一个虚实关系存在于实体体量和占据或包含实体体量的空间体积之间。

在房间尺度上，虚实关系存在于墙壁、天花板和地面所包含的空间和空间内包含的物体形态之间。

在建筑尺度上，我们感知虚实关系存在于墙壁、天花板和地面的组织构成以及它们所定义的空间形态和图案之间。

在城市尺度上，虚实关系出现在建筑形式和它存在的空间范围内，无论是它延续现有的场所肌理、形成了一个其他建筑物的背景、定义了一个城市空间，或是在空间中成为一个单独的物体。

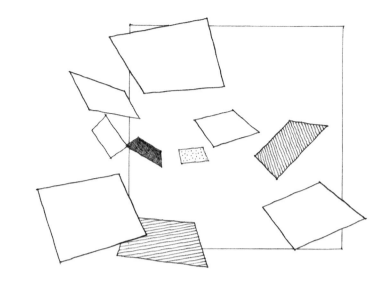

画面空间是通过各种图形方式，在二维表面描绘的空间或深度的幻象。这种图案的空间可能是平的、深的或含糊不清的，但在任何情况下，它都是虚幻的。但是，一些线条、形状、明暗和纹理在绘画表面的组织排布，可以触发我们的视觉系统对三维世界的感知。如果了解了如何推断出所看到的三维形式和空间，我们就可以用这个信息来绘制平面或立体的物体图像。我们面向观察者向前投射图像或后退到图纸的进深中。我们可以在二维表面建立和照亮物体之间的三维关系。

在《感知视觉世界》（*The Perception of the Visual World*）一书中，心理学家詹姆斯·杰罗姆·吉布森（James Jerome Gibson，1904—1979）定义了 13 种透视类型。吉布森使用透视这个术语来描述各种"感官变化"——伴随我们通过连续表面感知深度的视觉印象。在这 13 种透视中有 9 种在唤起空间和深度错觉中特别有效：

· 轮廓线的连续性
· 尺寸透视
· 视野中的垂直位置
· 线性透视
· 空气透视
· 模糊透视
· 纹理透视
· 纹理或线性间距变化
· 光影之间的过渡

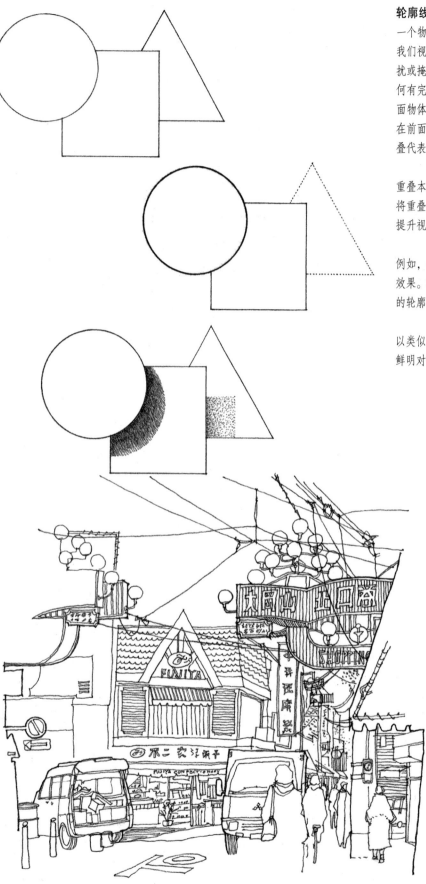

轮廓线的连续性　　*Continuity of Outline*

一个物体轮廓线的连续性有助于我们确定其相对于其他在我们视野中物体的深度。一个有连续明显轮廓的形状会干扰或掩盖了它背后物体的轮廓。因此，我们倾向于认为任何有完整轮廓的形状在前面，从我们的观点看它遮挡了后面物体的部分形状。由于这种视觉现象依赖于较近的物体在前面覆盖或投影在较远的物体上，我们经常简单地用重叠代表深度线索。

重叠本身往往会造成比较浅的间隔空间。但是，如果我们将重叠与其他深度线索相结合，比如空气透视、纹理变化、提升视野位置等，可以实现更大的间隔空间感和深度感。

例如，我们通过改变纯线描的线宽来提升重叠形状的空间效果。较暗较厚的外形线或轮廓线往往显得处在较浅较细的轮廓线之前。

以类似的方式，任何沿重叠边缘的纹理变化或色调明暗的鲜明对比都会放大我们对两个重叠形状空间间隔的感知。

尺寸透视　*Size Perspective*

尺寸透视是指当一个物体远离我们时，尺寸明显减少。我们对尺寸差异的感知是基于称为"尺寸恒定性"（size constancy）或"物体恒定性"（object constancy）的现象，这使我们想象物体的归类是尺寸统一、色彩和纹理均匀的。即使我们了解或知道两个物体是相同尺寸的，但看起来也是近大远小的。

在读解尺寸差异从而评估绘画的尺寸和深度时，我们必须基于对物体已知尺寸的视觉判断，如人像；或在视野中同样大小的物体，如一系列窗口、桌面或灯柱。

考虑一下这个例子。当我们观察到两个人时，会自然地假设他们拥有相似的高度和类似的比例。如果在照片或绘画中，能够察觉到一个人比另一个大，我们得出结论认为：比较小的图像代表了一个人比另一个人离得更远。否则，他就是一个侏儒，或者另一个人是一个巨人。

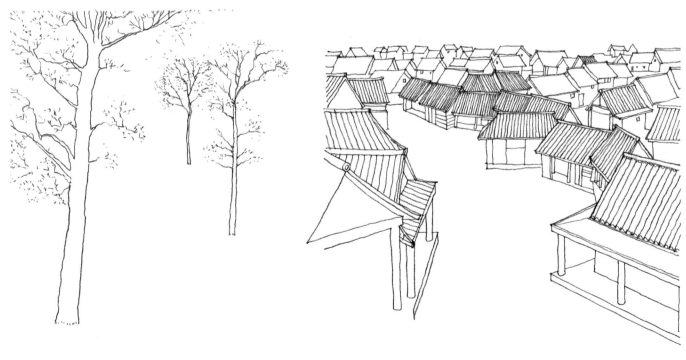

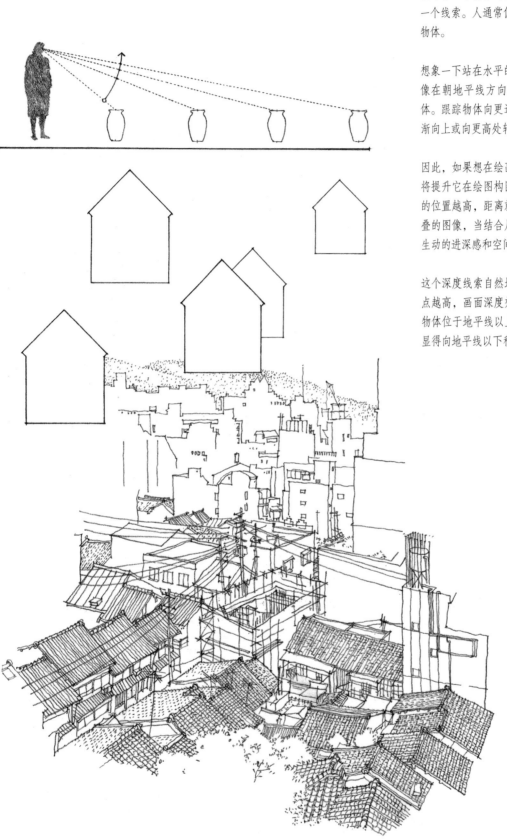

视野中的垂直位置 Vertical Location in the Visual Field

视野中一个物体的垂直位置是它到观察者之间距离的一个线索。人通常俯视一个较近的物体，仰视较远的物体。

想象一下站在水平的地面。当物体向后消退，地面好像在朝地平线方向向上移动。我们会俯视脚下的物体。跟踪物体向更远的方向移动，目光会在视野中逐渐向上或向更高处转移。

因此，如果想在绘画中表现物体在较远的地方，我们将提升它在绘图构图中的位置。物体处于画面平面上的位置越高，距离就会显得越远。这将创建一系列堆叠的图像，当结合尺寸差异和重叠时，可以创建一个生动的进深感和空间感。

这个深度线索自然地发生在线性透视中。一个人的视点越高，画面深度效果会更明显。相反的情况发生在物体位于地平线以上。飞机沿水平路径远离我们时会显得向地平线以下移动，云彩将会填补天空。

练习 4.1
分析下面的照片，通过重叠说明哪些物体是较近的，哪些是较远的例子。在照片上放置一张描图纸，画出你所发现的例子。

练习 4.2
重复上述练习，但这次搜索是通过尺寸透视说明哪些物体是较近的，哪些是较远的例子。

练习 4.3
重复练习 4.1，但这次搜索是通过垂直位置说明哪些物体是较近的，哪些是较远的例子。

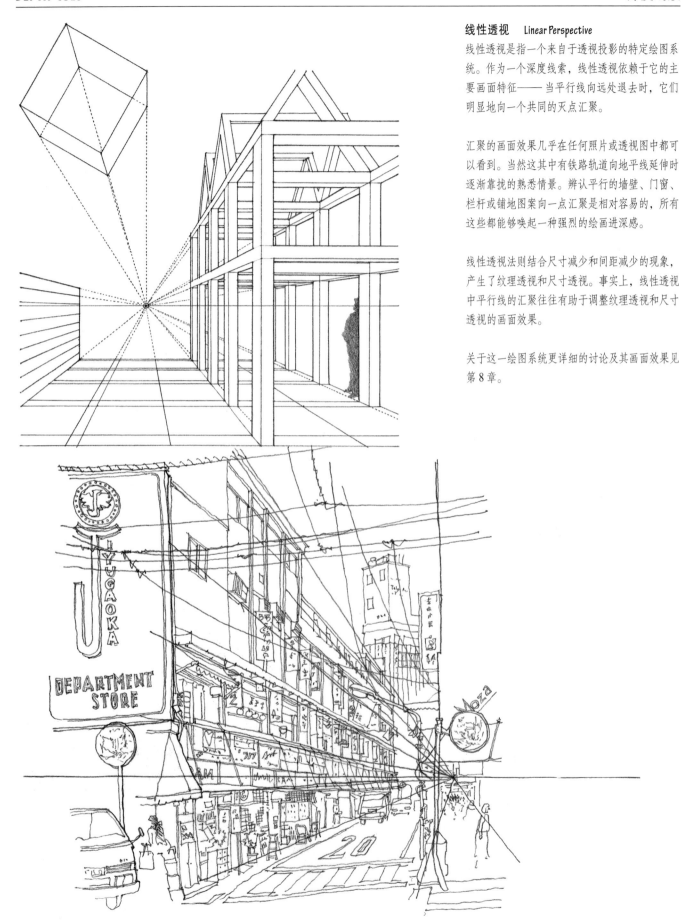

线性透视   Linear Perspective

线性透视是指一个来自于透视投影的特定绘图系统。作为一个深度线索，线性透视依赖于它的主要画面特征——当平行线向远处退去时，它们明显地向一个共同的灭点汇聚。

汇聚的画面效果几乎在任何照片或透视图中都可以看到。当然这其中有铁路轨道向地平线延伸时逐渐靠拢的熟悉情景。辨认平行的墙壁、门窗、栏杆或铺地图案向一点汇聚是相对容易的，所有这些都能够唤起一种强烈的绘画进深感。

线性透视法则结合尺寸减少和间距减少的现象，产生了纹理透视和尺寸透视。事实上，线性透视中平行线的汇聚往往有助于调整纹理透视和尺寸透视的画面效果。

关于这一绘图系统更详细的讨论及其画面效果见第8章。

练习 4.4

分析下面照片中平行线汇聚的例子。复印照片并放大，在它上面铺一张描图纸。画出在空间中是平行的，但在线性透视中是汇聚的线条。延长它们直到其汇聚到各自的灭点。注意有两大组主要的水平线，一组向左汇聚，另一组向右汇聚。连接每组灭点应该在画面中建立一个水平线代表观察者的视平线。

你可以在照片中找到多少涉及重叠、尺寸透视与垂直位置等深度线索的例子？

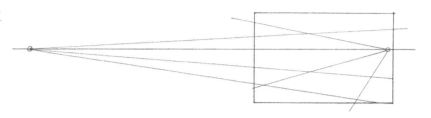

练习 4.5

找到一个窗口，看到一个展现出空间平行线的场景。你可以观察到多少组汇聚的平行线？

将一张硫酸纸粘在玻璃上。专注于场景中的一个焦点，观察者头部稳定，保持视线水平。闭上一只眼，用一支笔在硫酸纸上标记出观察到的各组平行线。延长它们看是否每组平行线交会在一个共同的灭点。

空气透视^[责编注]   **Atmospheric Perspective**

空气透视是指色彩、明暗色调、对比度随着远离观察者而逐渐减弱。我们看到贴近于视野前景的物体通常拥有饱和的色彩和清晰定义的明暗对比度。当远离时，它们的颜色变得更浅、更柔和，色调对比更模糊。在背景中，我们主要看到的是灰色色调和色彩柔和的形状。

这些在色彩和清晰度上明显的变化是因为在观察者和物体之间大气中尘埃粒子或污染的扩散特性。这种阴霾会遮挡位于距离更远的形态的颜色和清晰度。因为空气透视代表了由距离和空气质量导致的将物体与观察者分割开来的综合效应，它也被称为"空气透视"。这个术语不应该与线性透视中鸟瞰绘画相混淆。

渲染空气透视的图形技法包括进行颜色和色调的尺度变化。

向后移动物体：
·色彩减弱
·色调变浅
·对比度软化

向前移动物体：
·色彩饱和
·色调加深
·对比度增强

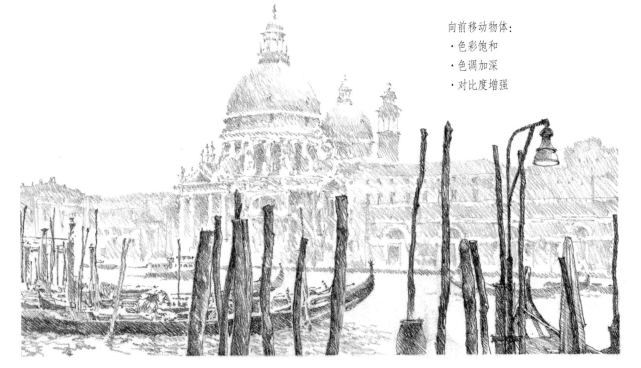

[**责编注**] 空气透视，是表现画面深度的重要手段。产生空气透视的主要原因是由于空气中存在烟雾、尘埃、水汽等介质，这些介质对光线有扩散作用，其中蓝色光（其光波较短）更容易被扩散。因此，本来无色透明的大气就被染成了淡蓝色，这就是产生空气透视现象的原因。距离越远，介质越厚，扩散光线作用越显著，空气透视现象越显著。

模糊透视　　*Perspective of Blur*

模糊透视（又译"景深透视"）是指在眼睛聚焦以外的任何视觉平面中物体的模糊形态或轮廓。这个深度线索反映了我们通常的观点：认为清晰的视觉是靠近的，模糊的轮廓是远离的。

当我们聚焦于视野范围内的一个物体时，会存在着一个距离范围，在这个范围内我们可以看到清晰定义的图像。在这一视野深度内，我们看到的边缘、轮廓、物体的细节都是清楚的。超出这个范围，形状和物体的形态就显得不那么清晰，变模糊。这种视觉现象是和空气透视的图面效果往往是密切相关并相结合的。

在绘画中阅读模糊透视的关键是清晰定义的前景元素的边缘和轮廓，与背景中更模糊的形状之间能够察觉到的对比。模糊透视在图形上呈现出的是较远距离上物体轮廓逐渐缩小与扩散。我们可以使用一个轻浅绘制的线条、虚线或点线界定这些形状的边缘和形态的轮廓。

纹理透视   *Texture Perspective*

纹理是指随物体向后退而逐渐增加的表面纹理的密度。我们感知到在后退表面上的纹理渐变是因为组成表面纹理的元素在尺寸和间距上持续缩减。

考虑这个例子。当凑近看一面砖墙，我们可以看出每块砖以及砂浆接缝的厚度。当墙面在透视中后退，砖的每个单元尺寸减小了与砂浆接缝只显现为一条线。当墙继续后退，砖表面变得更密实，统一为一个色调明暗。

描绘纹理透视这种视觉现象的图形绘制技法包括描绘表面纹理或图案时逐渐减小的尺寸、比例和间距等图形元素，无论它们是点、线或色调明暗的形状。从确定前景中的单元开始，到划定中景的纹理图案，并最终渲染背景的色调，都要争取实现平稳的过渡，并要小心产生的色调明暗不违反空气透视的原则。

练习 4.6

画出下面照片中的场景。使用空气透视的深度线索来
表达进深感，描画出一个人从前景的通道，到中景的
门框，最终到远处的空间。

练习 4.7

重绘照片中的场景，但这次的重点在中景，并利用模
糊透视来唤起场景中的进深感。

练习 4.8

分析照片中纹理透视的例子。你是否可以在照片中找
到尺寸透视与重叠的例子？第三次画这个场景，采用
这些深度线索在绘画中表现空间与深度的错觉。

纹理或线性间距变化　　*Shift of Texture or Linear Spacing*

一个明显的纹理或线性间距的变化表现了前景和背景之间的空间间隔。变化程度取决于存在于离我们较近的与较远的表面或物体之间的实际距离。

考虑一下这个例子。当我们距离一棵树很近时所看到的单片树叶，但当我们远离一棵树时感知到的是树叶纹理的集合。远处的树木简单地显现为整片的色调明暗。树叶的尺度、纹理和间距的突然变化明显暗示了间距的深度。

任何纹理的变化与纹理透视都是相关的。如果我们选取一个后退的织物质地平面并将它自身折叠，原本密度逐渐增加的纹理现在会显现为纹理的突然变化。前景图案本身将会和较小的背景图案重叠并置。

同样，任何线性间距的变化与尺寸透视也是相关联的。格栅类物体侧边的间隔会随着它们逐渐后退远去而逐渐减小模糊。任何在这个区间的突然变化将唤起前景元素和背景之间距离的突变。

光影之间的过渡   *Transition between Light and Shade*

任何亮度的突然变化会刺激感知将一个空间的边缘或轮廓与背景表面产生了间隔空间而分离。这个深度线索意味着在绘画中存在着形状重叠和色调明暗使用的对比。

任何有色调对比的线条都是一个强有力的深度线索，可以增强重叠感和空气透视的图面效果。重叠形状之间的空间间隔越大，明暗色调的对比越清晰。虽然色调明暗的突然变化暗示的是一个转角或空间边缘的外形，亮度的逐渐过渡导致对曲率和圆度的感知。

在三维形态建模中，我们依靠明显的色调明暗范围来描述和区分受光面、背光面和投影。亮度产生的变化可以在多视点绘图、轴测绘图与透视绘图中加强深度错觉。更多关于在这些绘图体系中建立建筑阴影的信息，请分别参考第6章、第7章和第8章。

练习 4.9

观察发生在下面照片中的纹理变化。画出场景，采用深度线索的方法来表现墙壁平面远离观察者时的进深感。

练习 4.10

再次画出照片中的场景，这次忽略形态的色彩和纹理。相反，仅记录你看到的形状、背光面和投影。为了阐明重叠形态的空间边缘，强调在亮度或色调明暗变化中的对比线条。

每幅绘图都随着时间发展变化。知道从哪里开始，如何进行，何时停止对于绘画过程是至关重要的。无论是根据观察或是根据想象绘画，我们都应该制定一个组织绘画顺序的策略。

以系统方法建立一幅绘图是一个重要概念。我们应该逐步推进，从地面向上建立起一幅绘画。绘制过程中连续的循环或周期应先解决主要部分之间的关系，然后解决每个部分内部的关系，最终再次调整主要部件之间的关系。

每一部分都不厌其烦地按顺序完成，不考虑进行下一个部分很容易导致各部分与构图中其余部分之间扭曲的关系。保持整个绘图表面的统一完整或不完整对于维护统一的、平衡的、聚焦的图像是至关重要的。

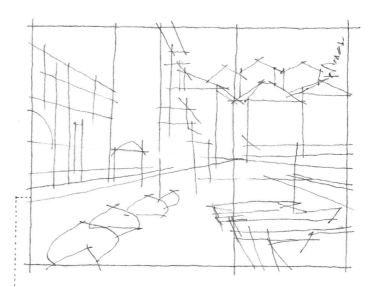

下列程序规定一种观察以及绘画的方式。它涉及以下构建绘画的阶段：

· 建立构图与结构
· 色调明暗层次和纹理
· 增加重要的细节

我们通常从所看到的事物中选择能引起兴趣的事物。由于感知是有选择性的，我们所画的也应该是有选择性的。如何取景、如何构建视图，我们的绘图技法所强调的内容会告诉别人是什么在吸引我们的注意力，我们关注哪些视觉特征。这样，图纸就以一种经济有效的方式自然地表达我们的感知。

创建一个场景视图涉及将自己定位在空间中的特定地点，并决定我们如何取景。为了表现观察者是在空间当中，而不是从外面观看，我们必须建立三个画面区域：前景、中景和背景。这三者不应该同等强调，某一个应占主导地位以提高绘图的图面空间。

当描绘物体或场景的某一具体方面时，可能需要一个更近的视角，这样绘画的大小尺寸可容纳渲染的色调明暗、纹理和光线。

练习 4.11

探索不同的方式构建下面照片中的视图。框架的形状
和方向与框架内元素的位置互动从而影响绘画图面的
空间和构图。比较一个垂直或纵向的版式，与水平或
横向布局之间的空间效果。一个正方形版式如何能改
变这些效果？

练习 4.12

探索不同的方式构建下面照片中的视图。比较广角或
远距离的视角与近距离只关注场景某些侧面或特点的
视角。

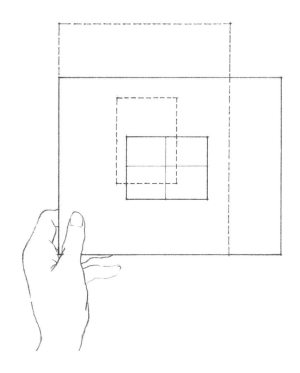

如果没有一个聚合结构将所有部分整合，绘图的构图将会瓦解。一旦确立了一个视图的构图，我们使用绘画分析过程确定其结构框架。我们首先调节那些检查并核实主要元素位置、形状和比例的线条。当我们建立第一批线条时，尝试性的框架就会出现，支持并引导进一步的观察。我们在这个框架内画出进一步的感知，而这个框架又通过回应感知而加以调整。使这种结构保持可见，因为它明确图面关系，并作为随后所绘制的预备底稿。

我们看到相对较小的物体有很小的透视尺寸缩减。与实际情况相反，眼睛感知竖直的线是平行的并且垂直于地平面。因此，在画小尺度的物体时，我们保留竖直边缘的垂直度。

在画一个环境时——室外空间或室内房间，我们从空间中的一个固定位置观察场景。因此，结构必须由线性透视原则所规范。我们在这里主要关注线性透视的图面影响——透视缩减与平行线的汇聚。人们的思维解读我们所看到的场景，并基于我们所了解的物体表现客观现实。在绘制透视图中，我们试图说明一个现实的视觉效果。这两个往往是矛盾的，而思维往往胜出。

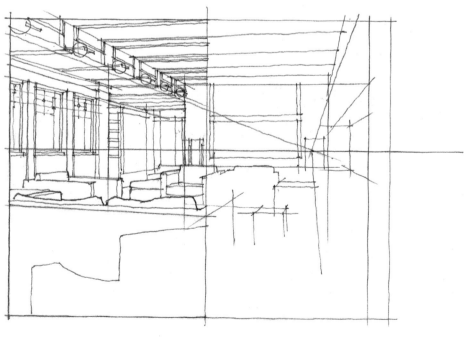

首先绘制面朝你的竖直平面中感知到的形状。这个平面可能是一个房间的墙面、一个建筑的立面，或由两个竖直元素定义的一个隐含平面，比如两座建筑物的角落。使用第 2 章中所描述的任何一种观察技法，以确保平面形状的比例正确。

然后，依照这个平面建立你的视线。专注于一个特定的点，画出一条经过这个点的水平线。注意位于你视线以上的元素朝地平线向下倾斜，而视线以下的元素随着逐渐后退而向上上升。在前景、中景和背景中绘制人物，建立一个竖直的尺度。

使用观察技法测量通过竖直平面中参考点并向后退的水平边缘的斜度。从视觉上延伸这些线条确定它们的灭点。如果这些灭点位于图面上，绘制一个逐渐向后退缩平面的前、后竖直边并判断位于水平线以上和以下主要竖直边的比例；我们可以相同的比例复制出后面的竖直边。使用既已创建的参考点引导绘制透视中的倾斜线。这些沿水平线逐渐后退的线可以从视觉上引导其他任何汇聚在相同点上的线条。

为了确保修正后退平面的透视缩减，你必须能够将它们压平转化为二维形状并正确判断它们宽度和深度的相对比例。

记住以连续的方式绘制这些调节线以构建一个绘图的空间框架。绘图时，在透视布局中比较每一个部分之间的相对比例。回忆以下的深度线索将会帮助调节你在透视所看到的形状：

· 重叠
· 尺寸透视
· 视野中的竖直位置

关于这一绘图体系以及汇聚和视觉缩减的图面效果更详细的讨论，见第 8 章。

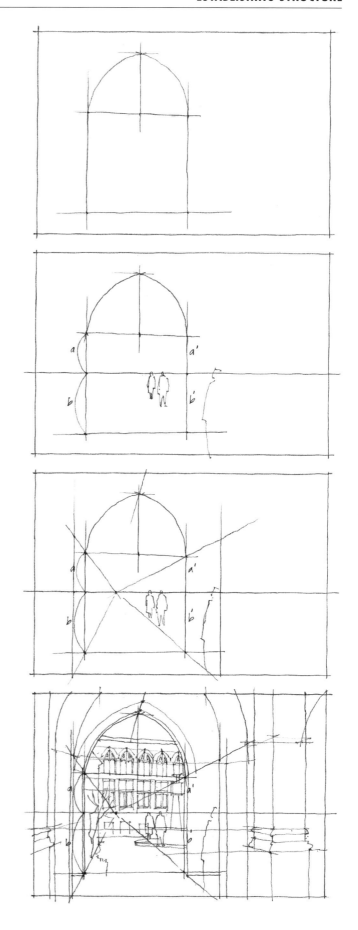

练习 4.13
使用绘图分析过程建立下面照片中场景的基本结构。
不添加色调明暗或细节。初期是一系列的 5 分钟素描，
以后再进行更长时间的绘图。

练习 4.14
找一个室外或室内空间，表现出一个明确的几何结构
和线性透视的平行线汇聚。使用绘图分析过程，建立
场景的内在结构。不添加色调明暗或细节。初期是一
系列的 5 分钟素描，以后再进行更长时间的绘图。

尺度是外表的尺寸——一个事物相对于其他事物的大小。因此为了衡量尺度，我们必须将已知大小的事物作为参考。

视觉尺度 *Visual Scale*

视觉尺度是衡量物体相对于周围其他物体时所表现出的大小。因此，一个对象的尺度往往是基于对于附近或周围元素相对的或已知尺寸的判决。例如，一张桌子，根据空间的相对大小和比例，在同一个房间内可以表现出正常或失常的比例。在绘画中，通过控制一个元素相对于其他元素的尺度，强调或降低它的重要性。

根据正在绘制的物体尺度，判断我们所测量的事物有重要的或无关紧要的影响以及必要的准确度。物体的整体比例与它相对于周围其他物体的尺度一样都很重要。但其准确程度需要取决于我们是否能感知到差异，这些是否是我们可以看到的显著差异？

我们所说的是相对尺寸，不是绝对的米、英尺[责编注]或英寸。因此如果一个物体是3$\frac{29}{32}$英寸厚，这个尺寸相对于我们把它看作薄的物体来讲也许并不那么重要。实际上是否把它看作薄的物体实际取决于我们把它和谁相比较。换句话说，如果它是薄的，那么别的东西一定是厚的。如果一个东西是短的，我们一定是相对于一个长的物体来测量的。

[责编注] 1英尺≈30.48厘米。

这面墙有多大？

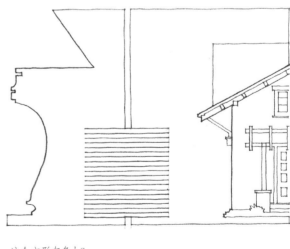

这个方形有多大？

人的尺度是指我们感觉到的一个物体的大小。如果一个室内空间的尺寸或它内部元素的大小，使我们觉得自己很小，我们说它们缺乏人性尺度。另一方面，如果空间没有让我们觉得自己很矮，或者如果元素提供了舒服的、符合我们臂展、净高，或运动的要求，就可以说它们是人性尺度。

我们观察或绘画时，经常使用人体图形建立其他物体的大小。这种比较基于我们对自己身体尺寸的熟悉，比较结果使我们自己觉得是大还是小，或者它可以使我们测量的东西看起来大或小。其他尺度参考元素是我们经常使用的或符合人体尺寸元素的家具，比如桌椅。

人体图形带给我们大小和尺度感，而家具陈设定义了使用面积。因此，在记录场景或发展设计理念时，绘制出一个包含人体及其使用家具的尺度是很重要的。更多有关绘制人体图形的信息，见第11章。

在线性透视中，如果所画的人与你是站在或走在同一水平面上，人的头部大概位于你的视线高度。

练习 4.15

绘制了一系列的立方体。绘制相邻的不同大小的人体图形从而改变立方体的相对尺寸。然后改变每个立方体的尺度到符合人体图形的尺度：例如，一把椅子、一个房间或一栋建筑物。

练习 4.16

考察两个多人使用的公共空间，一个是尺度相对较小的，另一个拥有更大、更宏伟的尺度。画出每个空间中的人，注意其相对高度和空间位置。使用人体图形作为测量设备建立每个空间的结构和尺度。除了大小和比例，其他哪些属性有助于感知每个空间的尺度呢?

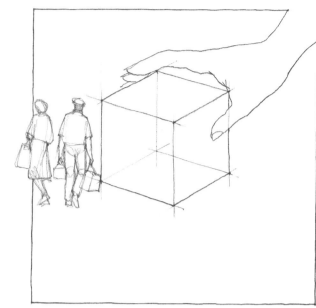

在构成和建立一幅绘画的结构时，我们创建一个线条框架。在这个框架上，我们添加色调明暗表现场景的明暗区域，定义空间中的平面，塑造它们的形态，描述表面颜色和纹理，并传递空间深度。

我们应该从浅到深，在之前一层色调的基础上绘制出形状并对色调明暗加以分层。如果一个区块太浅，我们总是可以加深它。但是，一旦一个区块已经太暗而变得浑浊，这是很难纠正的。图纸的清晰度和活力是脆弱的，并且很容易丧失。

在渲染色调明暗时，记住以下的深度线索：

· 空气透视
· 纹理透视
· 模糊透视

练习 4.17

按照练习 4.13 和 4.14 所述的程序建立下面照片中场景的内在结构。在这个框架上，添加色调明暗明确空间中的平面，塑造形态，并传递空间深度。密切注意色调明暗的形状、图案和范围，从大面积相似的明暗开始，然后是在这些区域内更深的色调层次。给大约5 分钟时间建立结构，再给 5 分钟渲染色调明暗。

练习 4.18

找到一个合适的公共的户外或室内空间。用取景器构图场景并重复上述练习。进行一系列的 10 分钟结构与明暗草图练习，之后再进行更长时间的绘图。

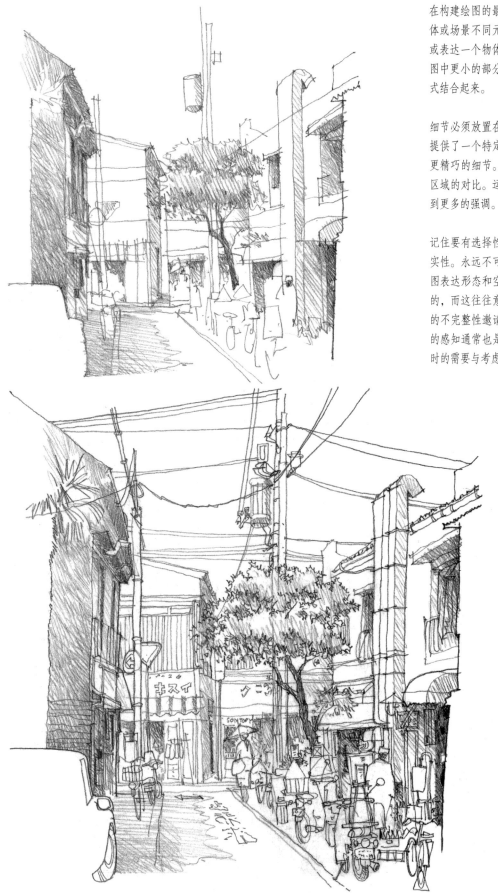

在构建绘图的最后阶段是添加能帮助我们确定一个物体或场景不同元素的细节。通过这些细节，我们感觉或表达一个物体的内在品质或一个地方的独特性。绘图中更小的部分和细节应以能够进一步解释整体的方式结合起来。

细节必须放置在一个结构模式中才有意义。这个结构提供了一个特定区域或特征的框架，刻画更进一步、更精巧的细节。同时，一幅绘图需要没有或少有细节区域的对比。运用对比，那些有细节的区域自然会得到更多的强调。

记住要有选择性。我们不需要考虑渲染一幅照片的真实性。永远不可能在绘画中包括所有细节。当我们试图表达形态和空间某一特质时，一些编辑工作是必要的，而这往往意味着容许一定程度的不完整性。绘画的不完整性邀请观察者参与完成它。甚至我们对现实的感知通常也是不完整的，由观察时拥有的知识和当时的需要与考虑所编辑。

练习 4.19

按照练习 4.13 和 4.14 所述的程序建立下面照片中场景的内在结构。这次，添加能帮助识别和明确前景中物体的那些细节。深化必要的色调明暗以强调空间的边缘，并传递空间深度。给大约 10 分钟时间建立结构并渲染色调明暗，再给 5 分钟添加重要的细节。

练习 4.20

找到一个合适的公共的户外或室内空间。用取景器构图场景通过建立结构，色调分层，并添加细节等绘图。进行一系列的 15 分钟草图练习，之后再进行更长时间的绘图。

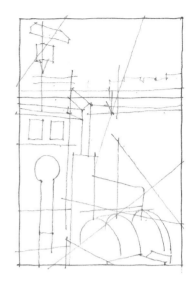

虽然在本章中用照片作为插图和练习的基础是必要的，应该明确的是从照片绘画与在实地直接观察绘画是有很大差别的。相机将收集的信息从一个三维环境压平到一个二维的胶片或传感器上。基于相机镜头的焦距和进光量，相机将视觉信息转换成一个二维阵列。在一个二维媒介上——一张纸、一个电脑显示器或一个投影仪屏幕——表现形状的透视缩减、线条的方向和其他图面的关系更加容易辨别。因此，虽然通过照片绘制可以成为一个有用的教学和学习活动，我们应该理解实地绘画可能会更加困难。

从直接观察绘图时，依靠视觉系统解释我们试图在二维表面描绘场景时眼睛获取的三维信息。然而，眼睛对于内心没有准备看到的事物会视而不见。我们经常可以看到我们所期望看到的，并在这个过程中跳过场景中同等重要或更重要的元素。我们往往注意那些个人感兴趣的事情而忽略其他，可能会感知个别元素而不是它们彼此之间的关系。

最重要的是绘制透视图时，我们对物体所知的——其尺寸、形状和比例以及在现实生活中它如何呈现，即其视觉外观——往往存在冲突，并可能导致我们绘制的是两个现实之间的妥协。我们可能最终所画不是我们所看到的，而是在心灵之眼所持有的图像，它试图解决客观现实和视觉现实之间的冲突，可能导致我们歪曲汇聚、透视缩减和尺寸减小的透视效果。为了看到真实的透视，我们可能要暂停识别和命名我们所画的主题，以感知摆在面前的纯粹视觉现象。关于透视图面效果的更多信息，见第228~231页。

尽管有这些困难，现场素描的反复实践仍是有帮助的。现场素描具有沉思的特质，人们安静地集中精力描画，以自然的方式回应观察获取的印象。绘画过程将眼睛和头脑紧密结合，重点关注当前，创建起随后能够回忆起来的生动的视觉记忆。

建立一个场景的构图结构,色调明暗分层来定义光照、纹理和材质的特性,并添加细节——第100~109页所描述的这个过程提供了学习如何经过不同阶段确立图纸的坚实基础。然而在实践中,有比单一通过观察绘画更多的方法。

在场景中测绘和取景时,应该从哪里开始绘画?这是经常问及的问题,答案是:这取决于如何回应主题。没有唯一正确的方式开始绘图。我们就可以从场景中一条主导的竖直边缘或平面开始着手,或一个空间的横断面视图着手,如向下看一条街道。我们可以从一个独特的轮廓开始,如走道的路径、铰接的屋顶线或天空的形状。我们可以决定由内而外地进行,从一个独特的造型开始,或从外围轮廓向内。然而,第二步几乎总是要在场景中建立水平线和人的尺度。最重要的是在整个过程中,当我们从结构到色调和细节时,应该不断检查点、线、面之间的二维图面关系。

· 主要竖直边缘

· 图面关系

重要的形状和轮廓

比例关系

主要竖直平面

水平线

现场绘画是独特的人类活动并属于徒手写生的领域。数字化工具和技法尚未开发出提供相同程度的便携性与方便性，最重要的是，一支钢笔或铅笔在日记本或速写本上创作的感觉。当徒手进行时，图纸自然带有了作者的个性和观点。正如每一个人的笔迹是独一无二的，容易辨认的，我们每个人的草图也同样如此，这不仅显示在绘制线条的笔触、创造色调明暗以及捕捉现场；草图也揭示我们如何观察，我们注意到什么以及我们选择强调的特定方面。

即使两个人并排站在一起，朝同一方向眺望，获取相同的视觉现象，我们看到的可能依然不是同样的事物。每个人看到的取决于我们如何回应和解释视觉数据。正如知是受限于我们观察过程中所想到的，绘画同样取决于感知。像谈话一样，我们不确定绘制过程会引向何方。即使在开始绘画时可能在心中已有目标，草图在图纸上推进时本身便产生了生命，我们应该对产生的图像所暗示的可能性保持开放心态。

在以观察绘画时，我们不需要将透视角度限制在典型的旅行明信片式的角度，虽然这确实是最吸引人的重复性观察角度。

绘画不是简单地记录呈现在面前的视觉图像，可以将绘画作为一个获取理解、洞察，甚至是灵感的方法。绘图刺激头脑，使那些肉眼无法看到的或者相机镜头无法捕捉的方方面面变得可见。我们可以想象——在心灵之眼中——拆解一座现有的建筑以便更好地了解其组成部分以及这些组成部分在建造过程中是如何组织和联系的。我们使用绘图过程破译和理解二维平面和剖面的关系以及我们体验到的建筑的三维体积特质。我们可以画出分析示意图来描述运动的路径，解释愉悦空间的比例，或说明一个有吸引力的城市环境中的虚实模式。我们甚至可以试图描述最能吸引注意力的气味、声音或触觉特质。

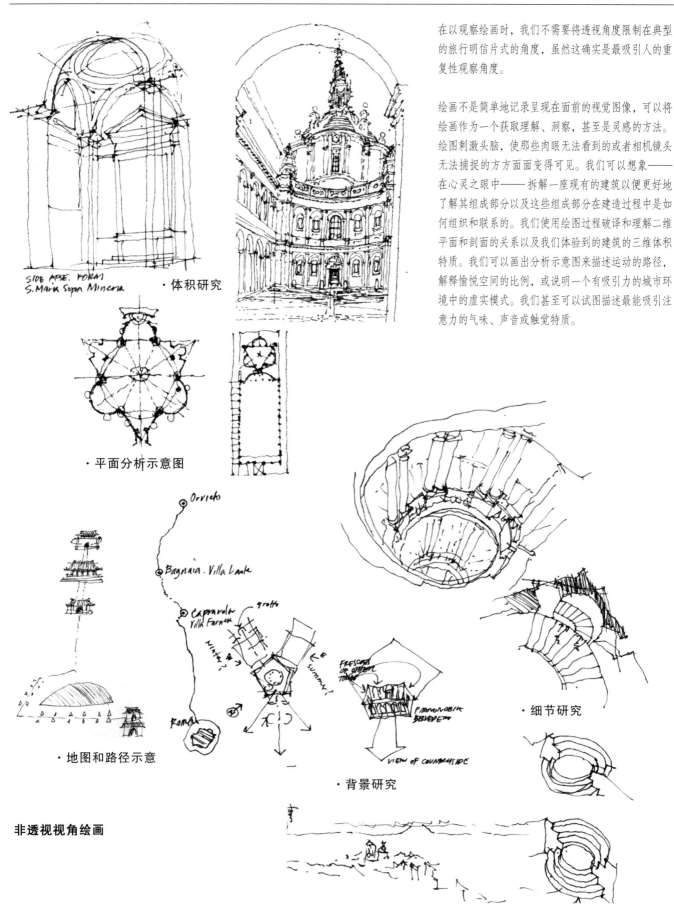

SIDE APSE. FORM
S. Maria Sopra Minerva
· 体积研究

· 平面分析示意图

Orvieto

Bagnaia. Villa Lante

Caprarola Villa Farnese

ROMA

· 地图和路径示意

grotto

winter? summer?

FRESCOED OR OPEN TO SKY?

PALAZZONOBILE BELVEDERE

VIEW OF COUNTRYSIDE

· 背景研究

· 细节研究

非透视视角绘画

通过这种方式，我们使用绘图过程在纸上理出头绪，不仅用钢笔或铅笔，还要用头脑思考。最终，通过观察及其所培养的视觉思维进行绘画，是为以后的设计工作建立起完善基础的一个行动，整合了包括设计绘画语言（第二部分：绘图体系）在内的绘图系统，并在设计过程中采用（第三部分：想象绘画）。

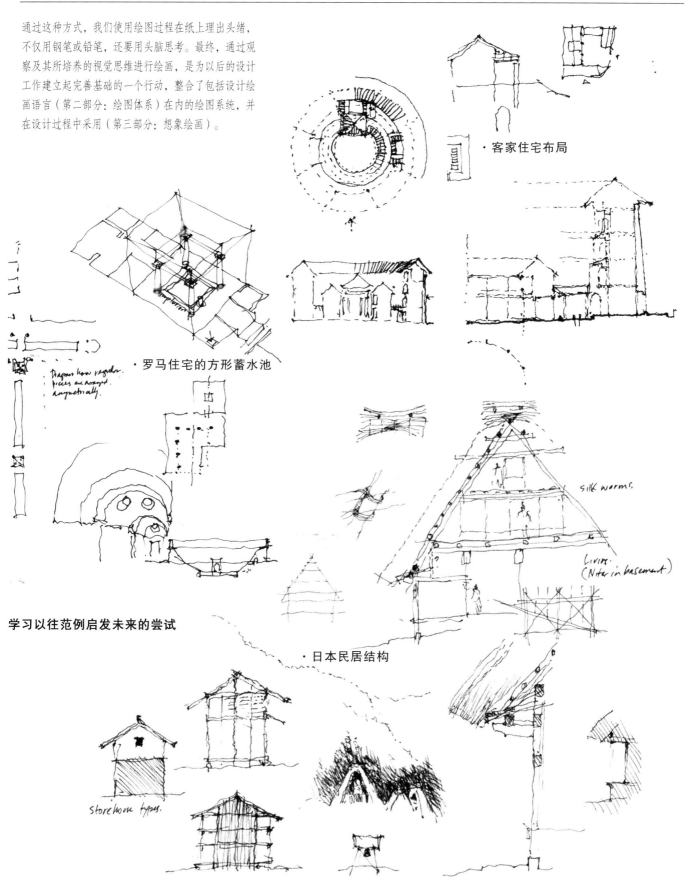

· 客家住宅布局

· 罗马住宅的方形蓄水池

学习以往范例启发未来的尝试

· 日本民居结构

绘图体系
Drawing Systems

绘图的核心问题就是如何在只有二维的平面上表现三维现实的各个面。在人类历史中，各种实验方法不断演变用来表达空间的深度和空间内的物体。我们现在所称的正投影表现图发现于埃及神庙墙壁和古希腊花瓶绘画上。在印度、中国和日本艺术中，斜投影的例子不胜枚举。我们甚至在罗马壁画中找到线性透视的实例。

今天，这些表现的视觉系统构成了正式的设计绘画语言，受一套理论、原则和惯例的支配。我们将这些表现模式划分为不同的绘图体系类型。我们将这些表现模式称为"系统"以区别于绘画技法，这涉及我们如何在纸张上或电脑屏幕上作标记。

在设计中，绘图体系提供了不同的方法，思考和表现我们面前所看到的或心灵之眼设想的事物。每个绘图体系包括一套固有的心理运作机制指导探索设计问题。在选择一个绘图体系表现视觉信息时，我们有意识或无意识地选择哪些方面的感知或想象应当加以表现。选择绘图体系既是一个关于隐藏什么的问题，又是一个关于彰显什么的决定。

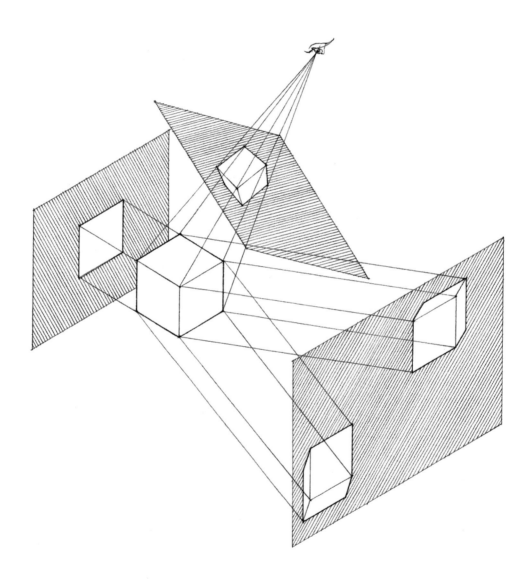

5
图面系统
Pictorial Systems

我们根据投影方法以及所产生的图面效果对绘图体系分类。投影是指表现一个三维物体的技法或过程，用直线延长物体上所有的点（称为"投影线"（projectors））到一个绘图平面，这是一个虚构的、假定与绘图表面共存的透明平面。我们还称绘图平面为"投影平面"（the plane of projection）。

有三种主要的投影系统——正投影（orthographic projection）、斜投影（oblique projection）和透视投影（perspective projection）。每个投影系统的投影线彼此之间的关系和它们在绘图平面上的角度与其他系统都是不同的。我们应该认识到每个投影系统的特殊特性，理解每个系统内指导构建绘图类型的原则。这些原则定义一个共同的语言，让我们阅读和理解彼此的图纸。

除了作为表达手段之外，投影绘图既要求，又有助于学习怎样思考三维空间。在构建投影的过程中，通过一个三维空间的区域加以引导以确定线的长度和方向，描述平面的形状和范围。投影绘图从而涵盖了直角坐标系统和画法几何的原理。

当我们展开投影系统的主要类型，很明显它们所表现的一个物体的图像看起来也是不同的。最简单的辨别两个画面异同的方法是学习每个投影系统表现相同立方形态上具有相互垂直的线和面。

基于外观的相似性，主要有三大类别的画面系统——多视点绘图（multiview drawings）、轴测绘图（paraline drawings）和透视绘图（perspective drawings）。多视点绘图通过一系列不同的但相关的二维视角表现三维物体。另一方面，轴测绘图和透视绘图都是在一个单一的图像里描绘一个三维结构两个或两个以上的面。 两者之间的主要画面区别是在轴测绘图中平行线保持平行，而在透视绘图中平行线汇聚。

多视点绘图、轴测绘图和透视绘图为设计师提供了多种选择。我们不仅要知道如何构建每个绘图类型，也要理解每个投影系统产生的特定图面效果。没有哪个绘图系统优于其他；每个系统都有固有的图面特点，影响我们如何思考，我们要表现什么以及其他人如何解读。每个系统定义物体和观察者之间的特殊关系并描述一个物体的不同方面。对于一个特定绘图系统揭示的每个方面，其他方面将会被掩盖。最后，选择一个绘图系统应该适合所表达物体的性质和表达的要求。

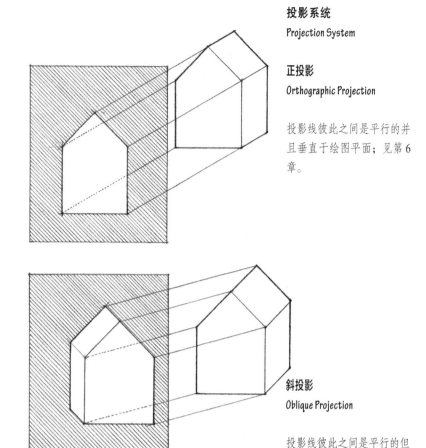

投影系统
Projection System

正投影
Orthographic Projection

投影线彼此之间是平行的并且垂直于绘图平面；见第6章。

斜投影
Oblique Projection

投影线彼此之间是平行的但倾斜于绘图平面；见第7章。

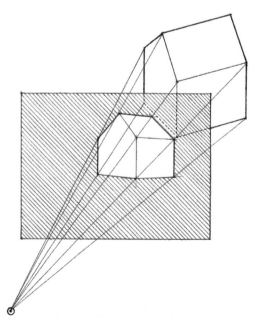

透视投影
Perspective Projection

投影线汇聚于一点，代表了观察者的视线；见第8章。

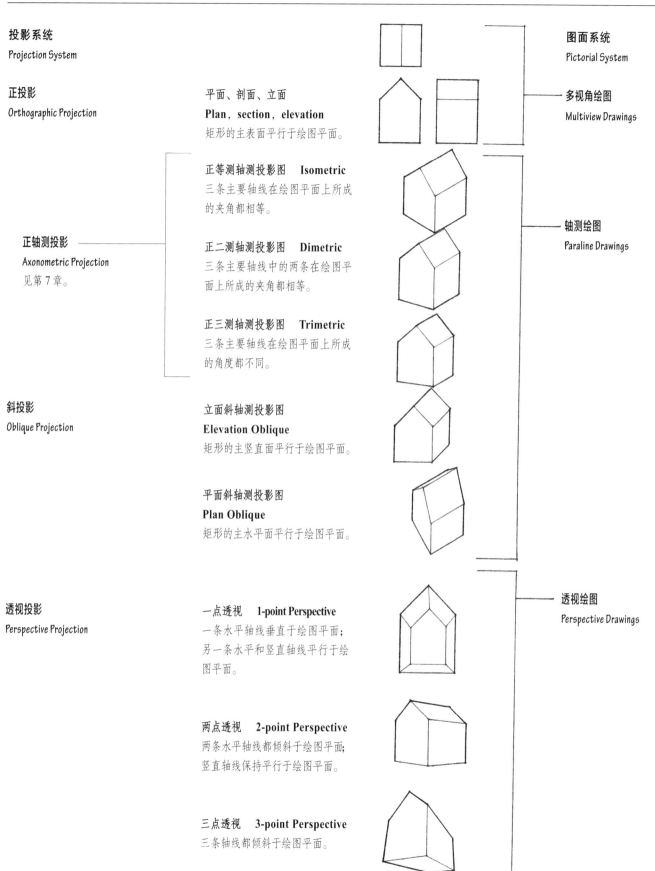

投影系统
Projection System

图面系统
Pictorial System

正投影
Orthographic Projection

平面、剖面、立面
Plan，section，elevation
矩形的主表面平行于绘图平面。

多视角绘图
Multiview Drawings

正等测轴测投影图　**Isometric**
三条主要轴线在绘图平面上所成
的夹角都相等。

正轴测投影
Axonometric Projection
见第 7 章。

正二测轴测投影图　**Dimetric**
三条主要轴线中的两条在绘图平
面上所成的夹角都相等。

轴测绘图
Paraline Drawings

正三测轴测投影图　**Trimetric**
三条主要轴线在绘图平面上所成
的角度都不同。

斜投影
Oblique Projection

立面斜轴测投影图
Elevation Oblique
矩形的主竖直面平行于绘图平面。

平面斜轴测投影图
Plan Oblique
矩形的主水平面平行于绘图平面。

透视投影
Perspective Projection

一点透视　**1-point Perspective**
一条水平轴线垂直于绘图平面；
另一条水平和竖直轴线平行于绘
图平面。

透视绘图
Perspective Drawings

两点透视　**2-point Perspective**
两条水平轴线都倾斜于绘图平面；
竖直轴线保持平行于绘图平面。

三点透视　**3-point Perspective**
三条轴线都倾斜于绘图平面。

机械比例（mechnical scale）是根据一个标准的测量系统计算物体的物理尺寸。例如，我们可以说，一张桌子根据美国习惯的系统，测量为5英尺长，32英寸宽，29英寸高。如果我们都熟悉这个测量系统以及相似尺寸的物体，就可以想象出这张桌子是多大。然而采用国际公制系统，同一张桌子测量的尺寸为1524毫米长，813毫米宽，737毫米高。

我们用来表现这张桌子或其他任何设计的绘图必须在绘图面的界限之内。由于设计对象或建筑通常远远大于绘图表面，我们必须缩小绘图以适应图面大小。我们将图纸尺寸按比例的减少称为"绘图比例"（the scale of the drawing）。

为了构建一个准确的设计表现，我们使用一套比例测量系统。当我们说是按比例绘图时，是指其所有的尺寸都与完整尺寸的物体或一个按选定比例的构造物关联。例如，当我们以 $\frac{1}{4}'' = 1'-0''$ 的比例在图纸上绘制时，每 $\frac{1}{4}$ 英寸代表了全尺寸物体或构筑物上的1英寸。在一个大比例绘画中，尺寸的缩减相对较小；而在一个小比例绘画中，尺寸缩减是相当可观的。

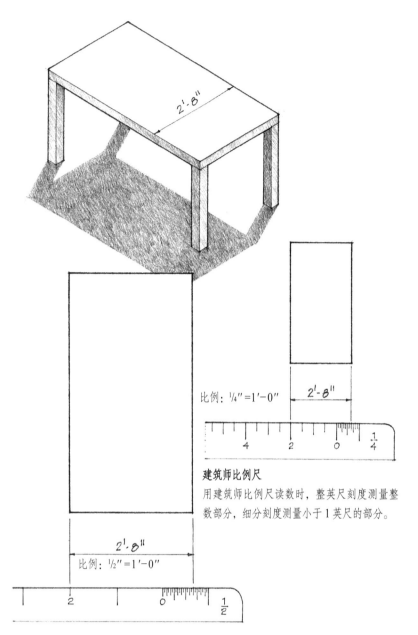

比例：$\frac{1}{4}'' = 1'-0''$

建筑师比例尺
用建筑师比例尺读数时，整英尺刻度测量整数部分，细分刻度测量小于1英尺的部分。

比例：$\frac{1}{2}'' = 1'-0''$

建筑师比例尺　Architect's Scale
比例尺这个术语也指我们进行精确测量所使用的设备。建筑师的比例尺一般有一组或多组有刻度的、编号的空格，每组空格建立从1英寸到1英尺之间分数部分的比例。三棱尺有6个边，全尺寸比例尺上1英寸划分为16份，比例包括 $\frac{3}{32}'$、$\frac{3}{16}'$、$\frac{1}{8}'$、$\frac{1}{4}'$、$\frac{1}{2}'$、$\frac{3}{8}'$、$\frac{3}{4}'$、$1\frac{1}{2}'$、$3'$ 代表 $1'-0'$。斜面比例尺有2面、4个比例或4面、8个比例。比例尺应该有精确校准的刻度和耐磨的标记。

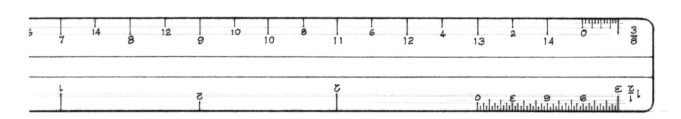

· 绘图的比例越大，它所包含的信息能够而且也应该越多。
· 比例尺绝不应该用作划线的直尺。

工程师比例尺   Engineer's Scales

工程师的比例尺有一组或多组标有数字刻度的空格，每组空格将1英尺分为10、20、30、40、50、60份。

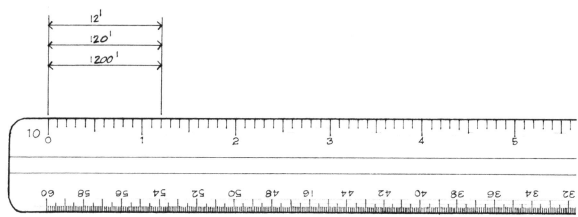

公制比例尺   Metric Scales

公制比例尺有一组或多组标有数字刻度的空格，每组空格建立了1毫米与若干毫米之间的比例关系。

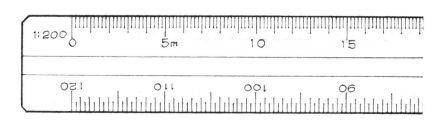

· 常见公制比例尺包括：1:5、1:50、1:500、1:10、1:100、1:1000、1:20和1:200。

数字比例尺   Digital Scales

在传统绘图中，我们以真实单位进行思考，而用比例尺将绘图缩小到便于处理的尺寸。在数字绘图中，输入具有真实单位的信息，但应当注意区分在显示器上浏览的图像大小与打印机或绘图仪输出图纸的尺度关系，显示器上的图像大小可以不受其真实尺寸的约束自由地放大或缩小。

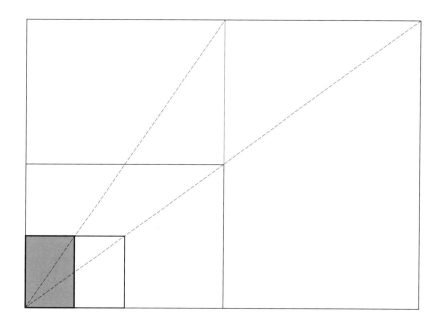

设计表达时清晰度、精确度、准确度是至关重要的，因此打草稿线十分必要。草稿线应该宽度、密度均匀，有明确的终点，与其他线条清晰交接。

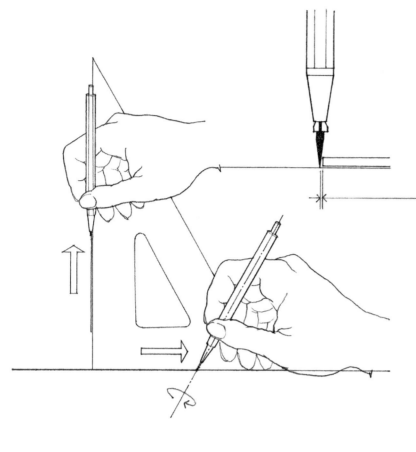

徒手打草稿时，我们使用丁字尺的直边、一字尺或三角板作为沿所画线条方向滑动铅笔或钢笔笔尖时的引导。当徒手打草稿时，牢记以下几点：

- 总是在直尺上方绘画，在尺子边缘和铅笔或钢笔尖之间留下一个很轻微的间隔。
- 铅笔或钢笔的笔杆保持在与绘图表面竖直的平面内，朝移动方向倾斜。用钢笔时，保持约80°的角度；握铅笔时保持45°~60°的角度。
- 始终沿所画线条的方向拉动钢笔或铅笔。切勿推动钢笔或铅笔笔尖，因为这会难以控制线条的质量，还可能破坏笔尖和绘图表面。
- 当用铅笔打草稿时，一定要削好笔尖，既不能过于粗短也不要太圆。要保持一支铅笔笔尖的清晰度和线条宽度的均匀，练习在画每条线时在拇指和食指之间旋转铅笔。

- 尽量使线条始终利落有序。每个物体的线条都应准确地开始与结束。在每个线条开头和结尾处略微施加一点额外的压力，使每个线条都有一个明确的开始和结束。
- 以一个稳定的速率尽量绘制宽度和密度均匀的线条。徒手绘制的线条应该看起来好像它被紧绷在两个点之间。

- 用一个很轻微的重叠搭接明确交角的部位。
- 避免夸大重叠搭接的长度；搭接量取决于绘图的尺度。
- 当线条相交不明显时，交角部位显得是圆形的。

与传统的手工绘图工具类似的是基于2D矢量绘图程序的软件功能，它包括原始的图形—软件程序用来绘制点、直线、曲线和形状等元素，所有都基于数学公式并从其中创建出更复杂的图形元素。

· 一个直线线段可以点击两个端点创建。
· 笔触的宽度可以从菜单中选取，或指定其绝对宽度（毫米、英寸的等分数或点数，1点＝¹/₇₂″）。
· 当使用数字绘图软件时，在计算机显示器上看到的不一定能反映出打印或出图的效果。对于数字绘图的质量和线条宽度的判断必须要等到看见从打印机或绘图仪的实际输出时。

线型　Line Types

所有线条在绘画中都具有某种目的。至关重要的是，当绘图时，你要了解每一条线代表什么，无论它是一个平面的边缘、材料的变换位置，或者仅是构造参考线。以下几种类型线，无论是徒手或在计算机上绘制的，通常用来使建筑图形更容易阅读和解释：

· 实线描画出对象的形式，如平面的边缘或是两个平面的相交。根据实线的相对宽度随其所表达的深度而变化。

· 虚线表示从我们观察中隐藏或删除的元素。虚线应该做到长度比较均匀，间距紧密，从而具有更好的视觉连续性。

· 当虚线在交角部位相交时，虚线应保持连续通过角部。为了在数字绘图软件中实现这一目标，可能有必要调整线段的长度和线段之间的空隙或差距。

· 交角部位的空隙将软化角度。

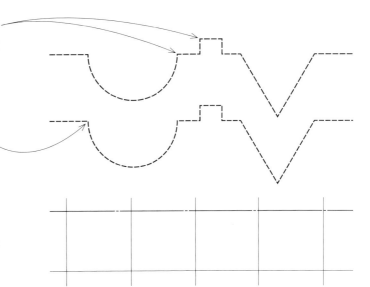

· 中心线，包括被单一的短线或点所分割的细而长的线段，代表了对称物体或构图的轴线。
· 网格线是一组矩形或放射状的细实线或中心线，用来定位和规范平面的元素。
· 建筑红线，包括被两个短线或点所分割的细而长的线段，代表从法律角度确定并记录一块土地的边界。

从理论上讲，所有线条应密度均匀，便于可读和复制。因此，线条粗细主要是宽度或深浅的问题。着墨线是均匀的黑色，只是宽度不同，铅笔线条可以改变宽度和色调明暗，这取决于所用铅芯的硬度、表面的粗糙程度和密度以及绘画时的速度和压力。力争使所有的铅笔线条均匀致密，改变其宽度实现不同的线宽。

粗线　Heavy

· 粗实线用来画平面轮廓和剖切线（见第148和174页）以及空间的边缘（见第127页）。

· 使用H、F、HB或B铅芯；如果非常使劲都画不出粗线条，表明铅芯太硬。

· 使用卡钳铅笔或0.3毫米或0.5毫米的自动铅笔绘制一系列行距紧密的线，避免使用绘制粗实线的0.7毫米或0.9毫米的铅笔。

中粗线　Medium

· 中粗实线表示平面的边缘或交界。

· 使用H、F或HB铅芯。

细线　Light

· 细实线表示材料颜色或纹理的变化，物体形态没改变。

· 使用2H、H或F铅芯。

极细线　Very Light

· 极细的实线用来布图，建立组织性网格，并指出表面纹理。

· 使用4H、2H、H或F铅芯。

· 可以看到的线条粗细程度和粗细对比应该与图纸的大小和尺度成比例。

数字线宽　Digitial Line Weights

· 徒手绘图的一个优势是所画的结果可以立即被眼睛识别。当使用绘图或电脑辅助绘图软件（CAD）时，人们从菜单中选择线宽或指定绝对单位的线条宽度（毫米、英寸的等分数或点数，1点＝$^1/_{72}''$）。在这两种情况下，在计算机显示器上看到的不一定能反映出打印或出图的效果。因此，应该需要不断进行测试打印或出图，以确定图纸的线条粗细程度和对比度是否适当。但注意，如果必须改变线宽，数字绘图往往比手绘图更容易。

在所有的绘图体系中，物体外形线定义我们所设计的物质实体或建筑的形状和形态。我们将所有可见的物体外形线绘制成连续的实线。但是根据人们的视点，物体外形线所表示的轮廓可能会表现为空间的边缘、两个可见平面的相交，或者只是材料或颜色的改变。为了表现和表达这些区别，我们使用有等级的线宽。

空间边缘　　Spatial Edges

最重要的物体外形线是那些描绘固体物质与空间空隙相交会的边缘。这些轮廓定义物体的形状和轮廓，在空间中区分出重叠的不同物体。通常使用最粗重的线条来描绘这些空间边缘。

平面转交　　Planar Corners

第二等最重要的物体外形线是那些描述出现在一个三维体量外边界内的轮廓。这些内部的轮廓阐明一个三维体量的表面结构。为区分这些内边缘与形态的外边缘，使用中等粗细等级的线条。

表面线　　Surface Lines

第三种类型的物体外形线只是表示一个平面或体积表面上颜色、色调明暗或纹理等方面可识别的变化。为了表明这些色调或纹理对比，使用最浅细的线条。当最细的实线在色调上也不够浅时，使用虚线或点线来保持线宽的等级差别。

隐藏线　　Hidden Lines

隐藏线显示在一个特定的视图上会被物体另一部分所掩盖的边缘。隐藏线由一系列密集的虚线或点线组成。

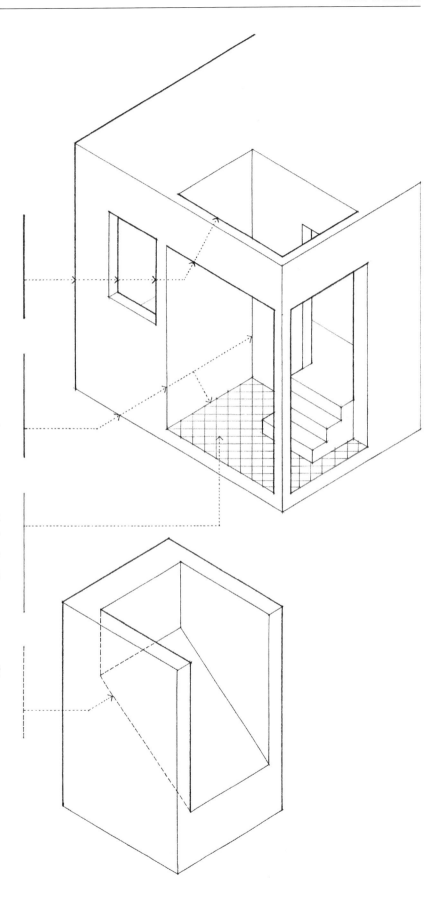

了解在徒手绘画中如何绘制常见的几何形状以及某些绘图操作是很有用的。

角度线　Angled Lines
我们可以单独或组合使用标准的45°—45°和30°—60°三角板，以15°为增量绘制出从15°~90°的角度线。

绘制垂直线　Drawing a Perpendicular
我们可以用一副三角板画出任何线的垂直线。首先将每个三角板的斜边彼此相对，上方三角板的一边与给定直线对齐。然后固定住下方三角板的位置，滑动上方三角板直到垂直边到达合适的位置。

绘制一系列的平行线　Drawing a Series of Parallel Lines
我们可以用一副三角板绘制一条已知直线的一系列平行线。首先将每个三角板的斜边彼此相对，上方三角板较长的一边与已知直线对齐。然后固定住第二个三角板的位置，滑动第一个三角板到所需要的平行线的位置。

细分线段　Subdividing a Line
将线段AB细分成若干等分，从A点绘制角度在10°~90°之间的第二线。沿第二条直线使用刻度尺标记平分所需的等分线段。绘制线段BC。然后用一副三角板绘制一系列平行线，将等分线段转移到线段AB。

平分线段　Bisecting a Line
为了平分线段，用圆规在线段两个端点分别创建一个圆弧。然后绘制一个通过圆弧相交两点的直线。这条线不仅平分而且垂直于第一条线段。

绘制与圆弧相切的直线
Drawing a Tangent to a Circular Arc
绘制一个与圆或圆弧相切的直线，先由圆或圆弧的中心画出经过切点的半径。然后绘制一个通过切点垂直于半径的线。

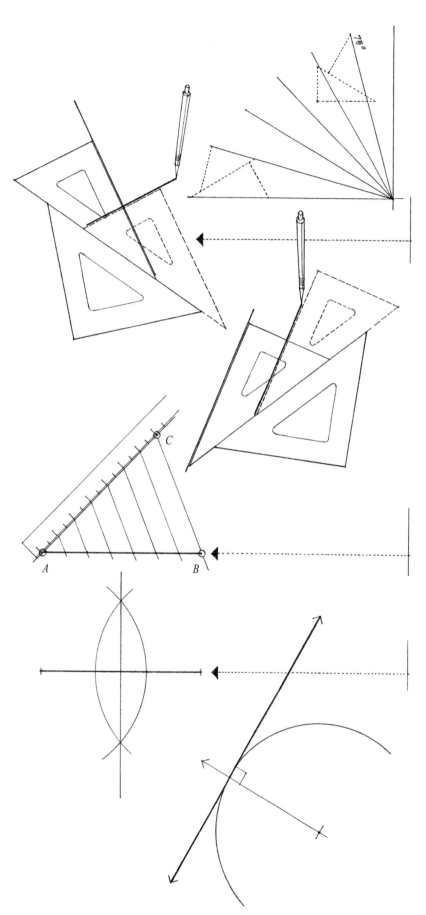

数字绘图程序让我们轻松地尝试图形构思，如果行不通只需要撤销操作即可。我们可以在屏幕上构思并深化，或者把它打印出来或保存文件以便未来编辑。尺度和布局的问题可以推迟考虑，因为这些方面是根据最终图像创作的要求调整。在徒手绘图中，可以立即看到绘图结果，但调整尺度和布局是很难做到的。

数字引导   *Digital Guides*

绘图程序通常有指令限制点和线沿着一个精确的水平、垂直或对角线方向运动。网格和引导线会根据命令进一步帮助精确绘制线条和形状。

· 按指定的尺寸和方向复制移动现有的线条来绘制平行线。

· 将现有线条旋转90°绘制垂直线。

· 按所需角度旋转现有线条绘制斜线。
· 设定智能辅助线绘出30°、45°、60° 或任何指定角度的线条。

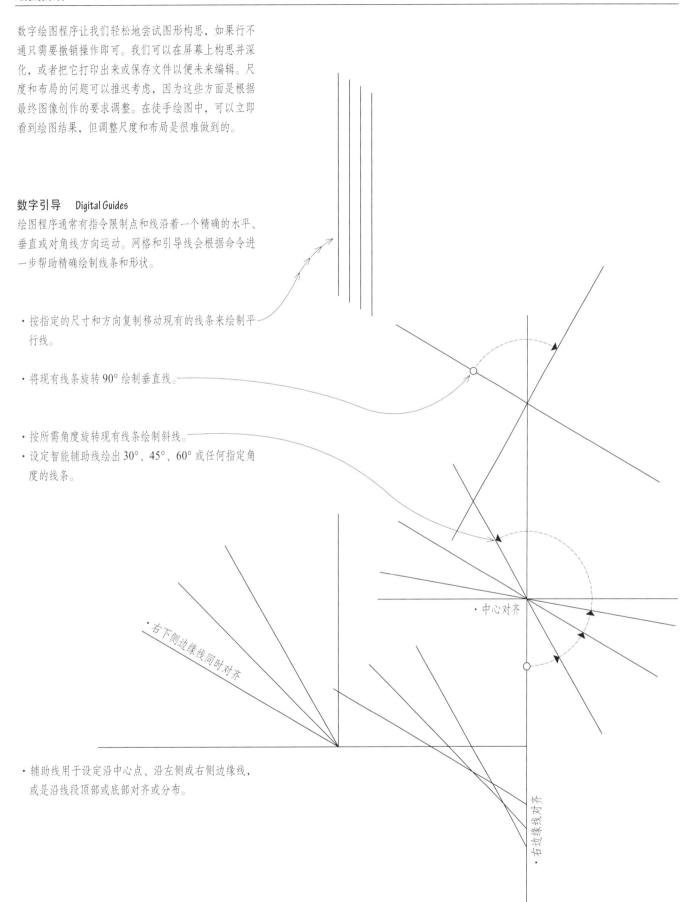

· 中心对齐

· 右下侧边缘线同时对齐

· 右边缘线对齐

· 辅助线用于设定沿中心点、沿左侧或右侧边缘线，或是沿线段顶部或底部对齐或分布。

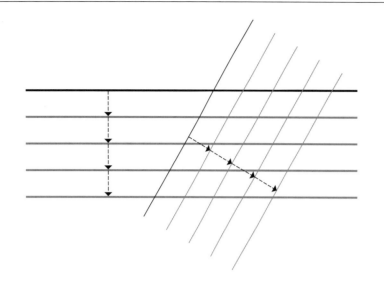

数字化增加　Digital Multiplication

数字绘图程序中能够轻松完成创建、移动和放置线条或形状的操作。

· 沿一个给定的方向，将任何线条或形状复制和移动一个指定的距离，多次重复这个过程可以得到所需数量的等距线条或形状。

数字化细分　Digital Subdivision

可以使用与徒手绘画相似的方法细分任何线段。我们还可以均分线段两个端点间的线条和形状。无论是徒手绘画或在数字绘图程序中分割，从一般到特殊，从大整体到小局部的工作过程是相同的。

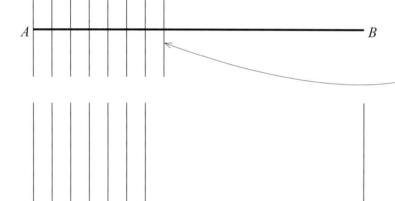

· 给定线段AB，以任意角度绘制通过A点的线段，根据需要分割的数量加以复制。

· 将最后一条线段移动到B点。

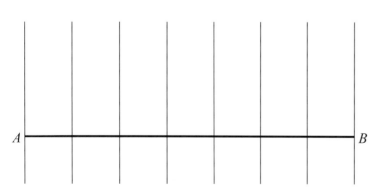

· 选择所有线段，并将它们均匀分布创造出所需的等分数量。

数字形状　　Digital Shapes

基于二维的矢量绘图和CAD程序包括几何形状、家
具、灯具以及由用户定义元素的数字模板。无论模板
是实体的或是数字的，其目的是相同的—— 为了节
省绘制重复元素的时间。

数字形状有两个属性：描边和填充。
- 描边是定义边界形状的路径。
- 填充是指形状边界内的区域，可以留为空白，或是
  添加颜色、图案或渐变。

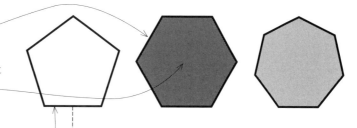

数字转换　　Digital Transformations

数字化图形一经创建便进行缩放、旋转、镜像或剪切
变形。任何基于矢量的形状都很容易修改，因为它内
在的几何数理描述已经嵌入了软件程序之中。

- 矢量图像可以水平、竖直，或在两个方向上缩小或
  扩大，而不会降低图像的质量。因为矢量图像不受
  分辨率约束，它们可以任何比例最高质量地输出。

- 矢量图像可以绕指定点按任何指定角度旋转。

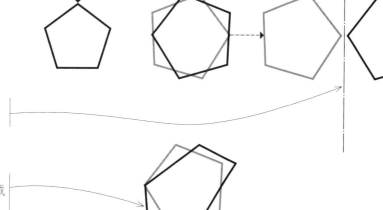

- 矢量图像可以沿指定轴线反转或镜像。

- 矢量图像可以沿水平或竖直轴线，或相对于水平或
  垂直轴线的其他指定角度进行剪切或弯曲。

任何这些变形可以多次重复直到实现所需的图像。

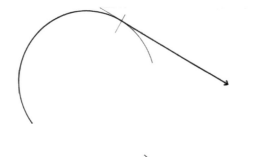

曲线　Curved Lines

· 为了避免绘出的切线与一个圆或曲线线段不匹配，先画出曲线元素。
· 然后从圆或弧画出切线。
· 应注意用钢笔或铅笔绘制的圆和圆弧线宽与画面其余的线宽相匹配。

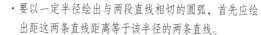

· 要以一定半径绘出与两段直线相切的圆弧，首先应绘出距这两条直线距离等于该半径的两条直线。
· 这两条线的交叉点，就是所需圆弧的圆心。

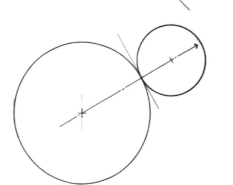

· 要画两个彼此相切的圆，先从其中一个圆的圆心引出一条线，至其圆周上所需的切点位置。
· 第二个圆的中心必须位于这条线的延长线上。

贝塞尔曲线　Bézier Curves

贝塞尔曲线是指由法国工程师皮埃尔·贝塞尔（Pierre Bézier，1910—1999）为计算机辅助设计/计算机辅助制造（CAD/CAM）操作设计开发的一类数学推导的曲线。

· 一个简单的贝赛尔曲线有两个定位点，它定义曲线的端点和两个控制点，这两个控制点位于曲线之外，控制曲线的曲率。
· 一系列简单的贝塞尔曲线可以合并从而形成更复杂的曲线。

控制点
控制线
定位点
定位点
控制线
控制点
定位点

· 无论曲率在何处改变，两段控制线在定位点处的共线关系确保曲线的光滑。

练习 5.1

用自动铅笔、一个绘图三角板和丁字尺或一字尺，绘制三个正方形的组织构图，每个正方形边长分别为 1 英寸、2 ½ 英寸、4 ¾ 英寸。线的密度和线宽是否有一种一致性？线条在角落处的相交是否清晰？重复此练习两遍，一次使用自动铅笔，然后用二维绘图程序。

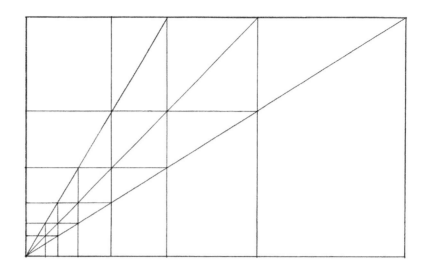

练习 5.2

用自动铅笔、一个绘图三角板和丁字尺或一字尺，以两倍大小绘制此图。使用建筑师的比例尺来确定最大矩形的整体尺寸，分别以下面的尺度来度量：$\frac{1}{8}'' = 1' - 0''$，$\frac{1}{4}'' = 1' - 0''$，$\frac{3}{4}'' = 1' - 0''$，$1'' = 1' - 0''$，$1\frac{1}{2}'' = 1' - 0''$。

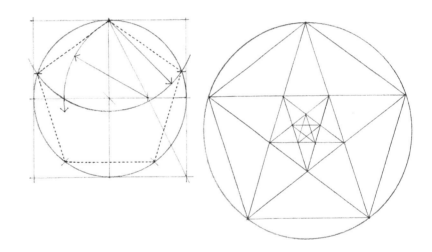

练习 5.3

用一个圆规，画一个直径 6 英寸的圆。构建一个如右图所示的五边形。在这个五边形内，绘制一系列的五角星。

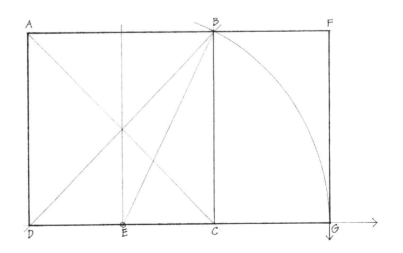

练习 5.4

构建一个矩形，长边和短边的比例是黄金分割。先绘制边长为 2 英寸的正方形 ABCD。画出两条对角线找到正方形的中心。通过这个中心画出竖直线到正方形底边找到 DC 线段的中点 E 点。以 E 点为中心，半径为 EB，旋转一个圆弧到正方形底边的横向延长线上。然后绘制矩形 AFGD。AD 与 DG 的比例为黄金分割，比率约为 0.618：1.000。使用二维绘图程序重复这个练习。

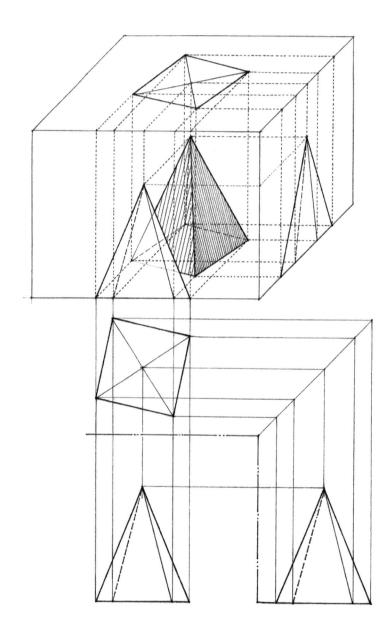

6
多视点绘图
Multiview Drawings

多视点绘图包含我们所知绘画的类型，比如平面图、立面图和剖面图。每个绘图都是一个物体或构造某一方面的正投影图。这些正投影图是基于投影理论的抽象绘图，与人眼看到的视觉现实不相匹配。它们是一个概念形式的表现，基于我们对于一个事物的了解而不是从空间中一点所看到的。观察者没有一个参照物，或者如果有，观察者的视力是无限远的距离。

在正投影图中，平行投影与画面平面以直角相交。因此，任何与画面平面平行的特征或元素的正投影图仍然是真实的大小、形状和构造。这促成了多视点绘图的主要优势——精确定位点的能力、测量线条的长度和坡度，并描述平面的形状和范围。

在设计过程中，多视点绘图建立了二维的图纸平面领域，在上面我们研究构图中的形态模式和比例关系以及赋予设计的理智秩序。调节尺寸、布局和构造的能力也使得多视点绘图在表达图形信息时是有用的，这些在一项设计的说明、制造与建造中都是必要的。

另一方面，一个单一的多视点绘图只能揭示一个物体或构造某些部分的信息。当第三维在画面平面上被压平时会产生一种固有的深度模糊性。在一个孤立的平面、剖面或立面中所读取的深度必须通过图形深度线索加以暗示，比如线条宽度等级和对比的色调明暗。虽然可以推断出深度感，但它只有在看到更多视点时才可被肯定。因此需要一系列独特但相关的视角，以充分描述一个形态或构图的三维特性——因此有了"多视点"这个术语。

正投影图是通过垂直投影线条到画面平面来表现物体的投影系统。绘制一个正投影图，将物体上各点的平行投影与画面平面垂直相交。然后，按其适当的顺序连接投影点以获得物体在画面平面上的视图。我们称在画面平面上所生成的图像为"正投影视图"（orthographic view）。

一个单一的正投影视图不足以充分描述一个三维立体的物体。我们需要一套相关的正投影视图。有两个规范正投影视图之间关系的惯例：第一角度投影和第三角度投影。要了解两者之间的区别，想象三个相互垂直的绘画平面—— 一个水平的、两个竖直的。正面的画面平面和水平的画面平面相交形成四个二面角，以顺时针方向由前上方象限开始从1到4编号。

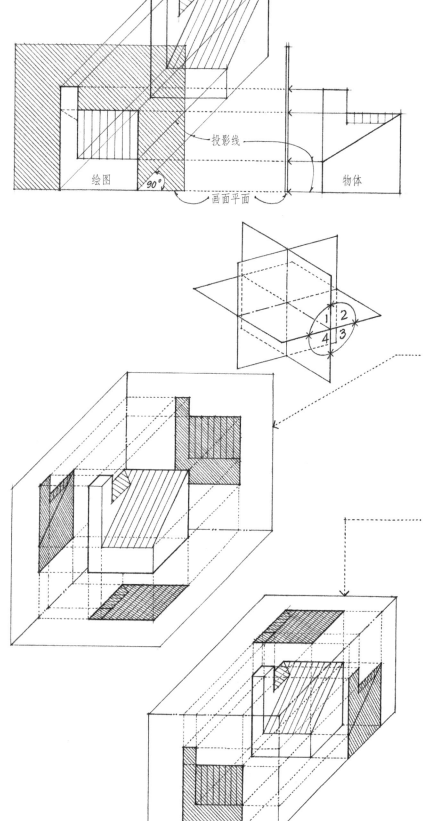

第一角投影　First-angle Projection

法国物理学家、军事工程师加斯帕·蒙热（Gaspard Monge，1746—1818）负责防御工事的设计，18世纪时设计出第一角投影。在第一角投影中，我们将物体置于第一象限，朝后像阴影一样投影物体图像到画面平面的内表面。向后方投影的是距离观察者最近的那些物体侧面。

第三角投影　Third-angle Projection

如果我们把物体置于第三象限，其结果是出现第三角投影。由于画面平面介于物体与观察者之间，我们朝前投影物体的图像到画面平面上。因此，我们在透明画面平面的外表面绘制和观察图像。

投影线

绘图

90°

画面平面

物体

如果用一个透明的画面平面"盒子"包围一个物体，我们可以对主要的画面平面和投影到这些平面上的图像加以命名。每个正投影视图代表了不同的方向和特定的观察物体的有利位置。每个视图在开发和表达设计中扮演着特定的角色。

主平面　Principal Planes
主平面是任意一组相互垂直的画面平面之一，在上面呈现正投影物体的图像。

水平面　Horizontal Plane
呈现平面或俯瞰视图正投影的主要水平画面平面。

正面　Frontal Plane
呈现立面或前视图正投影的主要竖直画面平面。

轮廓平面　Profile Plane
呈现侧面或后视图正投影的主要竖直画面平面。

折线　Fold Line
代表两个垂直画面平面相交的折痕。

折痕　Trace
代表两个平面相交的一条线。

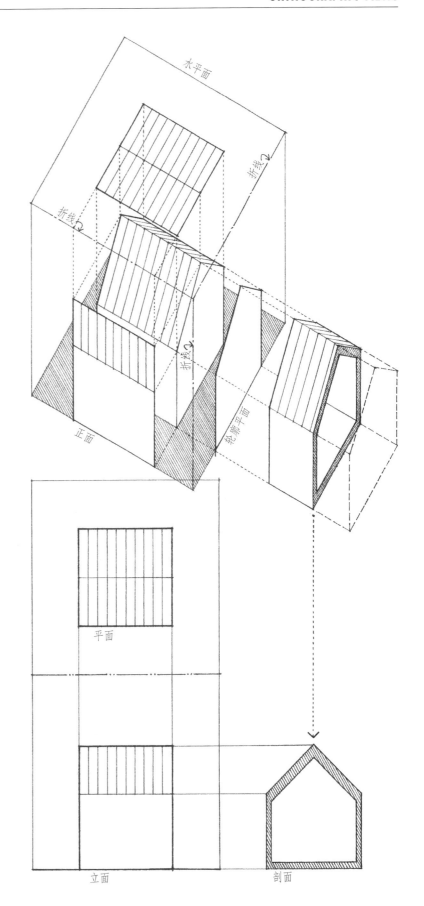

主要视图　Principal Views
平面、立面、剖面的主要正投影视图。

平面　Plan
物体正投影在一个水平画面平面的主要视图，也称"俯瞰视图"（top view）。在建筑绘图中，有表现一座建筑或场地不同类型水平投影的各种平面视图。

立面　Elevation
物体正投影在一个竖直画面平面上的主要视图。一个立面视图可能是前面、侧面或后方的视图，取决于我们如何相对于物体定位自己或评估其各个表面的相对重要性。在建筑图形中，我们按指北针方向或场地内特定标志物来标注立面视图。

剖面　Section
物体和与其相交错平面截切出现的正投影。

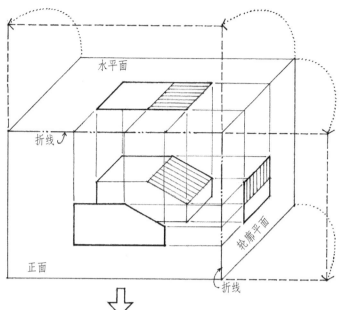

水平面

折线

正面

轮廓平面

折线

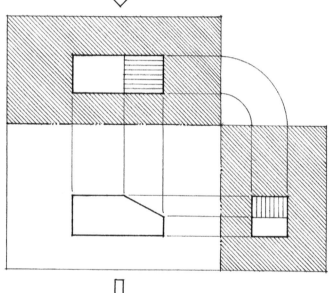

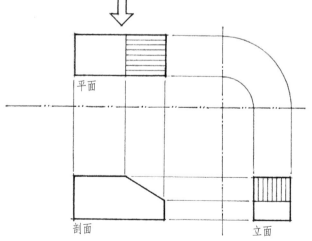

平面

剖面

立面

排列视图　Arranging Views

为了更易于阅读和理解一系列正投影视图如何描述一个三维的整体，我们使用一个有序的符合逻辑的方式安排视图。最常见的平面和立面的排列是在第三角投影中展开透明的画面平面"盒子"。

将每个视图投影后，我们沿折线旋转视图成为一个单一的绘画平面。俯瞰视图或平面视图竖直向上旋转直到正上方与前视图或立面视图对齐，而侧视图或轮廓视图旋转并与正面图对齐。这样的结果显示为一系列连贯的由折线分开的相关正视图。

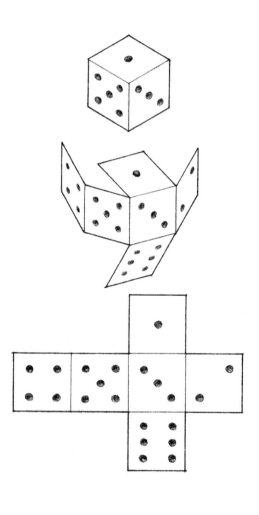

视图的数量　Number of Views

正投影视图的数量要能够完整描述物体的几何形状和复杂的三维形态。

对称情况往往会减少对一个或更多视图的需要。例如，轴向对称或两侧对称的形态或组合，其两边是彼此镜像的图像，因此，一个侧视图已经足够，其余的可以省略。同样，对于径向对称的形态或组合，如果一个立面已经复制出相同的信息，那么多个立面视图就是不必要的。然而，如果对称情况实际上并不存在，省略视图可能会导致出现歧义。

大多数对象要求至少三个相关视图来描述它们的形态。复杂的形状和组合可能需要四个或更多的相关视图，特别是如果它们有很多的斜面。

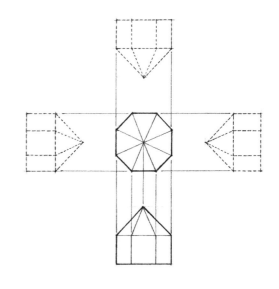

辅助视图　Auxiliary Views

对于每个物体或构造的斜面，有必要通过辅助视图来描述它的真实大小和形状。我们插入一个折线，代表了平行于斜面的辅助画面平面的边缘视图从而建立辅助视图。

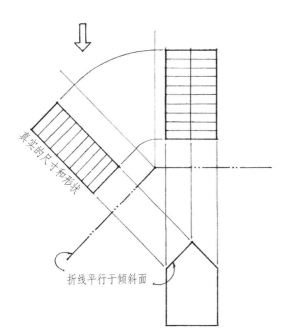

真实的尺寸和形状

折线平行于倾斜面

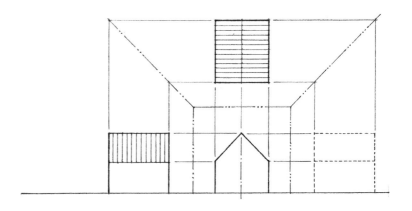

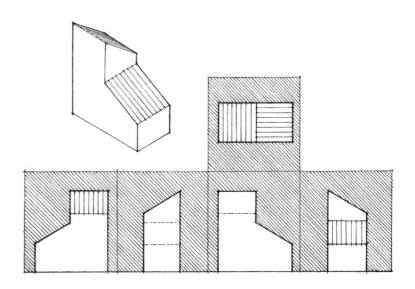

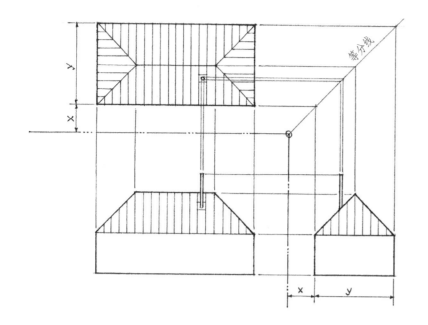

构建视图　Constructing Views

只要有可能，将相关的正投影视图对齐，使点和尺寸方便地从一个视图转移到另一个。这种关系不仅有助于绘图，也使绘图作为一套协调的信息更容易理解。例如，一旦绘制了一个平面，我们可以有效地把水平尺寸垂直转移到下方的立面绘画平面上。以类似的方式，我们将一个立面上的竖直高度尺寸水平投影到一个或多个相邻的立面绘画平面上。

将点投影到相邻视图上，绘制出垂直于公共折线的投影图。从公共视角上看，在所有视图上每个点到折线的距离都是相同的，我们可以将水平面转移一定距离到轮廓面，在折线的相交点上构成一条对角等分线。另一种方法是使用折线的相交点作为一系列 1/4 圆弧的圆心。

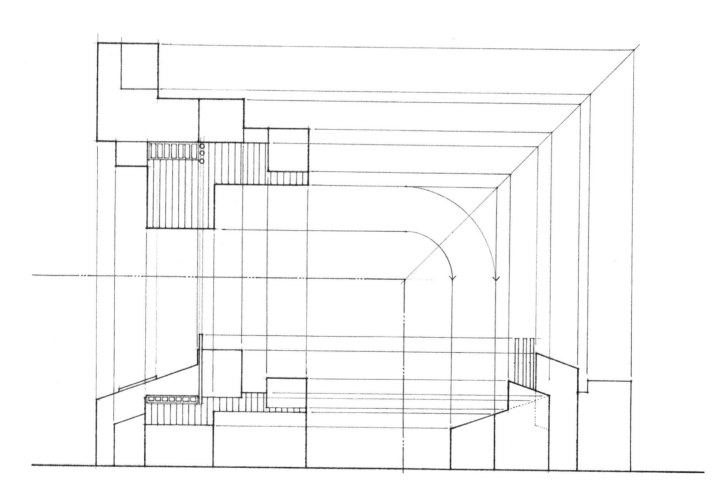

原则和技法   *Principles and Techniques*

在正投影中，无论构建的绘画尺度怎样，任何平行于画面平面的直线或平面都是真实的。

· 为了确定线段的真实长度，应建立一个与该线段平行的折线，并将线段的端点穿过折线投影。

· 任何与画面平面垂直的线条的正投影都是一个点。要显示一条线的视图，首先要确定真实长度。然后建立一个垂直于真实长度线条的折线，并穿过折线投影。

· 任何垂直于画面平面的平面的正投影都是一条直线。如果一条线在一个平面上显示为一个点，那么这个平面在同一视图内也将会显示为一条线。因此，为了显示一个平面的边缘视图，要在平面上找到真实长度直线的投影，并将定义平面的各点投影到同一视图上。

· 要找到一个平面的真实尺寸和形状，要建立一个垂直于平面边缘视图的折线，并将定义平面的各点穿过折线投影。

· 如果两条或两条以上的线在空间中平行，它们的投影在所有视图中也是平行的。

· 在任何单一视图中，无论元素到画面平面的距离是多少，其尺寸都保持不变。

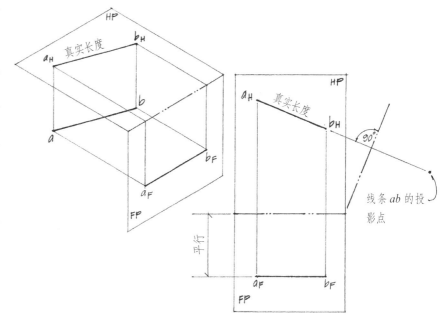

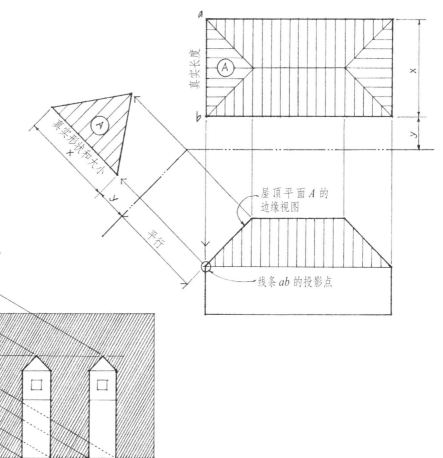

原则和技法　*Principles and Techniques*

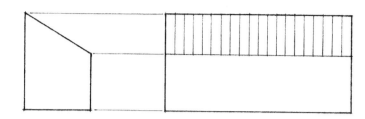

· 任何倾斜于画面平面的线条或平面的正投影都会发生透视缩短的现象。为了绘制出能够反映倾斜直线或平面透视缩短的视图，一个视图必须显示该线条的真实长度或平面的边缘视图。

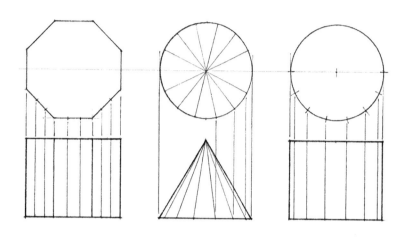

· 为了确定一个曲线的正投影图，首先在视图中绘制出能显示其真实形状或轮廓的曲线。然后沿着这条轮廓线建立等分点将它们转移到相关视图中。划分得越精细，表达得就越顺畅，越准确。

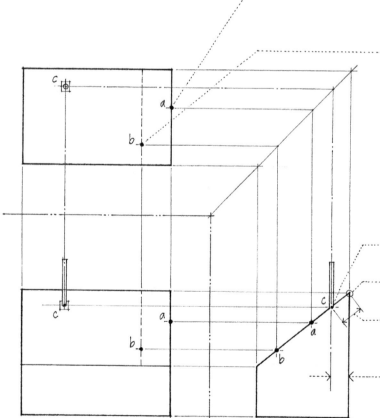

· 若要将视图上一条线上的一个点投影到相邻视图上的相同位置，穿过折线投影这个点直到它与相邻视图中的线相交。

· 若要从视图上一个面上的一个点投影到另一个视图，在平面内绘制一条包含该点的直线。将这条线从一个视图中投影到另一视图，然后再从线到线投影这个点。

· 一条线和一个平面的交错点出现在平面的边缘视图中。

· 两个非平行平面之间的相交线出现在视图上显现为一个边缘平面。

· 点和线之间的最短距离出现在视图上，线条显示为一个点。垂直的距离是连接两个点的一条直线。

· 点和平面之间的最短距离出现在视图上，呈现为平面的边缘视图。垂直地从点延伸到平面的边缘视图。

原则和技法　*Principles and Techniques*

· 两相交线的真实角度出现在两条线都显示为真实长度的视图中。如果两个相交线互相垂直，在任何显示一条线段真实长度的视图中都保持90°角。

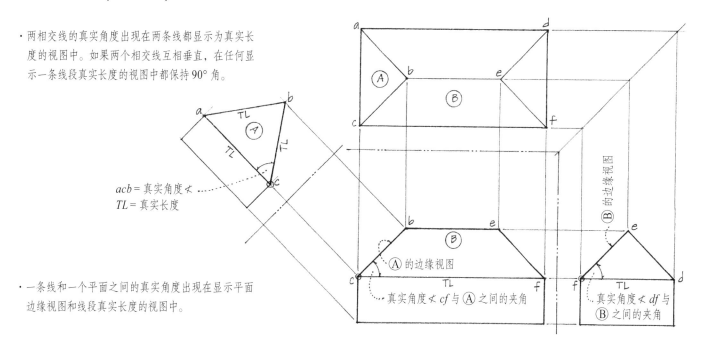

acb = 真实角度∡
TL = 真实长度

· 一条线和一个平面之间的真实角度出现在显示平面边缘视图和线段真实长度的视图中。

· 两个平面之间真实角度出现在两个面的相交线显示为一个点的视图中。

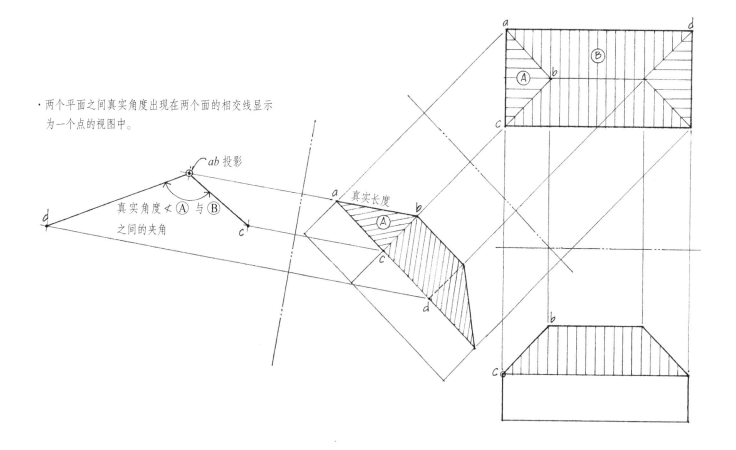

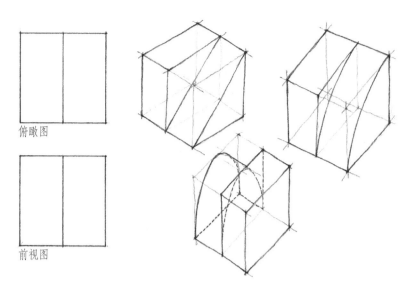

俯瞰图

前视图

俯瞰图和前视图可以描述多种不同物体。这里是三种可能的画面形态。你还能构想出多少可能性呢？

多视点绘图由一系列三维的、局部的相关视图组成。正投影平面、剖面和立面不能表达我们通常观察视觉世界的方式。即使添加了视觉深度线索，它们仍然基本上是一个概念性的表现体系，比绘画更抽象。因此学习绘制平面图、剖面图和立面图，还需要学习如何阅读和解释多视点绘图的图形语言。任何人使用多视点绘图进行思考、推敲并表达设计决策必须了解单个视图之间如何相互联系来描述三维物体或空间。通过这种阅读，应该能够在心灵之眼中组建起一系列局部的片段视图，重新建立对一个整体的理解。同样，针对一个三维结构，应该能够通过一系列多视点绘图拓展出一个整体的表现。

练习 6.1

将物体对象的三维形式以一组多视点绘图的形式加以表现需要反复的思维试错。在纸上画出可能的解决方案，帮助我们解决问题。为了体验这个过程，尝试在一组正投影图中勾画一个物体的绘画视图。

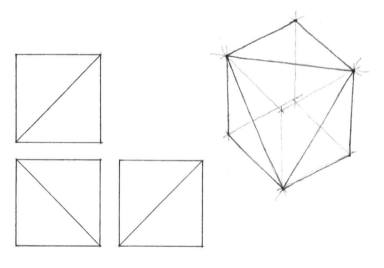

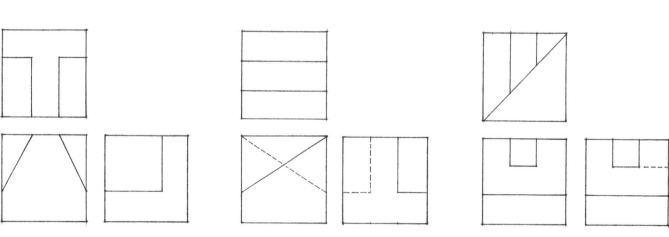

练习 6.2

对于每组正投影图，画出第三个正投影视图以及所描画物体的三维画面视图。

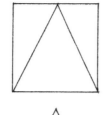

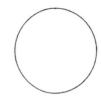

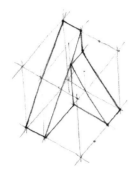

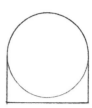

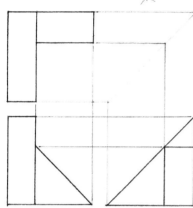

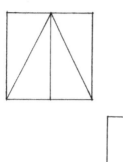

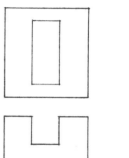

练习 6.3

研究每组正投影图并尝试构想所描画的物体。如果从第三角投影中观察，哪组投影图是不一致的或没有逻辑的？

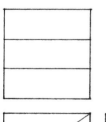

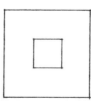

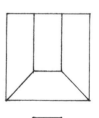

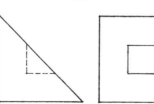

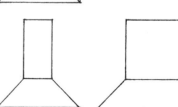

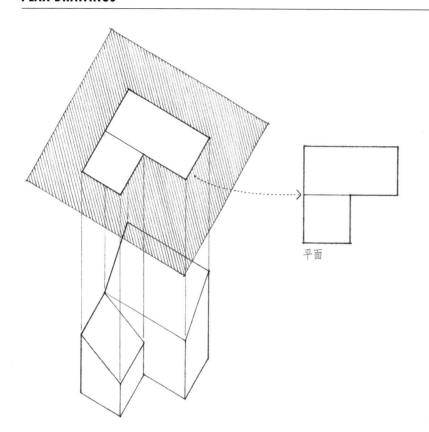

平面

平面图是在水平画面上的正投影绘图，通常是按比例绘制的。它们代表从上向下观察一个物体、建筑物或场景。所有与画面平面平行的平面保持自身真实尺度的大小、形状和比例。

平面将复杂的三维物体简化为二维水平方面。它们描绘了宽度和长度，但没有高度。这种强调水平的属性，既是平面的优势又是它的局限。讽刺的是尽管平面绘图相较于复杂的线性透视更容易生成，但它们本质上是抽象构成，难以阅读和理解。它们所描绘的鸟瞰，除了在心灵之眼中的构想，我们很少能够以这种方式进行体验。

虽然去除了某些方面的考量，平面强调我们所看或所想的物体的水平排布和模式。它们可能是功能、形态、内部或外部空间等之间的关系，或一个整体内各部分间的关系。通过这种方式，平面将匹配我们的意境世界，并显示了我们的思想和观念的行为。

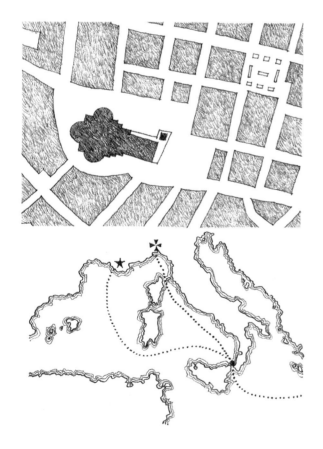

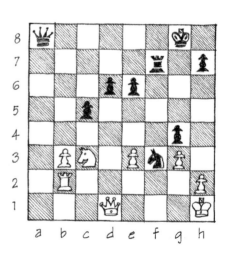

查理·布拉德利棋局（Charles Bradley's Twist）：黑方走三步将死白方。

楼层平面图表现了建筑的一个水平剖面，当一个截切平面剖切过建筑时会显露出楼层平面。当水平面切过一个构造，我们将上半部分移除。平面图是所保留部分的正投影图。

楼层平面图打开了建筑物的内部，揭示了其他方式无法获得的视图。它们揭示了在建筑中行走时不易察觉的模式和水平关系。在水平画面平面上，平面图能够透露的墙体和柱子的配置、空间的形状和尺寸、窗口和门洞布局、空间之间以及内部和外部之间的连接。

平面图水平面切过墙体、柱子和其他建筑物的竖直元素，并且穿过了各种门窗洞口。剖切面通常位于地面以上 4 英尺处，但这一高度会根据建筑设计的特点改变。在剖切面以下，我们看到了地板、柜台、桌面以及类似的水平表面。

读解楼层平面图的关键是分辨实体和虚空，准确辨别实体和空间相交的位置。因此重要的是以图形方式强调在平面图中截切到哪些元素，区分被截切的物体与通过剖切面看到的下面的构件。为了表达竖直尺度感和空间体积的存在，必须采用不同等级的线宽或色调明暗范围。我们使用的技法取决于平面图的尺度、绘画工具和实体与虚空所需的对比度。

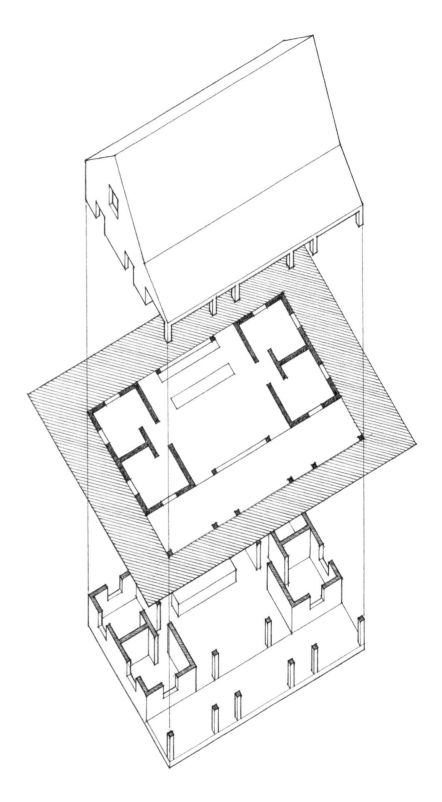

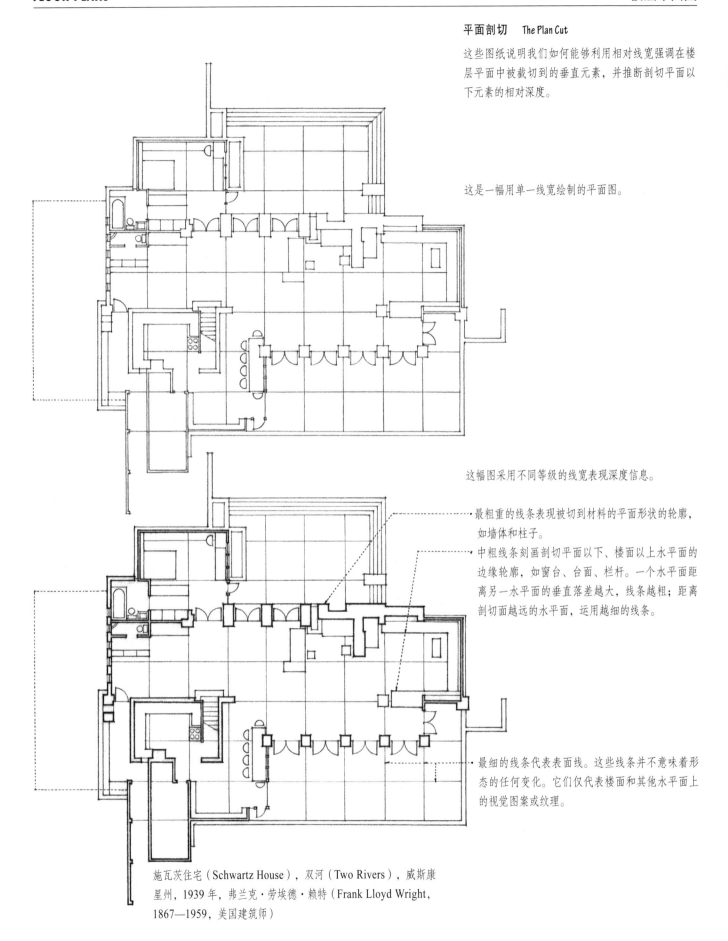

平面剖切　**The Plan Cut**

这些图纸说明我们如何能够利用相对线宽强调在楼层平面中被截切到的垂直元素，并推断剖切平面以下元素的相对深度。

这是一幅用单一线宽绘制的平面图。

这幅图采用不同等级的线宽表现深度信息。

· 最粗重的线条表现被切到材料的平面形状的轮廓，如墙体和柱子。

· 中粗线条刻画剖切平面以下、楼面以上水平面的边缘轮廓，如窗台、台面、栏杆。一个水平面距离另一水平面的垂直落差越大，线条越粗；距离剖切面越远的水平面，运用越细的线条。

· 最细的线条代表表面线。这些线条并不意味着形态的任何变化。它们仅代表楼面和其他水平面上的视觉图案或纹理。

施瓦茨住宅（Schwartz House），双河（Two Rivers），威斯康星州，1939年，弗兰克·劳埃德·赖特（Frank Lloyd Wright，1867—1959，美国建筑师）

练习 6.4

右侧的画面视图是地面以上大约 4 英尺的立面剖切图。以 ¼″=1′-0″ 比例绘制平面图。最初使用单一细线条。然后使用不同等级的线条来传递元素的相对深度。使用最粗重的线条画出剖切平面的轮廓，中粗线条描述剖切平面以下水平面的边缘轮廓，最细的线条表示表面线条。

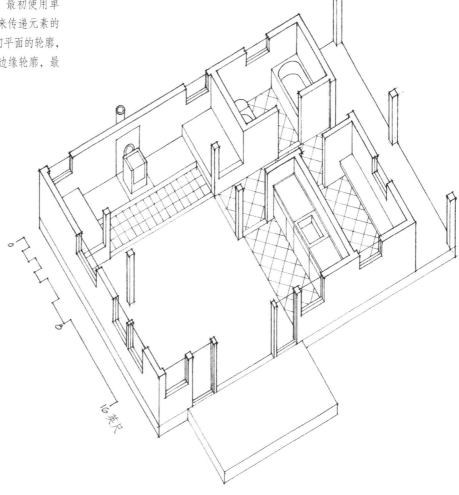

练习 6.5

右侧是西雅图大学（Seattle University）圣依纳爵教堂（St.Ignatius Chapel）的平面图，1994 年由斯蒂芬·霍尔（Steven Holl，1947—，美国建筑师）设计。以两倍比例绘制平面。按照上述练习中的同样步骤。先使用单一细线条。然后使用不同等级的线条来传递元素的相对深度。如果对于截切到哪些元素有疑问，在重叠的描图纸上绘制出各种可能性，并尝试构想如果扩展到第三个维度，哪些可能性是最有意义的。

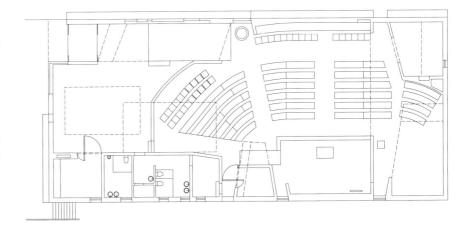

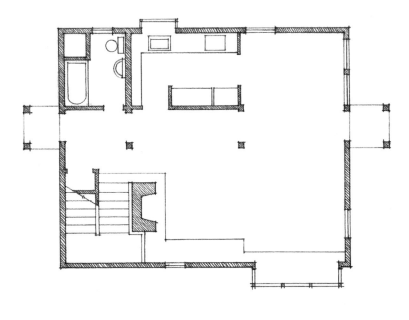

颜色加深   *Poché*

在线条色调或纯色调绘图中，我们以与楼层平面空间区域形成对比的明暗色调强调被切元素的形状。我们将被截切的墙体、柱子和其他实体的颜色加深，也就是"涂黑"。

通常在小尺度平面图中将被截切元素加深从而突出它们。如果绘图区域只需要一个中等程度的对比，使用中等灰色表现被截切元素的形状。这一点对于大尺度平面图尤其重要，大面积的黑色可能带来视觉的沉重感，对比太过生硬。然而，如果地板图案和家具等平面元素确定了绘图区域的色调明暗，那么则是使用深灰色或黑色实现实体与虚空之间必要程度的对比。

颜色加深在载体和被承载对象之间建立了虚实之间的图—底关系。我们倾向于阅读楼层平面图中被截切的元素作为图形，限定围合出的空间作为背景。为了将空间形状强调为图形，我们可以反转常规的白底黑图的模式，相反地产生一种黑底白图的模式。

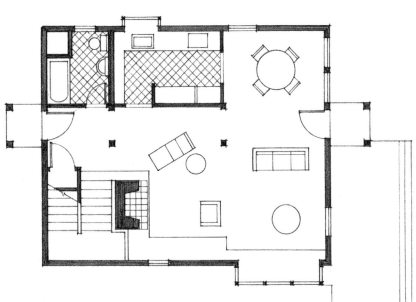

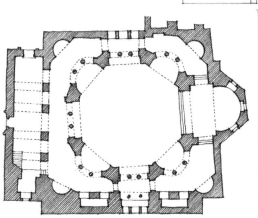

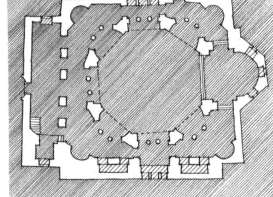

圣谢尔盖和圣巴克斯教堂（S. S. Sergius and Bacchus），
君士坦丁堡（伊斯坦布尔），525—530 年

练习 6.6

右侧是位于宾夕法尼亚州哈特波罗（Hatboro）的费舍尔住宅（Fisher House），1960 年由路易·康（Louis Kahn，1901—1974，美国建筑师）设计。以 ¼″=1′-0″ 比例绘制楼层平面，以粗重的线条表现平面视图中被截切元素的轮廓。第二次画这个平面图，将被截切元素形状的颜色加深或加灰色调。比较两个平面图之间的差异。哪个平面图中被截切元素的形状和图案以及定义的空间更为突出？

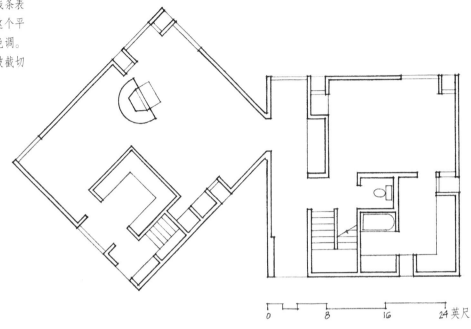

0   8   16   24 英尺

练习 6.7

针对每个平面图绘制两张图纸。在第一幅图纸中，用加深渲染被截切元素的形状。在第二幅图纸中，反转明暗模式，渲染由被截切元素定义的空间为深色。比较两套图纸，哪幅平面图封闭围合的空间形状更突出或更容易阅读？

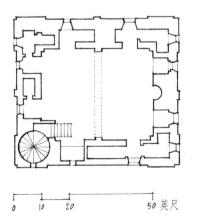

0   10   20   50 英尺

海丁汉姆（Hedingham），罗曼风格的城堡，埃塞克斯郡（Essex County），英格兰

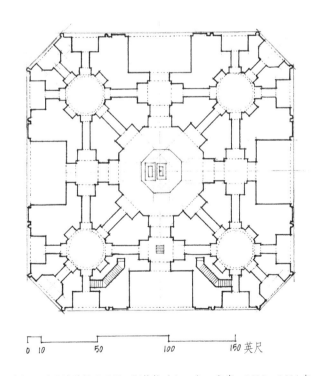

0 10   50   100   150 英尺

泰姬·玛哈陵首层平面图，阿格拉（Agra），印度，1632—1654 年

数字平面图　　*Digital Floor Plans*

当使用绘图软件或 CAD 软件创建平面图时，区分实体和虚空仍很重要。手绘草图时，应该使用一组具有对比性的线宽来区分被剖切面上的元素轮廓以及剖切平面下面元素的轮廓。

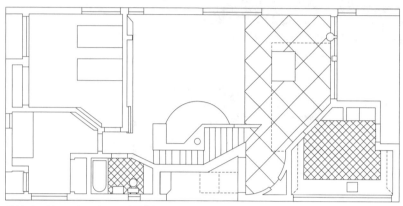

· 这个平面图整个使用了相同的线宽。一眼看上去很难辨别平面中剖切到了哪里。

首层平面图，温娜·文丘里住宅（Vanna Venturi House），费城，宾夕法尼亚州，罗伯特·文丘里，1962 年

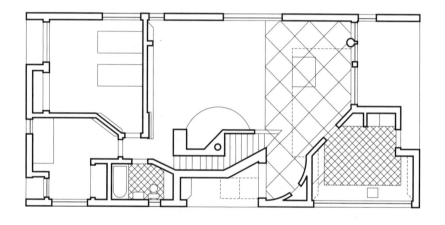

· 这个平面图使用最粗重的线条表现被剖切元素的平面形状轮廓；中粗线条描述位于被剖切平面以下、楼层平面以上的水平平面；用最轻浅的线条表现表面线条。

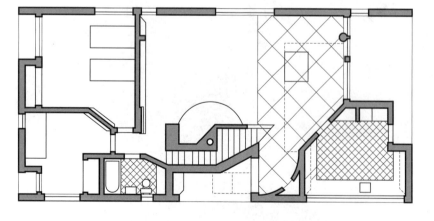

· 这个平面图用色调明暗或颜色加深强调被剖切元素的形状，对比平面图中的空间领域。

当使用绘图软件或 CAD 软件创建平面图时，避免使用颜色、纹理和图案，造成图纸过于花哨。强调的重点仍然是描述被剖切的平面以及切面以下元素的相对深度。

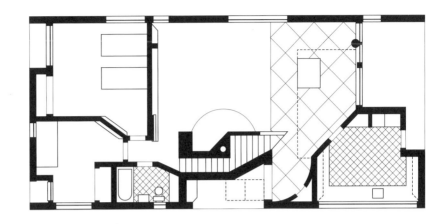

· 在平面图中，特别是小比例尺绘图，可能需要用深灰色或黑色来制造实体与虚空之间理想程度的对比。

· 数字绘图软件的一个优点是它们能够相对轻松地创建大面积的色调明暗。这在构建平面与背景的对比时可能是非常有用的。

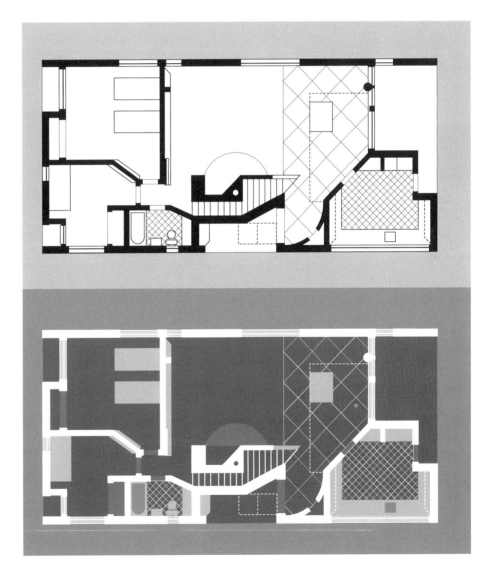

· 这最后一个例子说明是如何反转色调明暗布局的，被剖切元素用最浅的色调，而空间用一系列暗色调渲染。

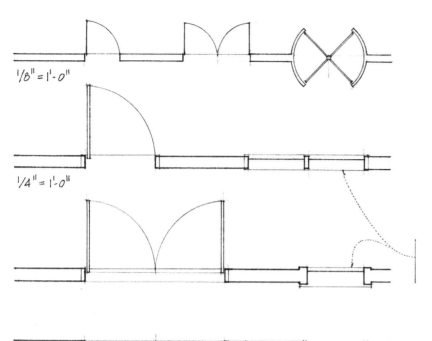

门和窗　Doors and Windows

在平面视图中我们无法显示门的外观。对于这些信息，我们必须依靠立面图。但是，平面可以显示门的位置、宽度和开洞，并在一定程度上显示门边框和门开启方式——平开门、推拉门或折叠门。例如，通常我们在垂直于墙体的面上绘制平开门，用 1/4 圆弧表示门的开启线。

我们在平面视图中也不能显示窗户的外观。一个平面图能够揭示窗口的位置和开洞宽度，并在一定程度上表现窗框和窗栊。但平面视图应包括平面剖切面以下的窗台以及剖切面穿过的窗玻璃和窗框。

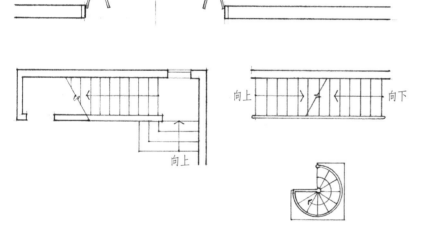

楼梯　Stairs

平面视图能够显示的楼梯——水平踏步和休息平台，但不能显示踏步的高度。楼梯线路在与剖切平面相交的位置终止。使用一条斜线来标识楼梯剖切的位置，这样能更清楚地和平行的楼梯踏步区分开。一个箭头标明平面图中从平面层向上或向下的方向。在剖切平面以上，用虚线补全楼梯踏步经过的洞口。

高于或低于剖切平面的元素
Elements Above or Below Plan Cut

虚线表示在剖切平面以上的主要建筑元素，如阁楼、天花板、暴露在外的梁、天窗以及吊顶。虚线也可能会揭示被其他不透明元素隐藏的元素。通常的惯例是使用较长的虚线表示被删除或剖切平面以上的元素，较短的虚线或点线表示剖切平面以下的隐藏元素。

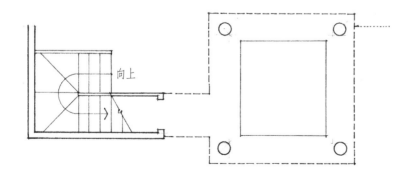

绘图比例　Drawing Scale

我们通常以 $\frac{1}{8}''=1'-0''$ 或 $\frac{1}{4}''=1'-0''$ 的比例尺绘制平面图。我们可能用较小的比例尺绘制较大的建筑或建筑群，用较大的比例尺绘制楼层平面图或单一房间。房间平面图对于研究和表现高度精细的空间，比如厨房、浴室、楼梯等非常有用。较大的比例尺使有关地板铺装、橱柜和装饰等方面的信息可以囊括。

平面图的比例尺越大，包括的细节越详细。在绘制平面视图中被剖切到的建筑材料及组件的厚度时，此类对细节的关注最为重要。仔细注意墙体和门的厚度，墙体端头、建筑转角及楼梯细部。因此在绘制大比例尺平面图时，了解建筑物如何建造的一般知识是非常有益的。

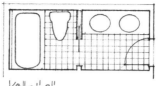

$\frac{1}{8}''=1'-0''$

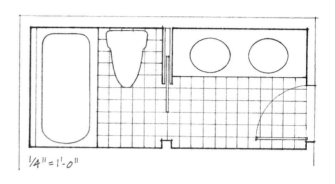

$\frac{1}{4}''=1'-0''$

当比例尺太大难以适合单张页面或无需表现整张绘图的信息时，我们裁剪一幅绘图。为了表明部分绘图已被切断并删除，使用折断线——锯齿状的短折线连接起几段相对较长的线段。

$\frac{1}{8}''=1'-0''$

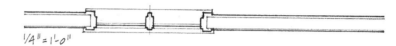

$\frac{1}{4}''=1'-0''$

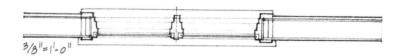

$\frac{3}{8}''=1'-0''$

$\frac{3}{4}''=1'-0''$

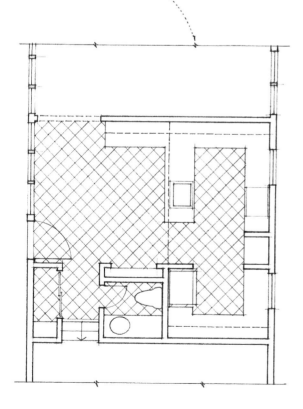

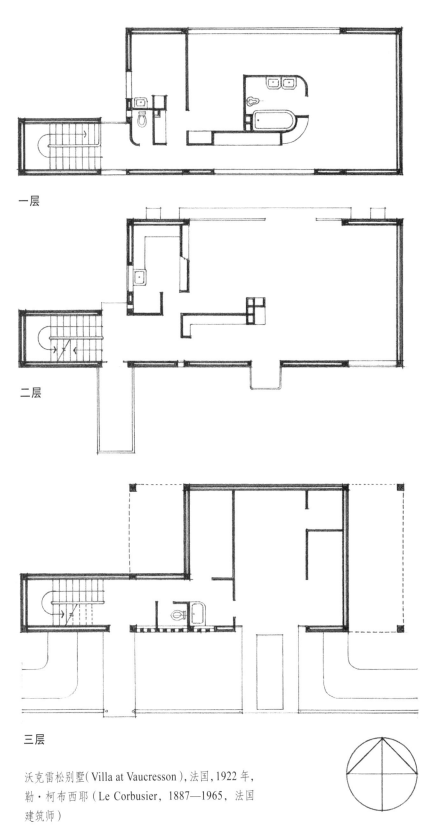

一层

二层

三层

沃克雷松别墅（Villa at Vaucresson），法国，1922 年，
勒·柯布西耶（Le Corbusier，1887—1965，法国
建筑师）

设定北向

朝向　Orientation

为了让观察者针对周围环境明确方向，我们配合楼层平面
图放置一个指北针。通常惯例是指北针的北方指向平面图
的页面上方。

如果一个建筑物的主轴线向北偏东或偏西小于45°，可以
使用一个假定的北向为建筑立面命名来避免冗长的图名，
例如"北—东北立面图"或"南—西南立面图"。

只要有可能，将房间平面图的入口置于绘图的下方，使我
们能够想象从下向上进入房间。然而当把房间平面图与建
筑平面图相互匹配时，首先考虑将两个平面保持同一朝向。

布局　Arrangement

在规划一个多层建筑的楼层平面图时，要么依次竖直上下
对齐，或是水平并列对齐。竖直排列时应将最低层放在底
部，最高层放在顶部。水平排列时按从左到右的顺序排列
从最低层到最高层。

以这两种方式对齐一系列平面图更易于读解两层或两层以
上建筑中元素间的竖直关系。为了强化这种读解，尽可能
将线性建筑物的平面图沿其较长的一边加以关联。

首层或底层平面图通常向外延伸包括相邻的户外空间和构
件，如庭院、景观和园林构造。

天花板平面图包括一个水平的剖切面，穿过了定义房间空间的竖直墙体和柱子。一旦一个水平面切过房间，我们将切面以上的部分反转，把它的图像正投影到水平画面平面上。这样形成的天花板平面图就是楼层平面图的镜像图像。

我们通常以和楼层平面图相同的比例尺绘制天花板平面图。与平面图一样，重要的是描绘所有向上延伸到天花板的竖直元素。

反向天花板平面图　Reflected Ceiling Plans

为了使天花板与楼层平面图有一致的投影方向，我们绘制所谓的"反向天花板平面图"。反向天花板平面图表现的是，在楼面放置一面大镜子，我们向下看到的顶上天花板的反射影像。

天花板平面图可能是最不常见的平面视图类型。我们要表现天花板的形式和材料、照明灯具的位置和类型、外露结构构件或机械管道以及在天花板上的天窗或其他开口等信息时，它是必要的。

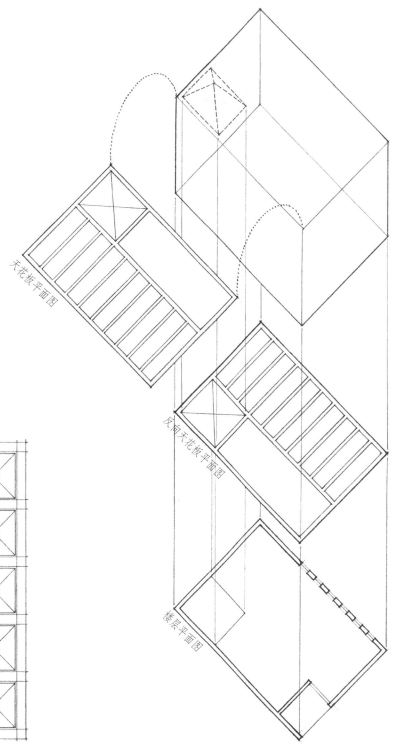

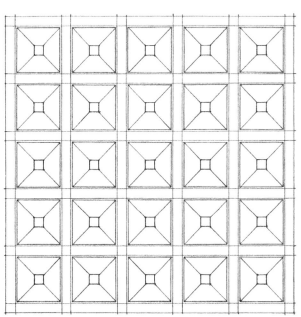

总平面图描述建筑物或建筑组群在一个地块上的位置和朝向以及它与周边环境的关系。无论这个环境是城市还是农村，总平面图应该描述以下内容：

· 虚线表示场地法定边界，虚线是由两条短线段或点线断开的长线段组成；
· 地形的实际地貌与等高线；
· 场地自然元素，如树木、景观和水道；
· 现有或拟建的场地建设，如步道、庭院和道路；
· 在当前环境背景中影响拟建建筑的建筑结构。

此外，总平面图可能包括：

· 法律上的限制，如分区退线和路权；
· 现有的或拟建场地公用设施；
· 行人和车辆的入口和路径；
· 重要的环境影响力和特征。

尺度　Scale

为了减少总平面图的物理尺寸并平衡它对其他表现图纸关系的影响，我们通常用比建筑平面图、立面图、剖面图更小的比例尺绘制总平面图。根据场地的大小和可行的绘图空间，可以使用 $1'' = 20'$ 或 $40'$ 的工程比例尺，或 $1/16'' = 1' - 0''$ 或 $1/32'' = 1' - 0''$ 的建筑比例尺。为了说明更多的细节，如果空间允许，也可以使用 $1/8'' = 1' - 0''$ 或 $1/4'' = 1' - 0''$ 的建筑比例尺。在较大的比例尺中，总平面图可能包括建筑的一层或二层平面图。这种描述特别适合说明室内和室外空间之间的关系。

朝向　Orientation

为了使总平面图和楼层平面图之间的关系明确，它们应该有统一的朝向贯穿整个表现图纸。

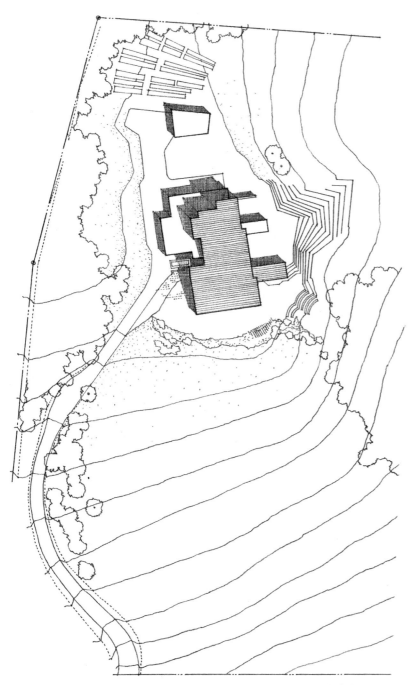

总平面图，卡雷住宅（Carré House），巴佐什—苏尔—奥埃纳（Bazoches-sur-Guyonne），法国，1952—1956 年，阿尔瓦·阿尔托（Alvar Aalto，1898—1976，芬兰建筑师）

屋顶平面图　Roof Plans

总平面图通常包括屋顶平面图或拟建建筑物、建筑群的俯瞰视图。当描述一个屋顶的形式、体量、材料或屋顶元素的布局时，如天窗、平台、机房等是最有用的。

根据绘图比例尺，屋面材料的描述可以赋予视觉纹理和明暗色调。我们必须在总平面图中规划安排明暗色调的范围和图案时需仔细考虑这些图形特征。这种描写聚焦在建筑的平面形状或周围建筑物的室外空间元素上。

传递深度　Conveying Depth

有两种方法实现建筑形态与周围空间之间所需的色调对比。第一种方式是相对于更浅的背景将建筑渲染为一个色调较暗的图形。这种方法在描绘建筑物屋顶材料所确定的色调明暗和纹理与周边环境实现对比时特别适用。

第二种方法是对比较深的背景将建筑定义为一个较浅的形状。这种技术在渲染建筑形态呈现的阴影，或当景观元素赋予周边环境明暗色调时是必需的。

为了提高一个三维地面的形象，可以使用阶梯式的色调明暗系列表现地形轮廓高度的上升或下降。最简单的创建明暗色调的方法是引入垂直于等高线的影线。

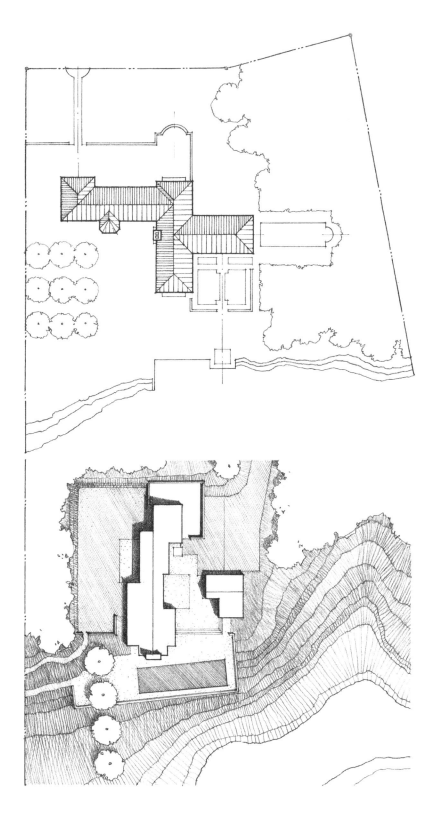

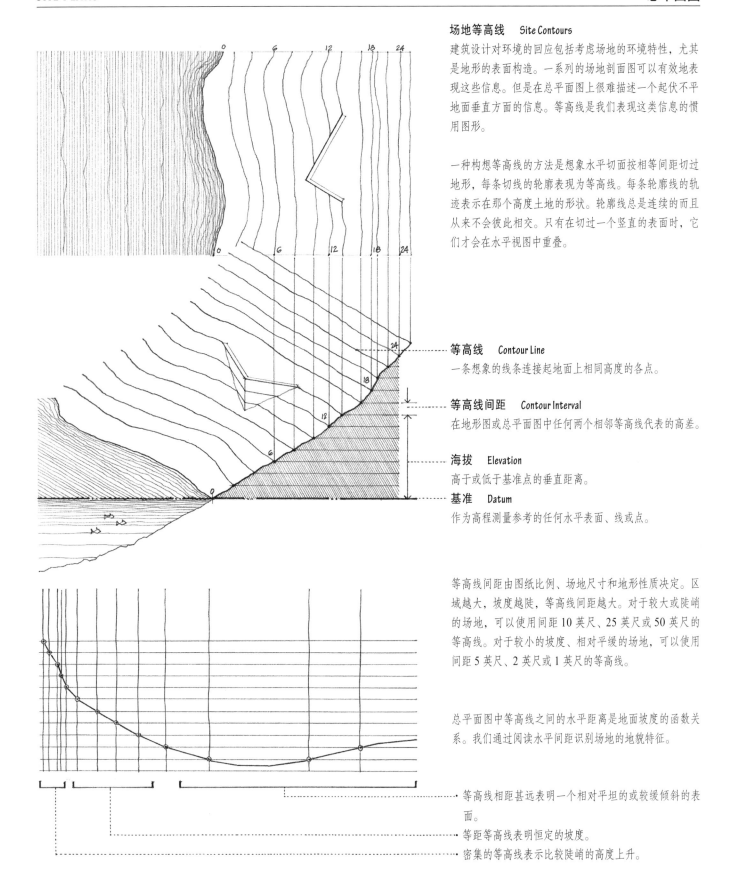

场地等高线　Site Contours

建筑设计对环境的回应包括考虑场地的环境特性，尤其是地形的表面构造。一系列的场地剖面图可以有效地表现这些信息。但是在总平面图上很难描述一个起伏不平地面垂直方面的信息。等高线是我们表现这类信息的惯用图形。

一种构想等高线的方法是想象水平切面按相等间距切过地形，每条切线的轮廓表现为等高线。每条轮廓线的轨迹表示在那个高度土地的形状。轮廓线总是连续的而且从来不会彼此相交。只有在切过一个竖直的表面时，它们才会在水平视图中重叠。

等高线　Contour Line

一条想象的线条连接起地面上相同高度的各点。

等高线间距　Contour Interval

在地形图或总平面图中任何两个相邻等高线代表的高差。

海拔　Elevation

高于或低于基准点的垂直距离。

基准　Datum

作为高程测量参考的任何水平表面、线或点。

等高线间距由图纸比例、场地尺寸和地形性质决定。区域越大，坡度越陡，等高线间距越大。对于较大或陡峭的场地，可以使用间距 10 英尺、25 英尺或 50 英尺的等高线。对于较小的坡度、相对平缓的场地，可以使用间距 5 英尺、2 英尺或 1 英尺的等高线。

总平面图中等高线之间的水平距离是地面坡度的函数关系。我们通过阅读水平间距识别场地的地貌特征。

• 等高线相距甚远表明一个相对平坦的或较缓倾斜的表面。

• 等距等高线表明恒定的坡度。

• 密集的等高线表示比较陡峭的高度上升。

练习 6.8

复制两份海洋牧场公寓的总平面图，并制作两个色调
方案提高对建筑形式、闭合空间和周围空间的解读。
在第一个方案中，将建筑渲染为色调较深的图形，与
场地中较浅的周边环境形成对比。在第二个方案中，
将结构明确为色调较浅的图形，与较深的地貌环境场
地形成对比。

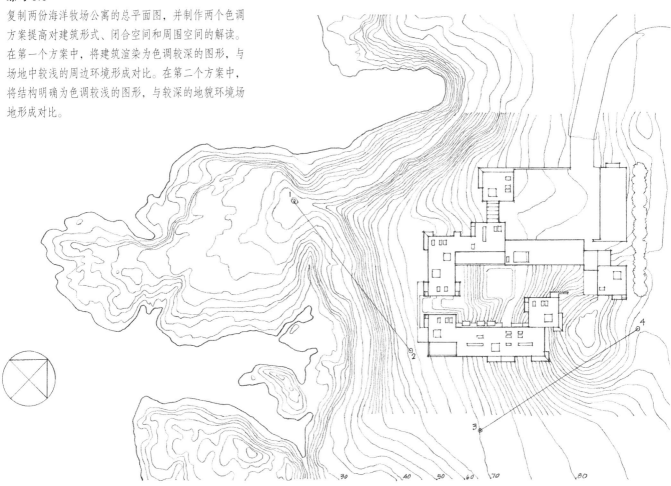

海洋牧场公寓（Sea Ranch Condominium），1963—1965 年，海洋牧场，
加利福尼亚州，MLTW 团队（Moore，Lyndon，Turnbull，Whitaker）

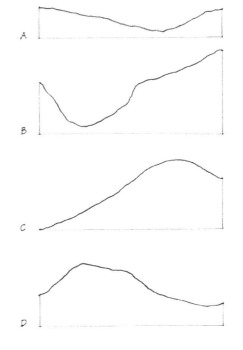

练习 6.9

（A）（B）（C）（D）哪个轮廓匹配海洋牧场公寓
的总平面图中从点 1 到点 2 的连线？

练习 6.10

（A）（B）（C）（D）哪个轮廓匹配海洋牧场公寓
的总平面图中从点 3 到点 4 的连线？

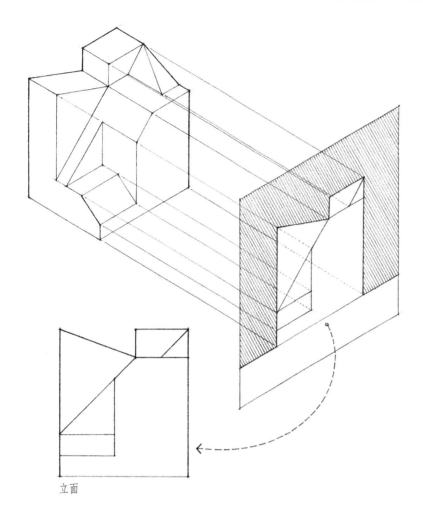

立面

立面图是在竖直画面平面上，平行于对象或构造一个侧面的正投影图。与其他正投影图一样，所有与画面平面平行的平面都保持自身真实尺度的大小、形状和比例。相反，任何与画面平面呈弯曲的或倾斜的平面，在正投影视图中都将显示为透视缩短现象。

立面图将一个物体复杂的三维形体简化为二维——高度和宽度或是长度。与平面不同，立面图模拟人竖直站立的姿态并提供了一个水平的视点。与剖面图不同的是，它并不涉及剖切被描绘的对象。相反，立面图提供了类似于日常生活中物体外观的外部视图。尽管竖直表面的立面视图比平面视图或剖面视图更接近感官真实性，但它们不能表现出当观察者远离时平面的尺寸削减现象。当我们在立面图中绘制对象和表面时，必须依靠图形线索传递深度、曲率或斜度。

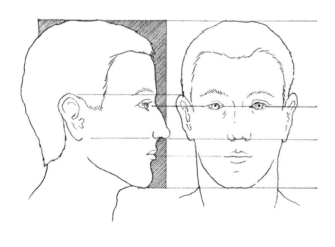

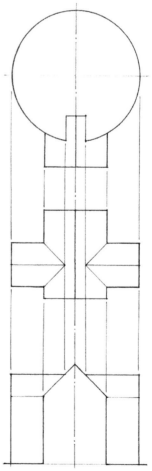

建筑立面图是一个建筑正投影到一个竖直画面平面时的水平视图图像。我们通常将画面平面平行于建筑的某一主立面。

建筑立面图表现了一座建筑的外观，将其压缩到单一的投影平面中。因此，它们强调了平行于画面平面的建筑物竖直外表面，并在空间中定义了它的轮廓。我们使用建筑立面图来说明形式、群组、建筑尺度、材料质地和图案以及门窗的位置、类型、尺寸和洞口。

为了展示建筑物与场地平面之间的关系，建筑立面图应始终包括一条剖切过建筑结构所在地面土体的剖面图。这个竖直剖切面通常是在建筑前面的一段距离。这个距离取决于我们希望它在建筑前面显示哪些信息以及环境背景掩盖建筑物的形态和样式特征的程度。

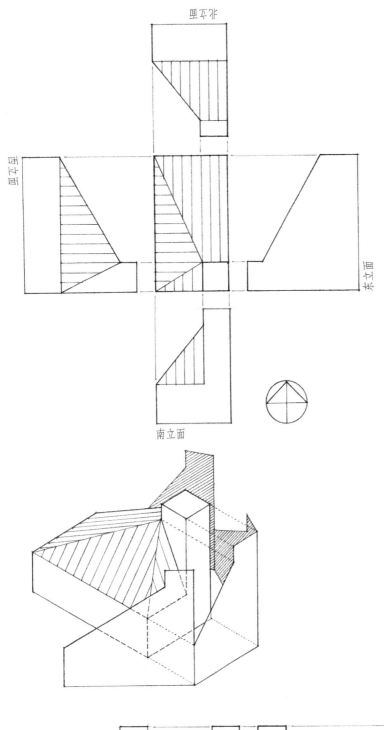

北立面

西立面

东立面

南立面

布局　Arrangement

当环绕一座建筑漫步，我们看到了一系列相关的立面，会随着我们在空间中位置的变化而变化。逻辑上，可以将这些带有建筑投影的竖直画面平面展开从而将它们联系起来。我们可以把这些绘图水平排列，或者围绕在一个共同的平面视图形成一组简单的复合绘图。

虽然立面图可以显示物体的周边环境和空间中形式之间的关系，但它们不能透露任何有关其内部的信息。然而当绘制对称形式和结构时可以将立面图和剖面图结合起来。

朝向　Orientation

为了帮助观察者确定方向，按照每个立面图与假定正面的关系或观察立面所处的周边环境来标定指北针的指示方向。如果一个立面视图投影到正投影面，它就可能是前视图；如果投影到轮廓平面，它就是一个侧视图，这取决于我们如何针对对象的朝向定位以及如何评估对象各个侧面的重要性。

然而，在建筑绘图中，当研究和表达太阳辐射的影响和其他气候因素对建筑设计的影响时，建筑相对于指北针的指向是重点考虑的问题。因此，我们常常根据建筑立面的朝向命名立面图：例如，北立面指的是朝向北方的立面。如果朝向的角度与指北针的夹角小于45°，我们仍将其视作朝北的，这是为了避免繁琐的图名。

当建筑反映了场地特定的或显著的特点时，我们按这些特点命名建筑立面：例如，一条街道立面是指朝向街道的立面。

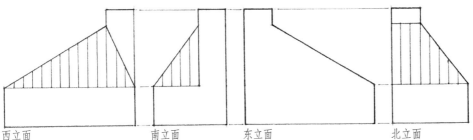

西立面　　　南立面　　　东立面　　　北立面

绘图比例　　Drawing Scale

我们通常使用与相应的楼层平面图相同的比例尺绘制建筑立面图——$\frac{1}{8}''=1'-0''$ 或 $\frac{1}{4}''=1'-0''$。可以用一个较小的比例尺绘制较大的建筑或组群，或用一个较大的比例尺绘制单一房间的室内立面图。室内立面图对于研究和表现非常详细的空间，如厨房、浴室、楼梯，是特别有用的。

立面图的比例尺越大，所包括的细节就越多。在绘制墙面、门窗单元和屋顶覆盖结构时，这种对细节的关注是最重要的。需要密切注意材料的纹理和图案、框架和节点的厚度、外露的平面边缘以及平面结构如何转弯等。因此关于如何构造建筑物的一般知识在绘制大比例尺建筑立面图时是极其有益的。

通常，立面绘图中加绘人物有助于建立一种尺度感，并提醒我们预期的活动和使用的模式。

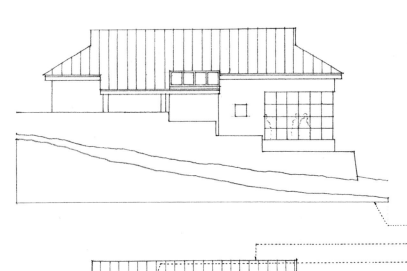

表现深度　Conveying Depth

由于垂直于画面平面的平面在正投影图中显示为线条，因此在建筑立面图中没有内在的深度线索。不管在空间上的距离如何，所有平行于画面平面的线和面均保留其真实的大小尺寸。为了表现深度感，必须采用不同等级的线宽或一系列色调明暗。我们使用的技法取决于建筑立面的比例、绘画工具、描绘材料质地和图案的技法。

这一系列的图纸说明如何在建筑立面图中表现深度感。

· 这是单一线宽的建筑立面图。

· 这幅绘图采用不同等级的线宽表现深度信息。

· 最粗的线宽定义了建筑前面剖切土体的剖面图。延伸这条地面线超出建筑的范围，从而描绘出了场地的自然地形。

· 稍粗些的线条勾画出最靠近投影面的平面轮廓。

· 更细浅的线条表明了逐渐远离绘画平面的元素。

· 最细的线条代表表面线。这些线没有表示任何形式上的变化。它们只是代表表面的视觉图案或纹理。

我们在立面图中使用色调明暗描绘投影并建立三个画面区域：剖切面和建筑立面之间的前景空间，建筑本身所占的中景，天空、风景或远离建筑的其他结构构成的背景。

· 首先确立建筑物的色调范围，然后建立前景和背景的对比度。

· 较深的平面逐渐呈现在浅色平面的前面，反之亦然。

· 使用明暗之间过渡的深度暗示，给项目元素明确更加清晰的色调对比，将对比减少的区域推入背景。

· 使用空气透视中的深度暗示，能够更加清楚地描述前景中表面的材质和质地，模糊背景中远距离表面的边缘和轮廓。

· 锐利、清晰的细部聚焦在距离绘图平面最近的建筑上。

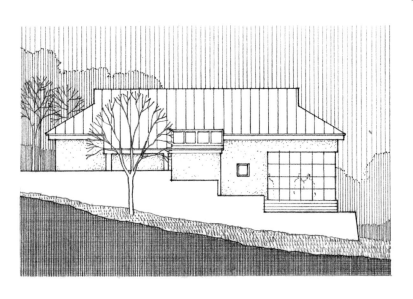

空间深度暗示　　*Spatial Depth Cues*

前一页的例子说明了在建筑立面图中使用不同线宽线条和色调明暗来表现空间深度。这一系列的图纸以更独立、更抽象的方式说明视觉线索如何在任意正投影图上增强深度感。

- 连贯的轮廓：当一个形状有连贯的轮廓并打断其他形状的轮廓时，我们倾向于把它看成是位于其他形状之前。由于这种视觉现象依赖于较近的物体重叠或投影在较远的物体之上，通常直接将这种深度线索认定为重叠。

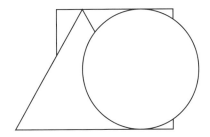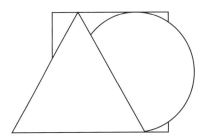

- 重叠本身往往会造成比较浅的空间间隔。但是如果我们将重叠与其他深度暗示结合，比如改变纯线条图的线宽，可以实现一个更强的空间感和深度感。又粗又深的轮廓线往往往凸显于浅而细的轮廓线前面。

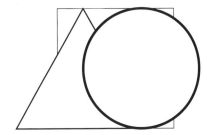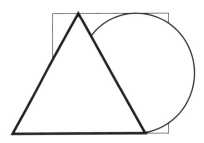

- 空气透视：随着物体与观察者的距离渐远，色调明暗和对比度就会逐渐减弱。靠近视野前景的物体通常拥有更饱和的色彩和鲜明锐利的明暗对比。当物体相对远离时，它们的颜色色调变得更浅、更柔和，它们的色调对比趋于消散衰减。在背景中，我们主要看到的是灰色调与柔和色调的形状。

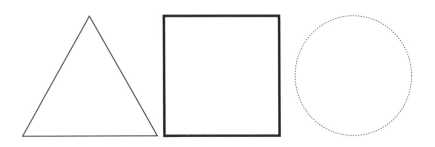

· 模糊透视：这个深度暗示反映了一个事实，就是通常将清晰的近景与模糊的远景结合起来。模糊透视的图形是用逐渐缩小的或模糊的边界和轮廓表示距离比较远的物体。我们使用浅的线条、虚线或点线划定这些位于绘图焦点以外的形状边缘或形态轮廓。

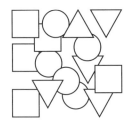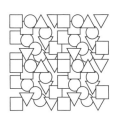

· 纹理透视：随着物体向远处移动，表面纹理的密度逐渐增加。描绘纹理透视这种视觉现象的图形技法包括逐渐减小描述表面纹理或图案图形元素的大小和间距，无论它们是点、线或色块。首先确定前景中的图形单元，然后划定中景中的纹理图案，最终渲染背景中的色调明暗。

· 光和影：任何亮度的突变都会激发人们感知从背景中脱颖而出的居间空间的边缘和轮廓。这个深度线索意味着存在重叠的形状和在绘图中使用了色调明暗对比。欲了解更多有关建筑阴暗和阴影的信息，请参阅第176~182页。

· 关于深度暗示的更多信息，请参阅第84~95页。

练习 6.11

以 $\frac{1}{8}'' = 1' - 0''$ 的比例尺，画出画面视图中结构的南立面和东立面。使用不同等级线宽渲染一种深度感并表现哪些元素投影在其他元素之上。

练习 6.12

以练习 6.11 为基础，在相同的图纸上进一步探索色调明暗对比模式和范围如何呈现结构的轮廓，并建立三个画面区域：前景、中景和背景。

练习 6.13

在一张草图纸上，以相同比例尺绘制出第二张立面图。探讨色调明暗对比模式和范围如何表现在结构自身中哪些元素投影在其他元素之上。

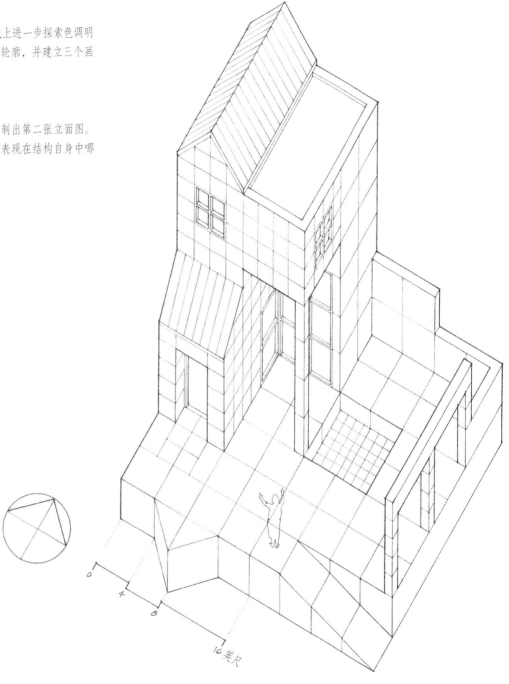

0
4
8
16 英尺

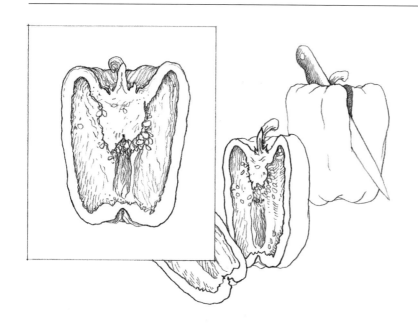

剖面图如同被一个插入平面剖切过的物体正投影图。它将物体展开揭示内部材料、构成或组合。从理论上讲，剖切平面可能是任意方向。但为了区分剖面图与另一种类型的剖面图——楼层平面图，通常假设用于剖面图的剖切平面是垂直的，而视图是水平的。与其他正投影图一样，所有平行于画面平面的平面都保持它们真实尺度的大小、形状和比例。

剖面图将一个物体复杂的三维形体简化为二维——高度和宽度或是长度。我们经常使用剖面图去设计和表达建筑构造的细节以及家具和壁橱的组合。然而在建筑图形中，建筑剖面图是学习和揭示地板、墙体、屋顶和垂直尺寸之间虚实关系以及所容纳的空间关系的主要绘图。

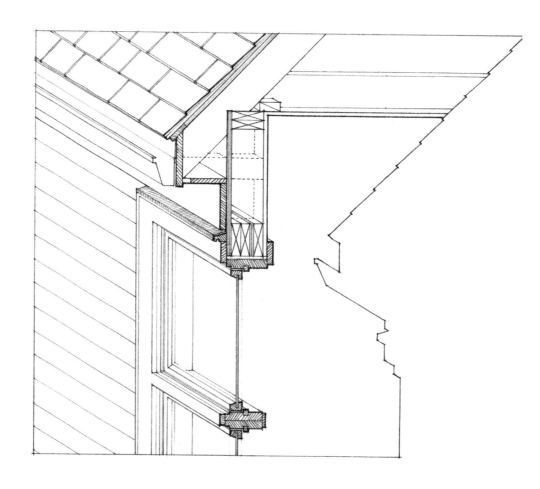

建筑剖面图代表了建筑物的一个垂直片段。当一个垂直面剖切过结构物之后，我们移除它的一部分。建筑剖面图是余下部分的一个正投影图，投射到一个与剖切平面平行的垂直画面平面上。

建筑剖面图结合了平面的概念特征以及立面的感知特征。剖面图剖切过墙体、楼面、建筑物的屋顶结构以及门窗洞口，我们揭示了建筑物的室内结构，表现出支撑、跨度和围合以及空间的竖直排列。在竖直画面平面中，建筑剖面图可以展现室内空间的竖直尺寸、形状和尺度，这些空间上门窗洞口的影响，内部空间的竖直连接以及室内外空间的竖直连接。从剖切面看去，我们看到室内墙体的立面以及位于内部墙体之前、剖切面之后这个区间中的物体和活动。

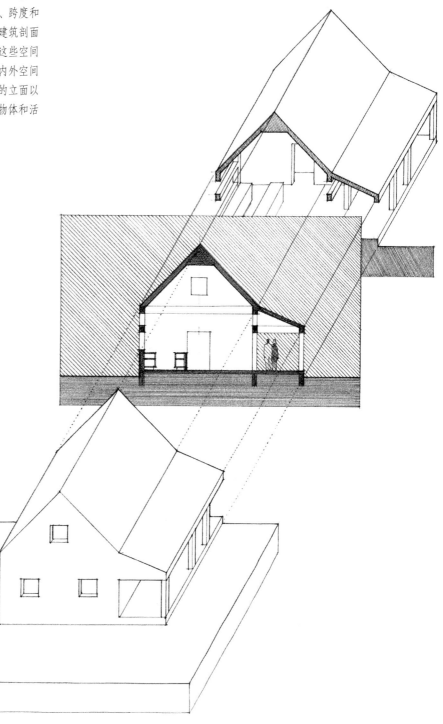

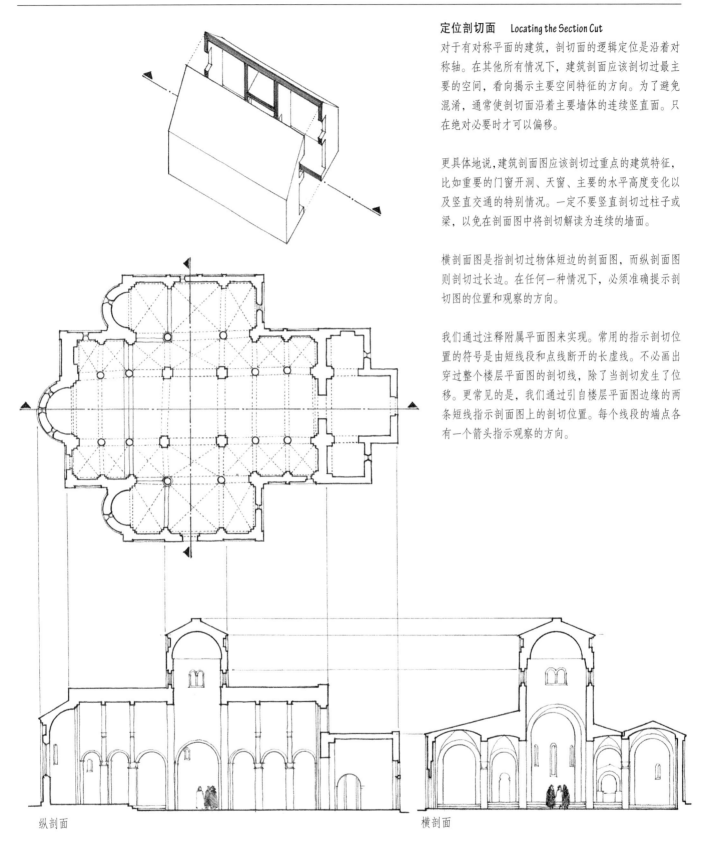

纵剖面

横剖面

圣玛丽修道院教堂（Abbey Church of S. Maria），波多诺伏（Portonovo），
意大利，12 世纪

定位剖切面　Locating the Section Cut

对于有对称平面的建筑，剖切面的逻辑定位是沿着对称轴。在其他所有情况下，建筑剖面应该剖切过最主要的空间，看向揭示主要空间特征的方向。为了避免混淆，通常使剖切面沿着主要墙体的连续竖直面。只在绝对必要时才可以偏移。

更具体地说，建筑剖面图应该剖切过重点的建筑特征，比如重要的门窗开洞、天窗、主要的水平高度变化以及竖直交通的特别情况。一定不要竖直剖切过柱子或梁，以免在剖面图中将剖切解读为连续的墙面。

横剖面图是指剖切过物体短边的剖面图，而纵剖面图则剖切过长边。在任何一种情况下，必须准确提示剖切图的位置和观察的方向。

我们通过注释附属平面图来实现。常用的指示剖切位置的符号是由短线段和点线断开的长虚线。不必画出穿过整个楼层平面图的剖切线，除了当剖切发生了位移。更常见的是，我们通过引自楼层平面图边缘的两条短线指示剖面图上的剖切位置。每个线段的端点各有一个箭头指示观察的方向。

室内立面图　Interior Elevations

室内立面图是建筑重要室内墙体的正投影图。虽然它们通常包含在建筑剖面图中，它们也可以单独表现房间的内部特征，如门道、嵌入式式家具及固定装置。在这种情况下，我们强调室内墙体表面的边界线，而不是剖切面的轮廓线。

尺度　Scale

我们通常以和相应的楼层平面图相同的比例尺绘制室内立面图——$\frac{1}{8}''=1'-0''$ 或 $\frac{1}{4}''=1'-0''$。为了显示更多的细节，可以使用 $\frac{1}{2}''=1'-0''$ 的比例尺。

朝向　Orientation

为了帮助观察者确定方向，根据观看墙体的指北针方向标注每个室内立面图。另一种方法是依据房间楼层平面图上的指北针方向标注每个室内立面图。

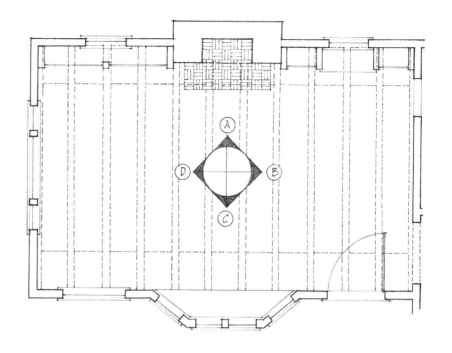

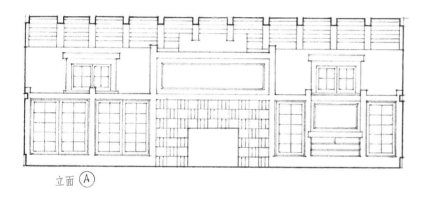

立面 Ⓐ

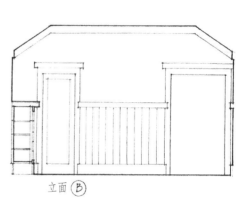

立面 Ⓑ

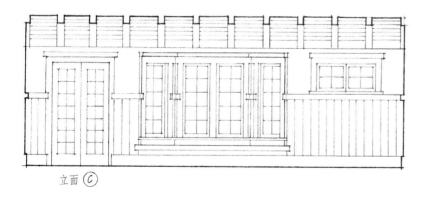

立面 Ⓒ

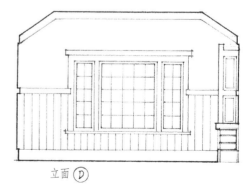

立面 Ⓓ

剖切面　　*The Section Cut*

与楼层平面图一样，关键是要区分实体与虚空，并且准确辨别实体与空间在建筑剖面图中交接的位置。为了表现深度感和空间体量的存在，必须利用不同等级的线宽或色调明暗范围。我们所使用的技法取决于建筑剖面图的比例、绘图介质、实体与虚空之间所需的一定程度的对比度。

这一系列的图纸说明如何在建筑剖面线条图中强调被剖切到的实体材料。

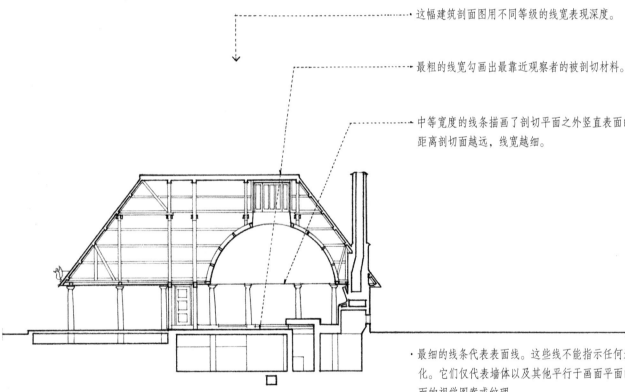

◄……这幅建筑剖面图用单一线宽的线条绘制。

……这幅建筑剖面图用不同等级的线宽表现深度。

──最粗的线宽勾画出最靠近观察者的被剖切材料。

──中等宽度的线条描画了剖切平面之外竖直表面的边缘。距离剖切面越远，线宽越细。

·最细的线条代表表面线。这些线不能指示任何形态的变化。它们仅代表墙体以及其他平行于画面平面的竖直表面的视觉图案或纹理。

伍德兰德教堂（Woodland Chapel），斯德哥尔摩，瑞典，1918—1920 年，埃里克·贡纳尔·阿斯普伦德（Erik Gunnar Asplund, 1885—1940，瑞典建筑师）

颜色加深   *Poché*

在线条＋色调或纯色调绘图中，我们通过色调实现建筑剖面图中的空间领域对比，强调被剖切元素的形状。目的是建立清晰的虚与实之间、包含与被包含之间的图—底关系。

通常在小比例尺的建筑剖面中将地板、墙体和屋顶涂黑或加深。如果绘画区域只需要中等程度的对比，则使用中等灰度的色调表现被剖切元素的形状。特别重要的是，在大比例尺剖面图中，大面积的黑色会带来视觉上的沉重感，并且对比太过生硬。然而，如果竖直元素，如墙体图案和纹理给予绘画区域一个明暗色调，那么为了制造实体与虚空之间所需的对比度，运用深灰色或黑色调可能是必要的。在这个色调布局中，随着元素在深度方向上的后退，使用逐渐变浅的色调表示。

第二种方法是颠倒色调布局，将被剖切的元素渲染为白色图案，而空间区域改为较深的色调明暗。以这种方式颠倒正常的明暗模式强调所包含的空间图案。然而，要确定有足够的色调对比来区分被剖切的元素。如有必要，以粗线条勾勒出被剖切元素的轮廓并随着元素在深度方向上的后退，采用逐渐变深的色调表示。

记住，在建筑和场地剖面图中也剖切到了土体。因此被剖切元素的色调明暗应延续到支撑性的土体。如果我们在剖面图中表现建筑物的基础，应该仔细地把地下的这部分基础描绘为周围土体的一部分。我们必须以这样一种方式表现附属结构，剖面图的竖直平面同时切过了基础和周围土体。

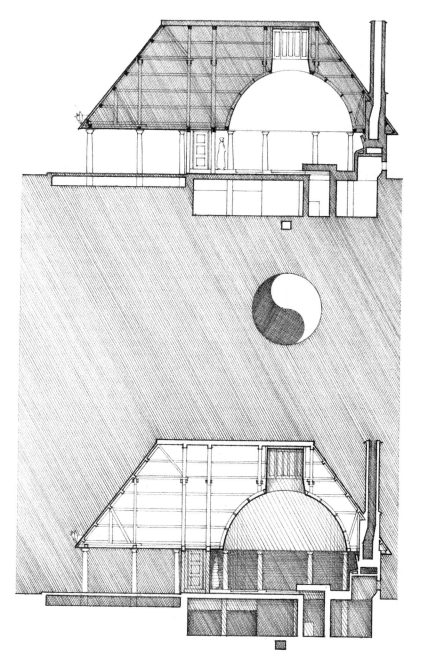

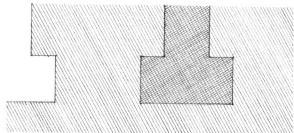

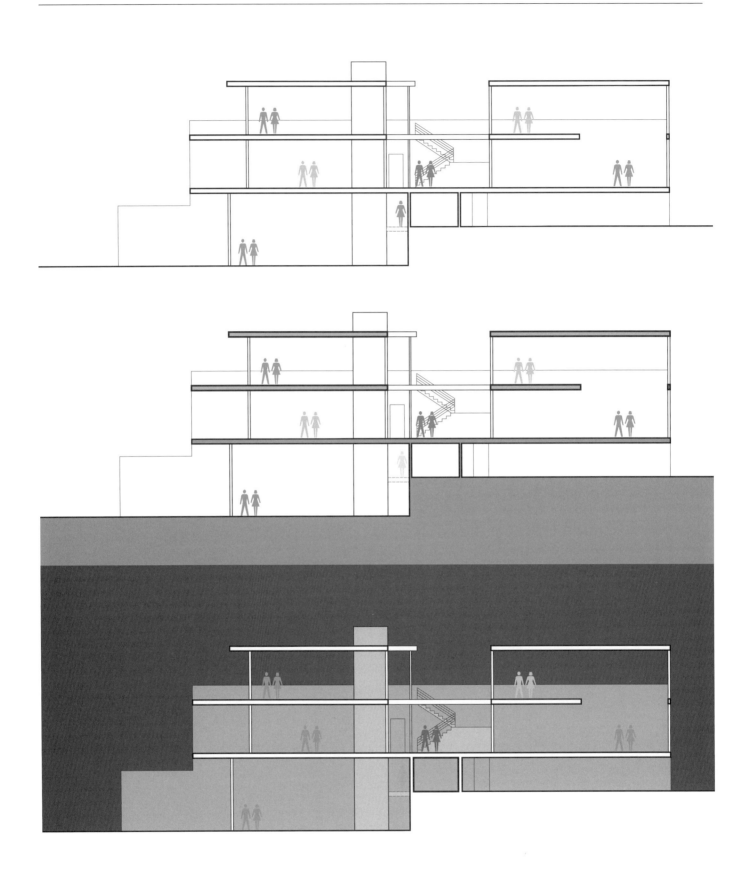

数字剖面图   *Digital Sections*

这些例子说明了使用绘图软件在剖面图中区分实体与虚空。上页
的三幅绘图和本页上面的绘图使用了基于矢量的绘图程序来创建
各种明暗色调布局，而本页下面的绘图使用光栅影像表现基地的
特征，并构成了与白色剖切面形成对比的背景。

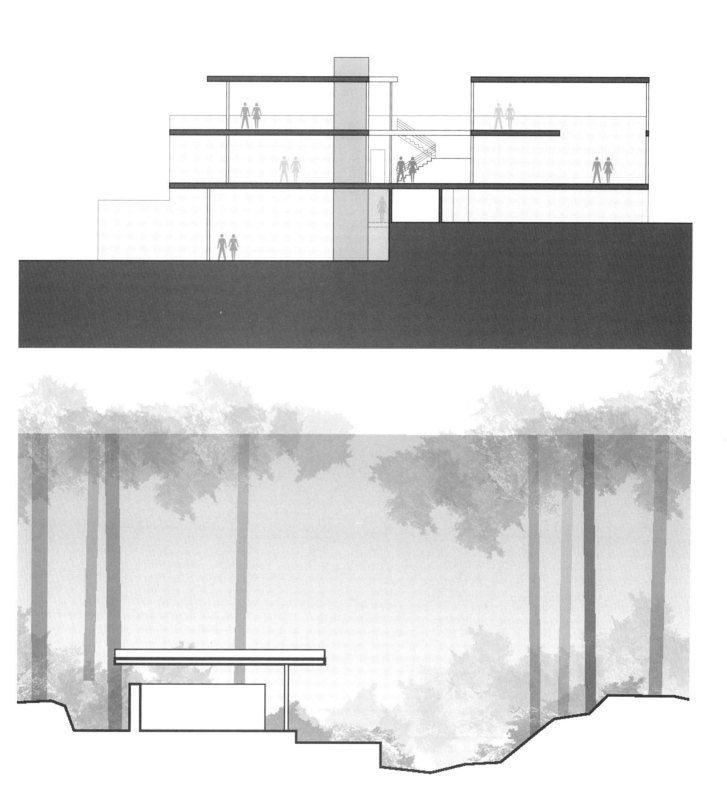

多视点绘图

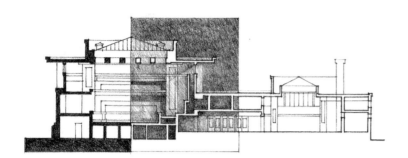

如下图所示，绘制两份唯一神派小教堂的纵剖面。在第一幅绘图中，加深颜色渲染被剖切的元素。在第二幅绘图中，颠倒明暗模式，渲染剖面图中被竖直面剖切的元素所定义的空间形状。比较两个剖面图，哪幅剖面图中封闭空间的形状更突出或容易阅读？

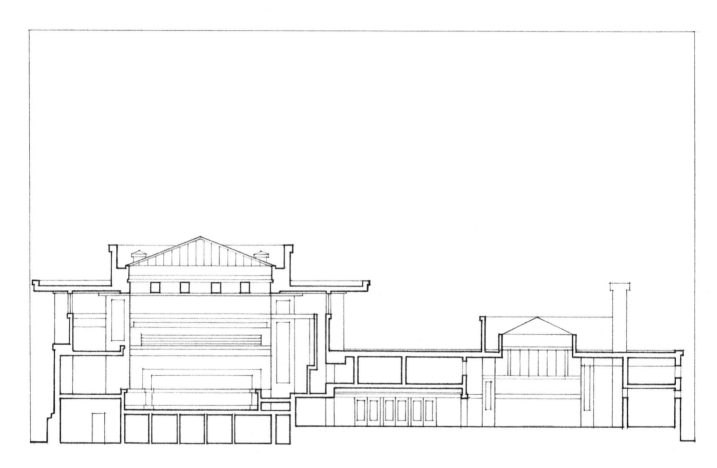

唯一神派小教堂（Unity Temple），橡树园（Oak Park），伊利诺伊州，1906 年，弗兰克·劳埃德·赖特

绘图尺度 *Drawing Scale*

我们通常与相应的楼层平面图相同的比例尺绘制建筑剖面图——⅛″=1′−0″ 或 ¼″=1′−0″。我们用一个更小的比例尺绘制较大的建筑物或建筑群，或用一个更大的比例尺绘制单一房间的剖面图和室内立面图。房间剖面图对于研究和表现高度详细的空间，如厨房、浴室、楼梯，是十分有用的。

剖面图的比例尺越大，所须包括的细节就要越多。当绘制剖面视图中被剖切的构件材料和材料组合的厚度时，关注细节是最重要的。密切注意墙体厚度、建筑转角和楼梯细部。广泛了解如何施建建筑物在绘制大尺度剖面图时是非常有益的。

通常，立面绘图中加绘人物有助于建立一种尺度感，并提醒我们活动和使用的模式。

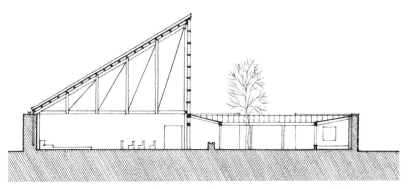

山地教堂（Mountain Church），温克穆萨（Winkelmoosalm），德国，1975 年，J. 魏德曼（J. Wiedemann）

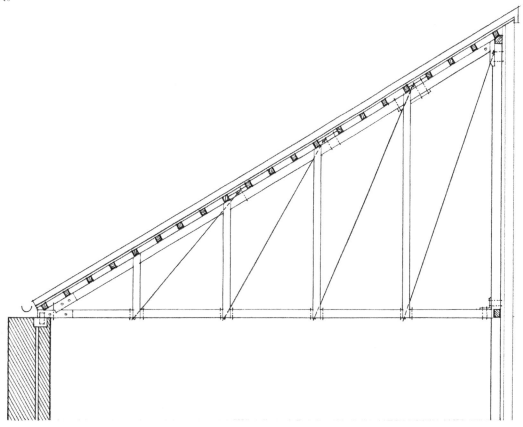

多重剖面 Multiple Sections

与单一的剖面视图相比，一系列按顺序排列的剖面图通常能更好地揭示不规则的复杂形态变化。与在倾斜立面图中一样，竖直或平行于对角线安排一系列的剖面图。这一对齐排列使得横向关系更易于阅读和理解。

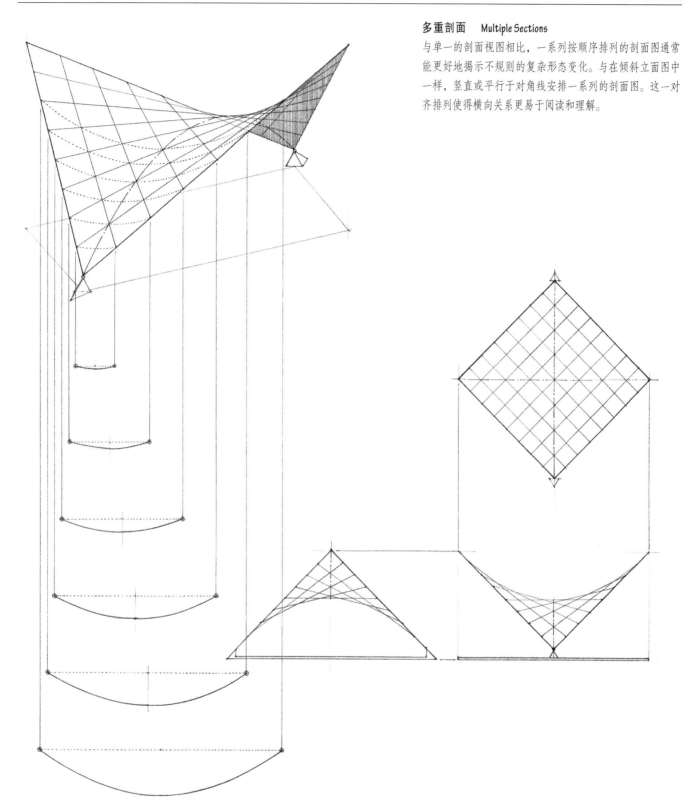

场地剖面图通常向外延伸包括建筑物的周边场地和环境。它们具有突出描述拟建结构与周围场地平面关系的能力，并揭示拟建的结构是高于场地地块，还是坐落在地面上，还是悬浮或埋入场地地块内。此外，剖面图可以有效地说明建筑物的内部空间与相邻的外部空间之间的关系。

只要有可能，建筑剖面图应包括邻近的结构，可以是从同一个剖切面截切得到的剖面图或是从剖切面之外能看到的建筑立面图，这种方法特别适用于城市场地剖面图。

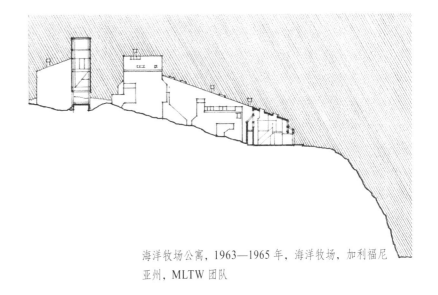

海洋牧场公寓，1963—1965 年，海洋牧场，加利福尼亚州，MLTW 团队

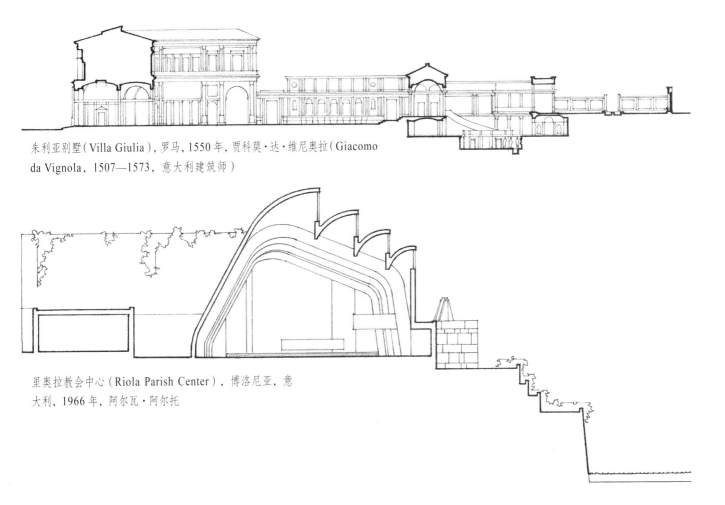

朱利亚别墅（Villa Giulia），罗马，1550 年，贾科莫·达·维尼奥拉（Giacomo da Vignola，1507—1573，意大利建筑师）

里奥拉教会中心（Riola Parish Center），博洛尼亚，意大利，1966 年，阿尔瓦·阿尔托

阴和影是指通过投影手段在表面上确定阴、影区域的技法。投射阴和影对于克服多视角绘图平面化的不足、加强深度感格外有用。

在立面图中，阴和影明确建筑体量内出挑、悬吊和内凹的相对深度，同时塑造接受阴影平面的轮廓和纹理。

在建筑剖面图中，被切割元素投射的阴影提示了从剖切面之外能看到的它们突出于建筑立面图表面有多少距离。

在总平面图中，阴和影表现了建筑体量和建筑元素的相对高度，并揭示承影地平面的地形特征。

在楼层平面图中，空间中被切割的竖直元素和物体的投影暗示它们相对于地板或地平面以上的相对高度。

对阴和影的理解不仅对于表现设计方案至关重要，而且还可以研究与评估设计本身。光、阴、影的相互作用塑造了设计的表面，描述其体量的布局配置，并阐明了细节的深度和特征。在渲染色调明暗技法的基础上，阴和影也可以表现光线照亮形态、活跃空间的生动特性。

基本要素 Basic Elements

光源 Light Source

一个发光源,如太阳或电灯,使事物变得可见。在建筑阴影中,通常假定太阳是光源。

光射线 Light Ray

任何从光源所辐射出的光线或窄光束。光射线从太阳发出,穿行9300万英里的距离(150万公里)到达地球表面。太阳是一个巨大又遥远的光源,所以认定它的光线是平行的。另一方面,人工光源相对较小,更接近它们照射的物体,散发出放射状的光线。

太阳高度角 Sun Angle

太阳光线的方向,以方向角和海拔高度角测量。

方向角 Bearing

从磁北、磁南或真北、真南偏东或偏西的水平方向的偏转角度,以度数表示。

方位角 Azimuth

相对于基准北方按顺时针方向旋转而成的水平角度。

海拔高度角 Altitude

天体在地平线之上的仰角。

阴 Shade

一个固体局部比较暗的区域,与理论光源相切与或相背。

影 Shadow

不透明物体或物体局部阻挡了从理论光源发出的光线,在表面上投射出较暗的图形。

阴线 Shade Line

物体上将被照亮表面与阴面区分开的线。一个阴线也称"投射边缘"(casting edge)。

阴影面 Shadow Plane

指通过一条直线上的相邻点的光线组成的平面。

影线 Shadow Line

一条阴线投射在一个承影面上的影子。

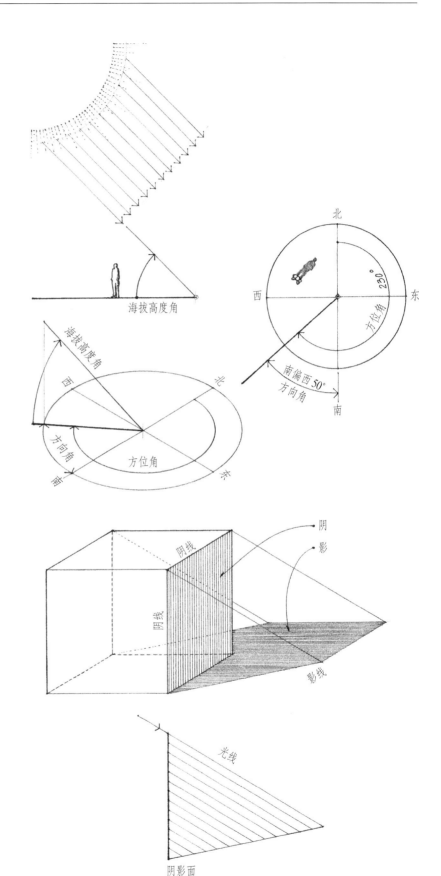

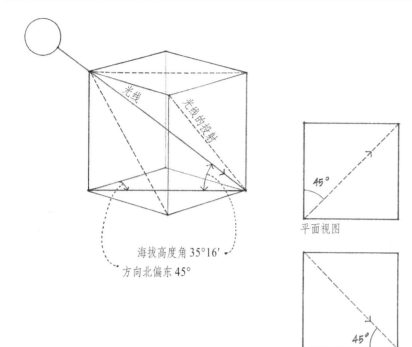

光线

光线的投射

海拔高度角35°16′

方向北偏东45°

在多视点绘图中，假设常规的太阳光线方向是平行于立方体左上角到右下角的对角线方向。而这条对角线真实的高度角是35°16′，在平面视图和立面视图中，这个方向是一个正方形的45°对角线方向。这个常规光线方向产生的阴影宽度或深度等于投射阴影物体的宽度或深度。

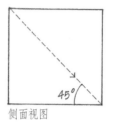

45°

平面视图

45°

正面视图

45°

侧面视图

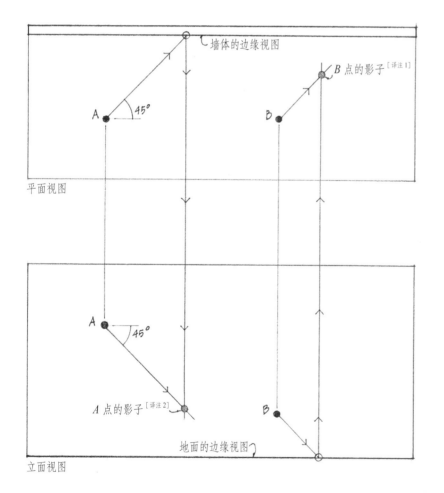

墙体的边缘视图

A

45°

B

B 点的影子 [译注 1]

平面视图

A

45°

A 点的影子 [译注 2]

B

地面的边缘视图

立面视图

点的投影　　Shadow of a Point

·当光线通过点到达拦阻表面时就产生了点的投影。

多视点绘图的阴和影产生一般需要两个相关视图——平面和立面或两个相关立面图，在两个视图间直接来回传递信息。

这一程序首先在两个视图中穿过投射边缘上的一点绘制一条45°的光线。在显示受光面的边缘视图中，将光线延长使之与受光面相交。把这个交叉点投射到关联视图中。这条转换线和相邻投影面上光线的交点即是这个点影子的投影。

[**译注 1**] *B* 点在地面上影子的水平投影。
[**译注 2**] *A* 点在墙面上影子的水平投影。

直线的影子　　*Shadow of a Line*

- 一条直线的影子是其阴影面和承影平面的交线。三角形阴影面的斜边确立了光线的方向，它的底边表示了方向角。

- 一条直线在平面上的影子是直线两个端点影子的连线。

- 直线与平面相交，它的影子一定是从这个交点开始的。

- 一条竖直线在水平面上的投影与光线入射方位一致。

- 一条直线投射到与它平行的表面上时，影子和其自身平行。当一直线与曲面上的直线平行时，上述原理同样适用，直线的影子和曲面上的直线平行。

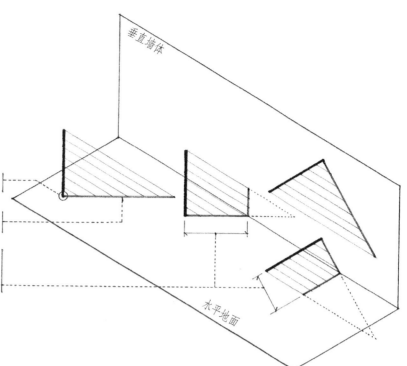

垂直墙体

水平地面

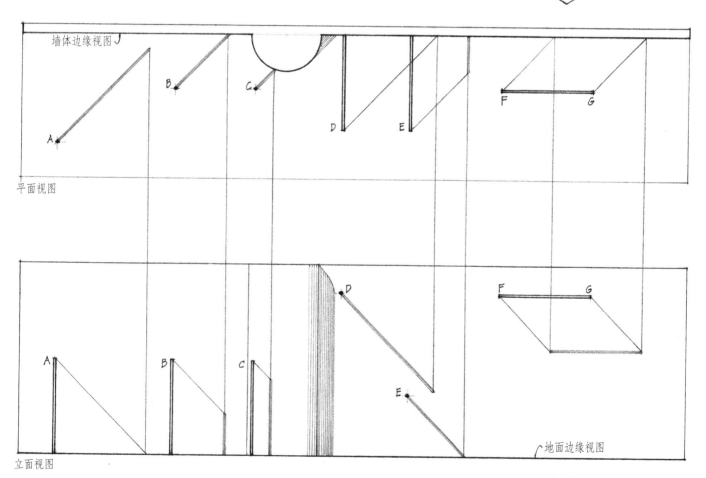

墙体边缘视图

平面视图

立面视图

地面边缘视图

· 曲线或不规则形状的影子是沿着曲线或不规则形状
线条上关键点的影子的连线。

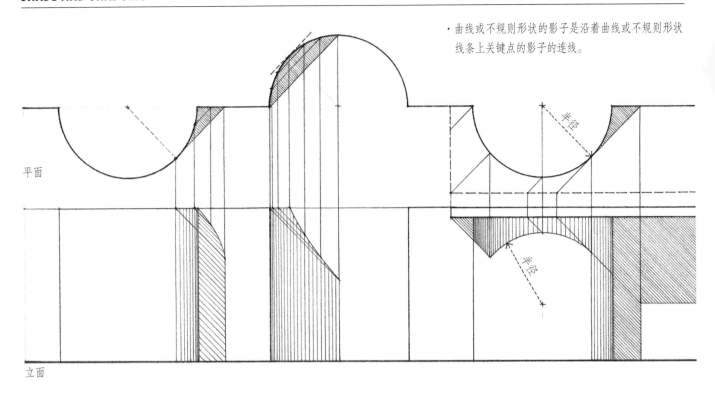

平面

立面

平面的影子   *Shadow of a Plane*

· 平面图形在与其平行平面上的影子尺寸和形状与平
面图形上的原型相同。

· 多边形图在平面上的影子由多边形阴线的影线围合
而成。

· 圆形的影子是光柱通过圆形表面相邻各点与承影表
面的交线。由于倾斜于圆柱轴线的平面截切圆柱形
成的断面是椭圆,所以圆的影子也是一个椭圆形。
确定圆形阴影的最简便方法,是确定外切圆的正方
形或八边形的影子,然后标记出其中的圆的椭圆形
投影。

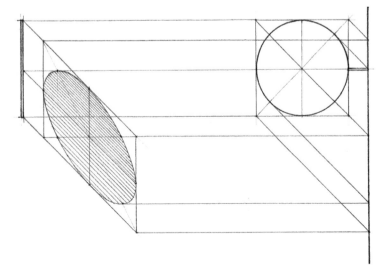

实体的影子　*Shadow of a Solid*

· 实体的影子是以物体阴线的影子为边界。通常最好先确定形态上重要点的影子，比如直线的端点和曲线的切点。

· 复杂的组合体量的阴影是其最简单几何组件影子的组合。

· 影线会在转角、边缘或其他连续表面的中断处改变方向。

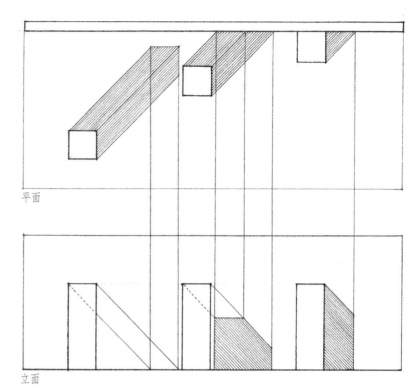

平面

· 当平行线在同一平面上或在两个平行平面上落影时，影子也是平行的。

有时有必要构建一个额外的立面来找到经过实体转角点的光线在哪里与受影面相交。

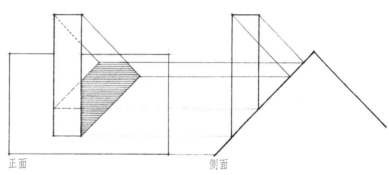

立面

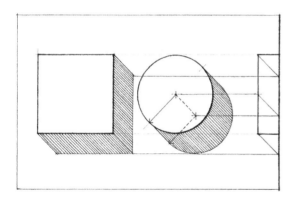

除了先前所述的一般原则，以下原则特别适用于在多视点绘图中的阴影投射：

· 竖直的阴线在平面视图中显现为一个点，并且它的影子是沿着通过该点的光线方向角。

· 当观察者注视一条直线的端点，这条线被看作一个点，无论承影表面的形状如何，直线的影子都显示为直线。

正面　　　　　　　　　　　　　　　侧面

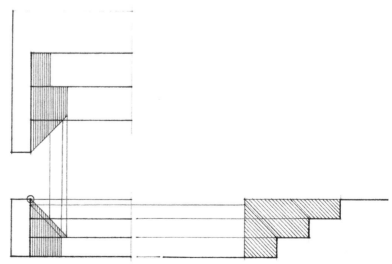

本页所说明的是典型建筑元素投影的例子。要牢记的两条基本原则是：

· 在光照下，物体的每一部分肯定产生影子。同理，任何不在光照下的点都不产生影子，因为光线没有照射到它。
· 只有当承影表面被照亮时，才可见影子。影子永远不可能投射在一个背阴的表面，同样也不可能存在于另一个影子中。

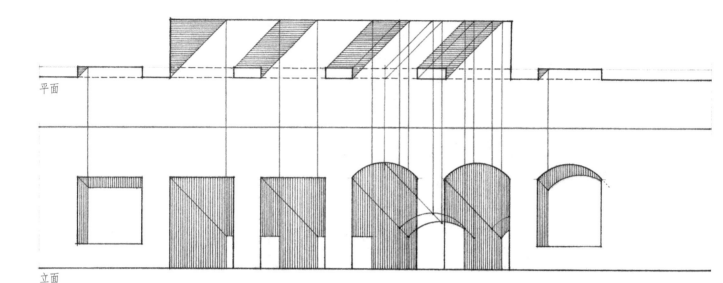

平面

立面

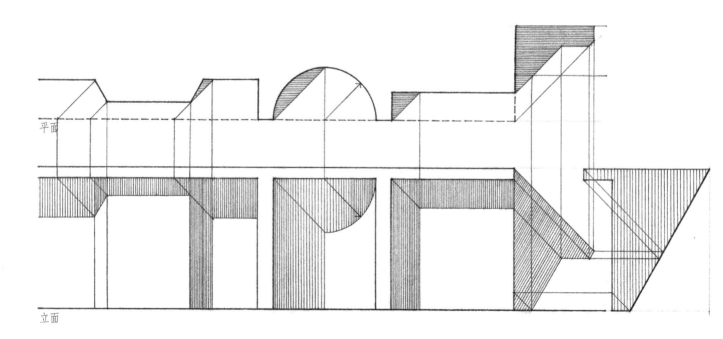

平面

立面

练习 6.15

在多视点绘图中，使用常规的光线方向，确定背阴表面，
并将其投影到右图和下图所示的两座建筑形态的平面图和
立面图上。

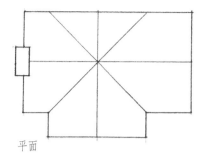

平面

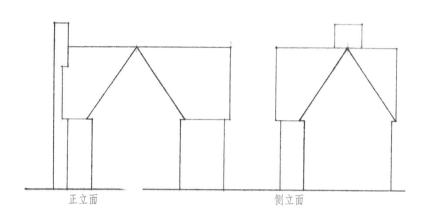

正立面　　　　　　　　　　　　　侧立面

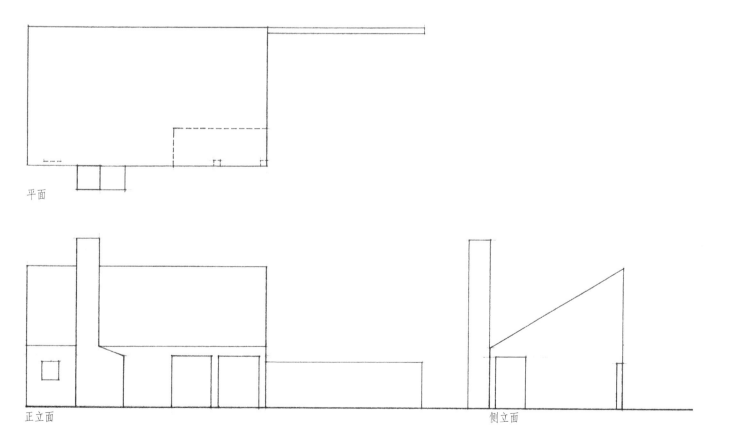

平面

正立面　　　　　　　　　　　　　侧立面

多视点绘图　　　　　　　　　　　　　　　　　　　　　　**MULTIVIEW DRAWINGS / 189**

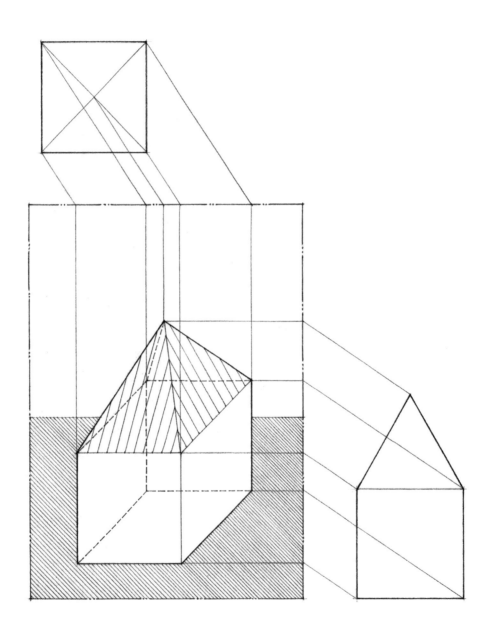

7
轴测绘图
Paraline Drawings

轴测绘图包括属于正投影图体系的——正等测轴测投影图、正二测轴测投影图、正三测轴测投影图以及所有类型的斜轴测投影图。每种轴测投影图都呈现了不同的观察视角并且强调了所绘形体对象的不同方面。作为一个绘图集合，这些轴测绘图融合了多视点绘图的精准量度、可测量性以及直线透视图的图面特征。

轴测绘图通过一个单一图像表现了物体的三维性质或空间中的关系。因此，为了与有多个视角并且彼此相关联的平面视图、剖面视图和立面视图相区别，轴测绘图也被称为"单一视图绘图"（single-view drawing）。它们也可以通过如下的图面效果区别于其他单一视图绘图和线性透视。无论朝向如何，物体上的平行线在轴测视图上保持平行；它们不像在线性透视图中那样要汇聚于灭点——因此被称为"平行"。此外，任何平行于三个主轴方向的直线沿着轴向测量长度，并按照统一的比例尺绘制。

由于轴测绘图的图面性质，而且又便于绘制，在设计过程的早期阶段轴测绘图就适于以三维形式表现头脑中涌现的概念。它们能够将平面图、立面图和剖面图相结合，说明三维图案和空间构图。它们可以被剖切或变为透明的从而看穿物体或是看到物体的内部情况，或扩展来说明局部与整体之间的空间关系。它们甚至可以作为鸟瞰透视的合理替代品。

然而轴测视图缺少视平线的视角和线性透视的图面特性。它们呈现了对一个物体或场景的鸟瞰俯视，或向上仰视。在这任何一种情况下，绘图体系可以扩展到无边界或广阔的视野，而不同于透视绘图那样严格限定在视角的大小范围内。它展现的是各种视角的视图，而不是空间中特定点的视角。观察者可以向前移动到绘图中的某个局部，或向后退至更广阔的远景之中。

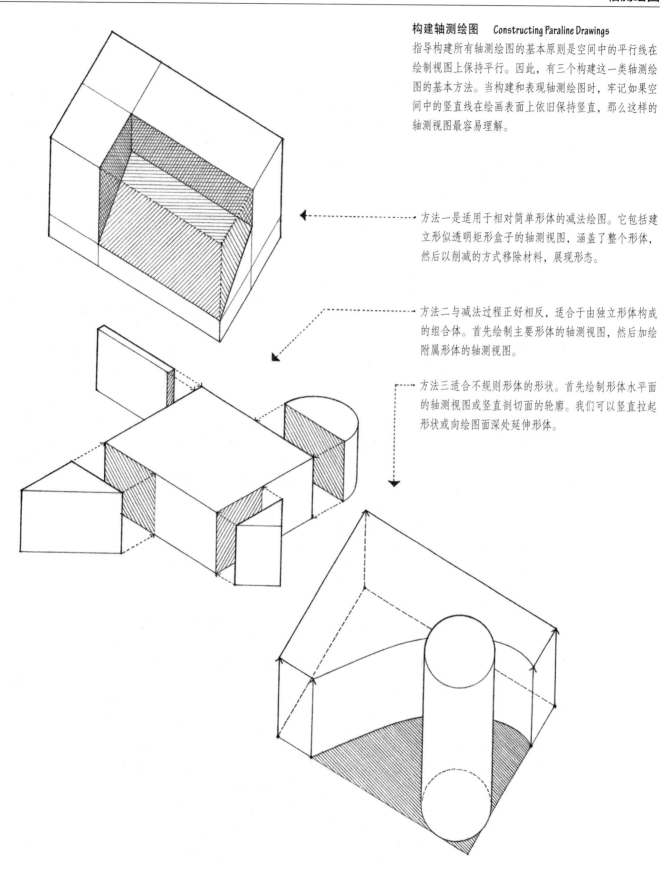

构建轴测绘图　Constructing Paraline Drawings

指导构建所有轴测绘图的基本原则是空间中的平行线在绘制视图上保持平行。因此，有三个构建这一类轴测绘图的基本方法。当构建和表现轴测绘图时，牢记如果空间中的竖直线在绘画表面上依旧保持竖直，那么这样的轴测视图最容易理解。

方法一是适用于相对简单形体的减法绘图。它包括建立形似透明矩形盒子的轴测视图，涵盖了整个形体，然后以削减的方式移除材料，展现形态。

方法二与减法过程正好相反，适合于由独立形体构成的组合体。首先绘制主要形体的轴测视图，然后加绘附属形体的轴测视图。

方法三适合不规则形体的形状。首先绘制形体水平面的轴测视图或竖直剖切面的轮廓。我们可以竖直拉起形状或向绘图面深处延伸形体。

轴向线   Axial Lines

轴向线是指与三条主轴中任何一条平行的线。无论使用哪种方法构建轴测绘图，都可以沿轴线测量尺寸，并按比例绘图。轴向线自然地形成一个矩形坐标网格，我们用它来寻找三维空间中的任何一点。

非轴向线   Non-axial Lines

非轴向线是指那些不平行于三个主轴中任何一条的线。我们不能沿这些非轴向线测量尺寸，也不能按比例绘制它们。为了绘制非轴向线，必须首先使用轴向量度确定它们的端点，然后将这些点连接起来。一旦建立了一条非轴向线，我们可以绘制任何与它平行的线，因为物体中的平行线在绘图中也保持平行。

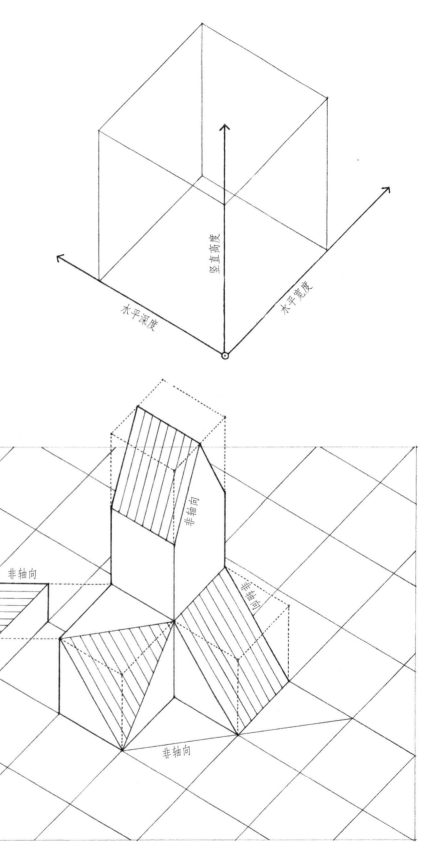

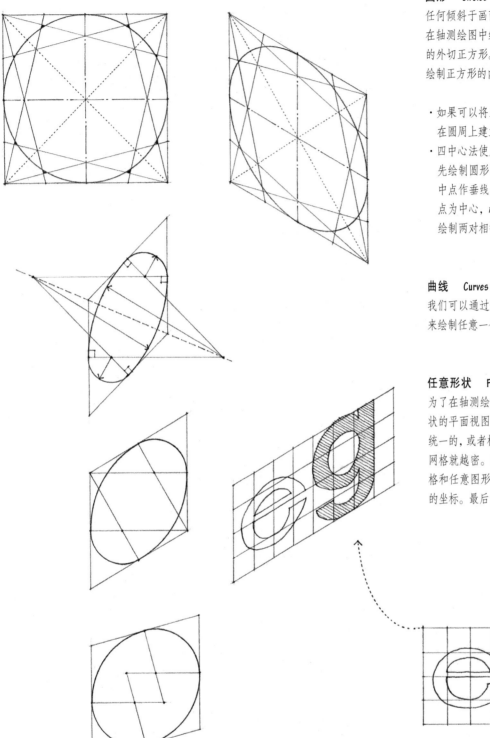

圆形　Circles

任何倾斜于画面平面的圆形都显示为一个椭圆。为了在轴测绘图中绘制这样一个圆形，我们必须先画圆形的外切正方形。然后可以使用以下两种方法中的一种绘制正方形的内切圆。

- 如果可以将正方形分为四等份并画出对角线，可以在圆周上建立 8 个等分点。
- 四中心法使用两组半径和一个圆规或圆形模板。首先绘制圆形外切正方形的轴测视图。从菱形侧边的中点作垂线，延长垂线直到它们相交。以这四个交点为中心，r_1 和 r_2 为半径，在两条垂线的端点之间绘制两对相等的圆弧。

曲线　Curves

我们可以通过使用偏移量确定沿直线或平面的重要点来绘制任意一个曲线或曲面的轴测绘图。

任意形状　Freeform Shapes

为了在轴测绘图上绘制任意多边形状，首先针对形状的平面视图或立面视图构建一个网格。网格可以是统一的，或者根据图形上的关键点建立。形状越复杂，网格就越密。在轴测视图中建立同样的网格。找到网格和任意图形的交点，然后在轴测视图中绘制这些点的坐标。最后，我们在轴测视图中连接这些点。

练习 7.1
使用三个立方体引导绘制圆柱体、圆锥体和四棱锥体的轴测视图。

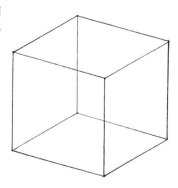 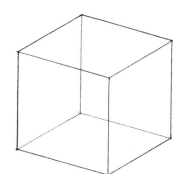 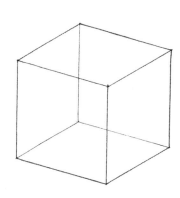

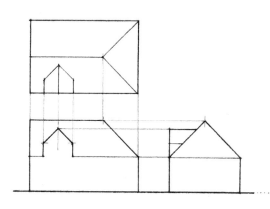

练习 7.2
建立一套由多视点绘图所描述的形体轴测绘图。将所使用的主轴放大两倍显示。

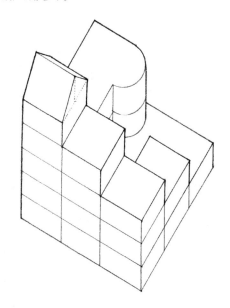

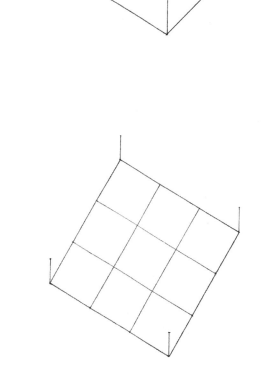

练习 7.3
使用相同的主轴，建立形体轴测绘图，想象从相反的方向观察。

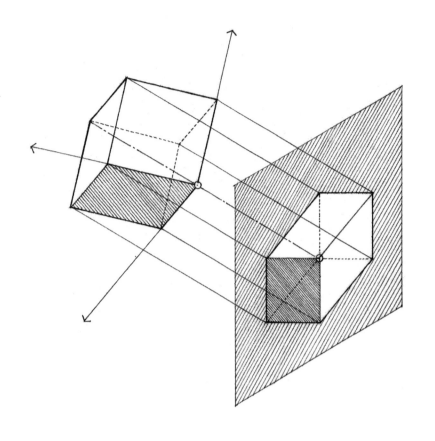

正轴测（axonometric，axis-measurement）一词由轴线和测量组成。正轴测这个术语经常用来描述一个斜投影的轴测绘图或整个一类的轴测绘图。然而严格说来，正轴测投影是一个形体的正投影，其中投影面相互平行，并且垂直于画面平面。多视角正投影绘图与正轴测单一视角绘图的区别仅仅是物体相对于画面平面的方向。

正轴测投影　*Axonometric Projection*

轴测投影是一个倾斜于画面平面的三维物体的正投影，它的三条主要轴出现了透视缩短现象。正轴测投影包括正等角测轴测投影、正二测轴测投影和正三测轴测投影。它们根据物体三条主轴与画面平面的不同方向加以区分。

正轴测投影和它的投影绘图有着显著差异。在一个真实的正轴测投影中，三条主轴在不同程度上都发生了透视缩短，这取决于它们相对于画面平面的方向。然而在正轴测绘图中，我们以确定的比例绘制一条或多条轴线的真实长度。因此正轴测图略大于相应的轴测投影图。

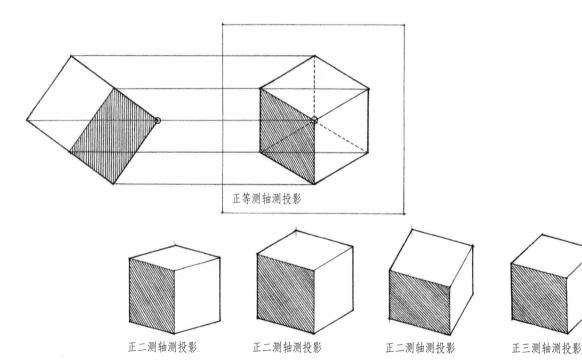

正等测轴测投影

正二测轴测投影　　正二测轴测投影　　正二测轴测投影　　正三测轴测投影

正等测轴测投影是倾斜于画面平面的三维物体的正轴测投影，物体的三条主轴以相等的角度倾向于画面平面，并且相等地出现透视缩短现象。

为更好地表现正等测轴测投影，按以下方式绘制一个立方体的正等测轴测投影图。

· 在立方体的平面视图或立面视图中建立一条平行于对角线的折线。
· 在辅助视图中投影立方体。
· 在辅助视图中建立垂直于立方体对角线的第二条折线。
· 在第二个辅助视图中投影立方体。

在研究一个立方体的正等测轴测投影图时，我们发现，三条主轴出现在画面平面上的夹角为120°，透视缩短为其真实长度的0.816。立方体的对角线垂直于画面平面，可被视为一个点，三个可见平面的形状和比例是相等的。

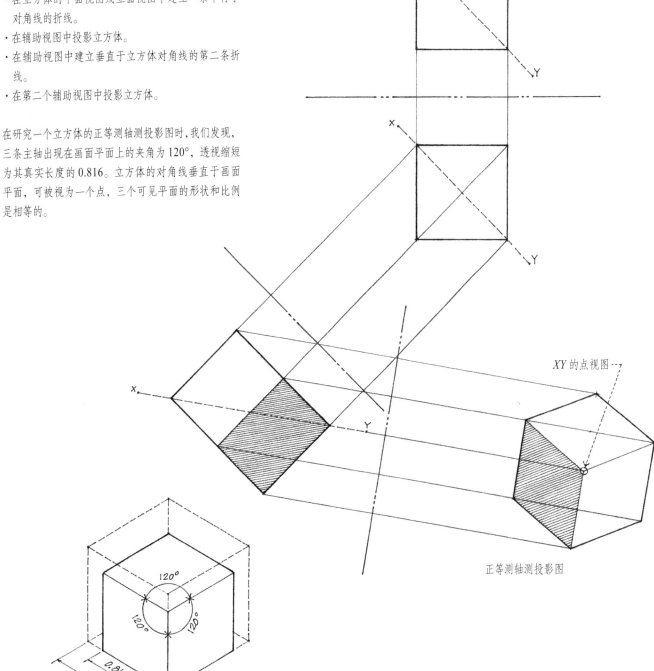

XY 的点视图

正等测轴测投影图

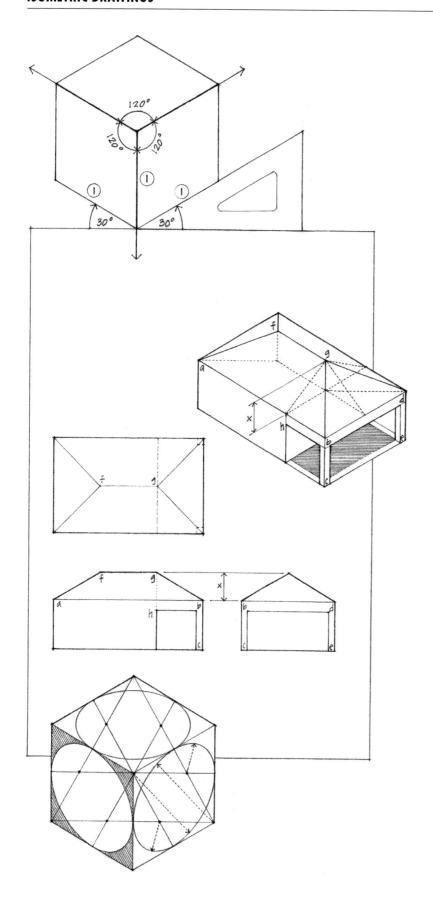

相对于研究绘制平面视图、立面视图、辅助视图的正等测轴测投影图，更常见的做法是以一个更直接的方式构建正等测轴测绘图。首先，明确三条主轴的方向。因为它们在画面平面上的夹角为120°，如果我们竖直绘制其中的一条轴，其他两轴在绘图表面上与水平线呈30°角。

为了节省时间，我们忽略了通常的主轴透视缩短现象。相反，我们显示所有平行于三条主轴的线的真实长度，并以相同比例绘制。因此，正等测轴测绘图总是略大于同一物体的正等测轴测投影图。

正等测轴测绘图比平面斜轴测投影的视角更低，并同等强调三组主要平面。它保留了物体的相对比例并且不受倾斜视图失真的影响。但是基于方形的形体正等测轴测绘图，产生了视觉错觉并有多重解读。这种模棱两可的情况源于前景与背景的线条是对齐的。在这种情况下，正二测轴测投影或斜轴测投影可能是更好的选择。

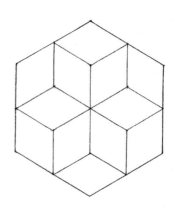

正等测轴测投影图

正二测轴测投影图

练习 7.4

在轴测视图中构建建筑物的正等测轴测绘图。

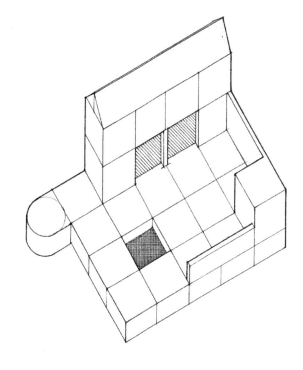

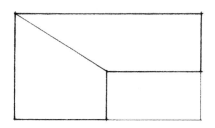

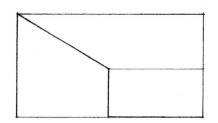
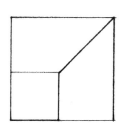

练习 7.5

在多视角绘图中构建建筑物的正等测轴测绘图。

练习 7.6

按所示方向构建一个物体的正等测轴测绘图。

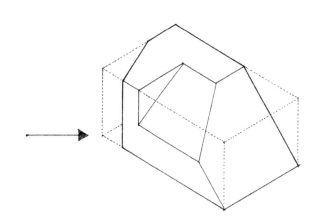

正二测轴测投影图是一个三维物体的正轴测投影，这个三维形体的两条主轴同等地透视缩短，第三条主轴相对于前两条主轴拉长或缩短。

为更好地表现正二测轴测投影，按以下方式绘制一个立方体的正二测轴测投影图。

· 在立方体的平面视图或立面视图中建立一条平行于对角线的折线。
· 在辅助视图中投影立方体。
· 在辅助视图中建立垂直于立方体对角线的第二条折线。
· 在第二个辅助视图中投影立方体。

在研究一个立方体的正二测轴测投影图时，我们发现数量无限的可能视图及图面效果。随着立方体沿一条水平轴的旋转可以产生一系列对称的视图。当立方体沿一条竖直轴的旋转时可以产生一系列非对称的视图。完全取决于立方体相对于画面平面的方向，正二测轴测可以强调一组主要的平面，而其他两组平面为附属，或是强调两组主要的平面，第三组为附属。

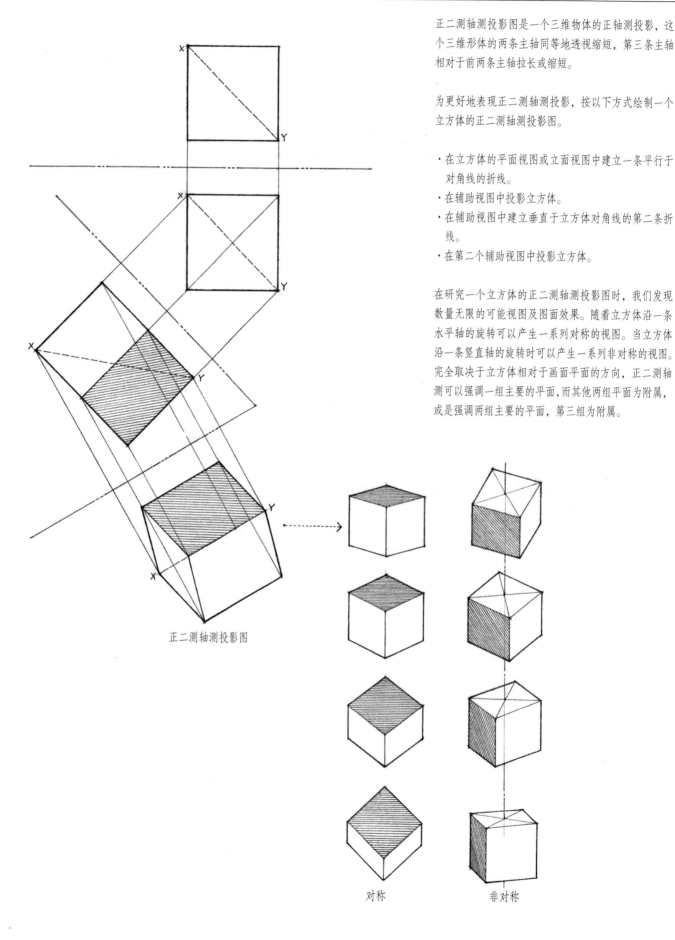

正二测轴测投影图

对称　　　　　　非对称

正二测轴测图是正二测轴测投影的轴测绘图，所有平行于两条主轴的线条都按相同的比例绘制真实长度，而平行于第三条轴线的线条则发生透视加长或缩短现象。

与正等测轴测绘图一样，我们通常以直接的方式构建正二测轴测绘图。首先，确定三个主要轴线的方向。假设一条主轴依然保持竖直，我们可以用不同的方式表现两条水平轴的角度。尽管这些角度并不完全对应于正二测轴测投影的角度，当用 30°/ 60° 和 45°/ 45° 的三角板绘制时它们更便于使用。

现在我们可以表现所有平行于三条主轴的线条的长度。三条主轴中的两个与画面平面的角度相同。我们以同等比例绘制平行于这两条主轴的线条，而平行于第三条轴线的线条比例会更大或更小。圆圈中的数字说明在每个正二测轴测视图中我们绘制三条主轴的整体和部分时采用的比例。

由于使用了两种比例和奇数的角度使绘制正二测轴测绘图比正等测轴测绘图的难度更大。另一方面，它们也提供了灵活的视点，克服正等测轴测绘图的一些图面缺陷。正二测轴测绘图可以强调一组或两组主要平面同时更清晰地描述了 45° 的线和面。

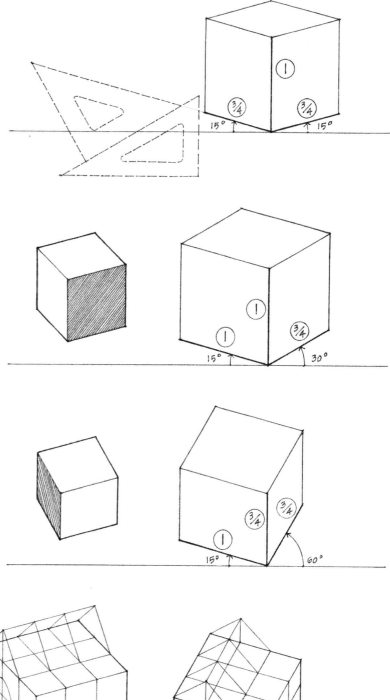

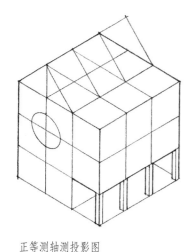

正等测轴测投影图

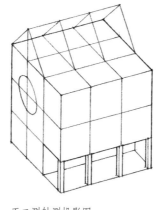

正二测轴测投影图

正二测轴测投影图

正三测轴测投影是倾斜于画面平面的三维物体的三条主轴以不同比例发生透视缩短的正轴测投影图。

正三测轴测绘图　Trimetric Drawings

正三测轴测绘图是正三测轴测投影的轴测绘图，显示出全部三条主轴以不同比例发生透视缩短现象，因此采用不同比例加以绘制。在三组平面当中，正三测轴测绘图自然强调其中一组主要平面。我们很少使用正三测轴测绘图因为它们所呈现的图面不能厘清复杂的建构。正等测轴测视图和正三测轴测视图更便于作图并满足大多数用途。

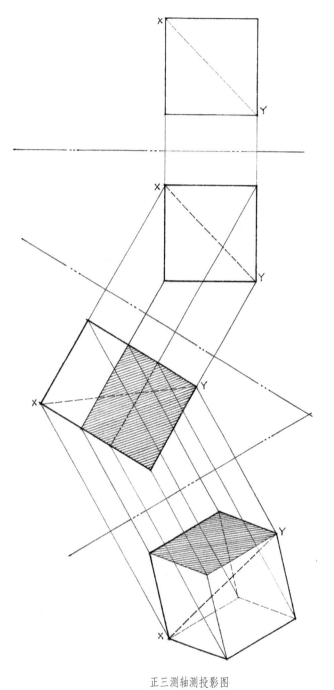

正三测轴测投影图

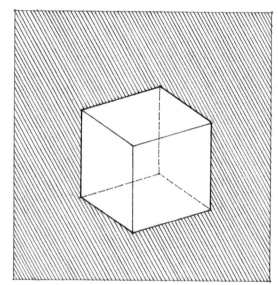

斜轴测投影是三种主要投影绘图类型之一。源自斜轴测投影的图像属于轴测绘图的画面集合之一，但有别于从正投影发展出来的正等测轴测视图和正三测轴测视图。在斜轴测投影中，物体的主要平面或一组平面与正投影多视点绘图一样，方向平行画面平面，但图像以非90°角的平行投影传递到画面平面。

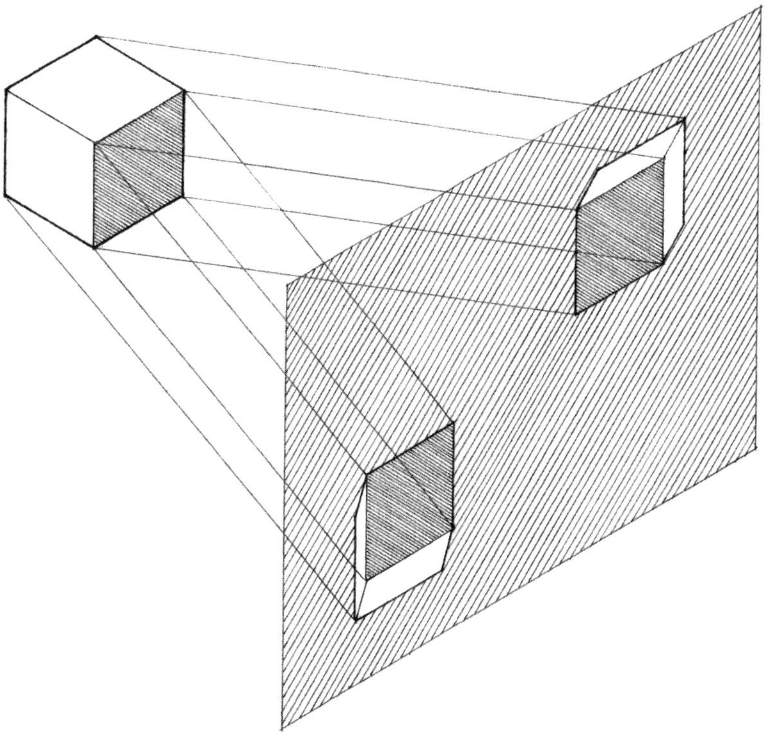

斜轴测投影绘图显示了平行于画面的平面真实形状。正视图、俯瞰视图和侧视图相互关联，并投影到图纸的深处。这会产生一个三维图像代表我们所了解的投影图像，而非我们如何看到投影。它描述了的客观事实更紧密地对应心灵之眼中的图片，而非视网膜上线性透视的图像。它代表了一幅反映客观世界的意境地图（mental map），将平面和立面视图结合成一个单一的图像表达。

构建斜轴测绘图的简便性是很有吸引力的。如果我们确定一个物体的主要面平行于绘画平面，它的形状将保持真实形态，我们可以更容易地绘制它。因此斜轴测视图用于表现具有曲线形的、不规则的或复杂表面的物体特别便捷。

虽然斜轴测投影可以提示三维实体，并产生强大的空间幻觉，它还允许线条的组合构图以平面图案的形式保留在表面上。这可能会导致视觉错觉从而在解读倾斜轴测绘图中产生模糊性。

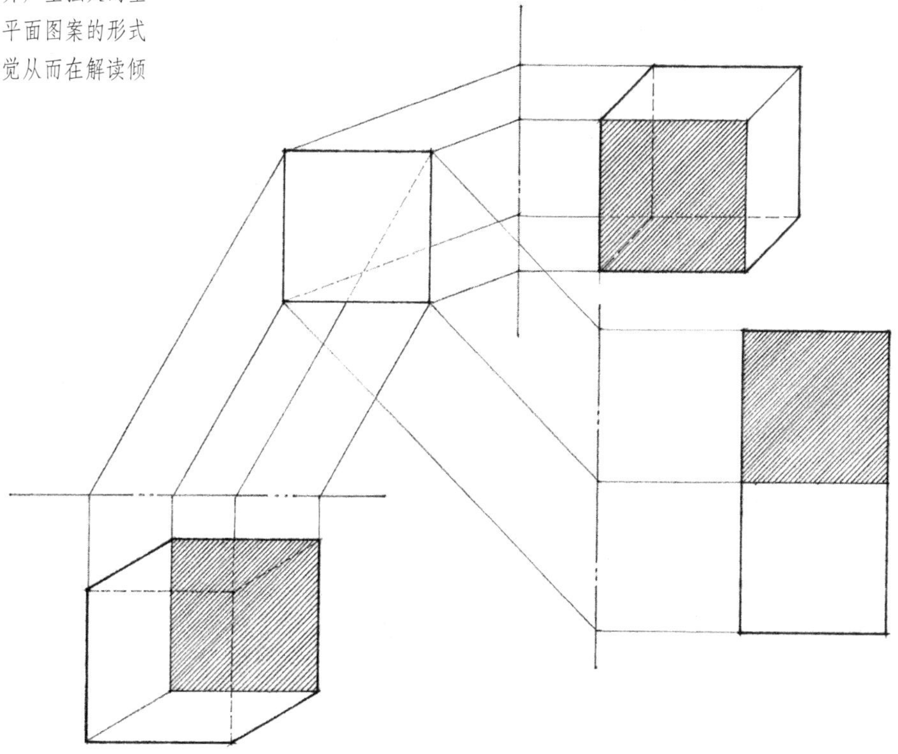

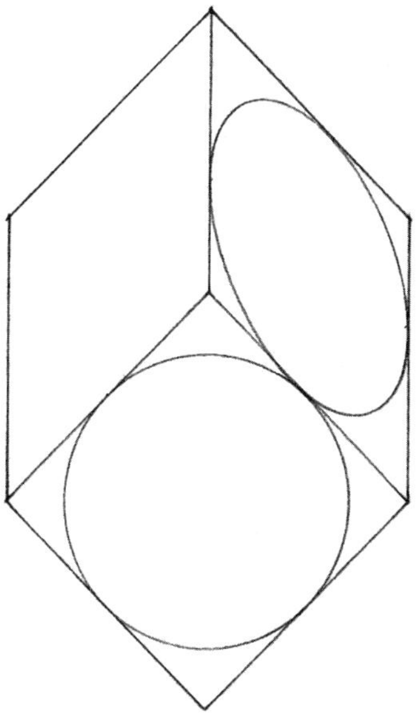

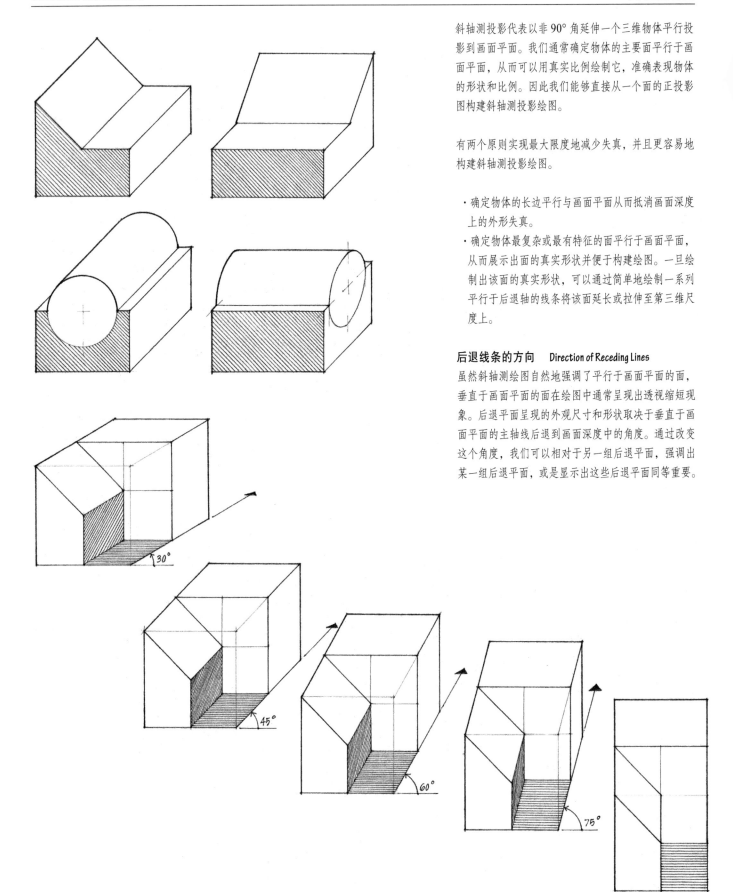

斜轴测投影代表以非90°角延伸一个三维物体平行投影到画面平面。我们通常确定物体的主要面平行于画面平面,从而可以用真实比例绘制它,准确表现物体的形状和比例。因此我们能够直接从一个面的正投影图构建斜轴测投影绘图。

有两个原则实现最大限度地减少失真,并且更容易地构建斜轴测投影绘图。

· 确定物体的长边平行与画面平面从而抵消画面深度上的外形失真。
· 确定物体最复杂或最有特征的面平行于画面平面,从而展示出面的真实形状并便于构建绘图。一旦绘制出该面的真实形状,可以通过简单地绘制一系列平行于后退轴的线条将该面延长或拉伸至第三维尺度上。

后退线条的方向   Direction of Receding Lines

虽然斜轴测绘图自然地强调了平行于画面平面的面,垂直于画面平面的面在绘图中通常呈现出透视缩短现象。后退平面呈现的外观尺寸和形状取决于垂直于画面平面的主轴线后退到画面深度中的角度。通过改变这个角度,我们可以相对于另一组后退平面,强调出某一组后退平面,或是显出这些后退平面同等重要。

后退线条的长度   *Length of Receding Lines*

斜投影与画面的角度决定了斜轴测绘图中后退的轴线长度。如果以 45° 角投影到画面平面，后退线的投影为它们的真实长度。以其他角度投影时，将造成后退线的投影比真实长度或长或短。实践中，我们可以在斜轴测绘图中以真实长度或缩小比例布局绘制后退的线条来纠正外观的变形。

斜等轴测投影   *Cavalier Projection*

"斜等轴测"这个术语源于过去使用投影系统绘制防御工事。在斜等轴测投影中，投影与画面平面成 45° 角。因此采用与平行于画面平面的线条相同的比例绘制后退轴线。

因为所有三条主轴使用单一的比例，这极大简化了构建斜轴测绘图，有时后退线会显得过长。为了纠正失真现象，可以通过以相同的缩小比例绘制发生透视缩短的后退线的长度，通常为其真实长度的 2⁄3 到 3⁄4。

斜二轴测投影   *Cabinet Projection*

"斜二轴测"这个术语来自于家具行业。在斜二轴测投影中，一个三维物体显示为一个斜轴测绘图，所有平行于画面平面的线均以真实比例绘制，后退线减少为一半比例。斜二轴测绘图有一个重大的画面缺陷——有时后退线会显得长度太短。

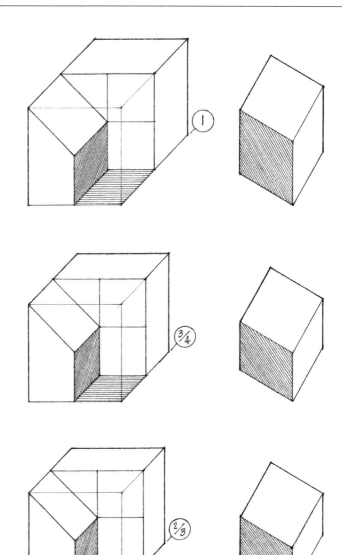

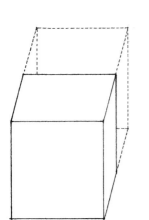
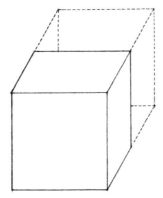
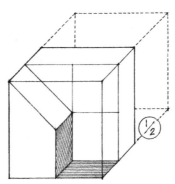
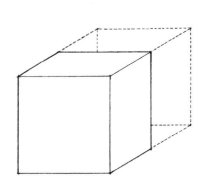

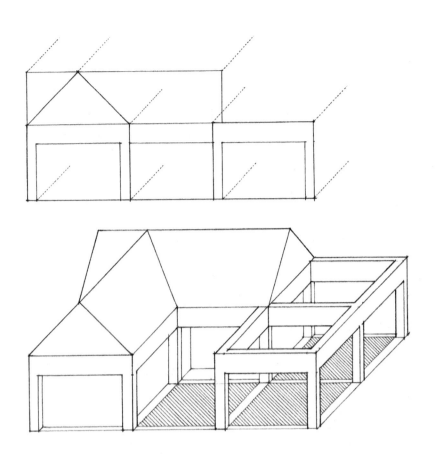

在建筑绘图中，两个主要的斜轴测投影绘图类型是立面斜轴测投影和平面斜轴测投影。前两页中大部分的例子是立面斜投影。

立面斜轴测投影确定一个主要的竖直面平行于画面平面揭示出其真正的形状和大小。因此，我们直接从主要面的立面视图构造一个立面斜轴测投影。这个面应该是物体最长的、最重要的，并且最复杂的面。

从立面视图中的重要点，以所需要的角度将后退线投影到画面深度。用三角板起稿，通常使用30°、45°或60°角绘制后退线。在徒手速写时，不需要绝对精确，但一旦确定了后退线的角度，应保持一致不变。

记住我们所采用的后退线的角度会改变后退平面所显示的大小和形状。通过改变角度，各组后退的水平面和垂直面获得不同程度的强调。在所有情况下，首先要强调的是保持垂直面平行于画面平面。

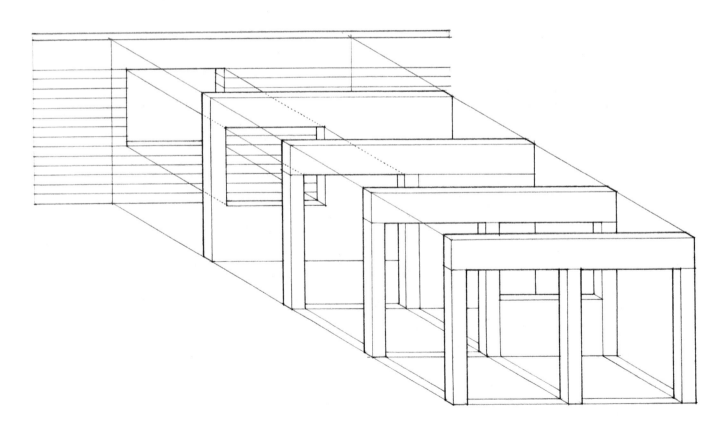

练习 7.7

构建多视点绘图中描述的建筑形态的两个系列立面斜轴测投影。在第一个系列中，以全比例绘制平行于后退轴的线条，但改变线条的方向——以与水平方向 30° 的夹角绘制后退线，然后以 45° 的夹角，最终以 60° 夹角。

在第二个系列中，以与水平方向 45° 夹角绘制后退轴，但比例不同——首先以 ¾ 比例绘制平行于后退轴的线条，然后以 ⅔ 比例绘制，最后以 ½ 比例绘制。

比较不同立面斜轴测投影的图面效果。哪个立面斜轴测投影显得过深？哪个显得太浅？每个立面斜轴测投影分别强调了哪组后退平面？

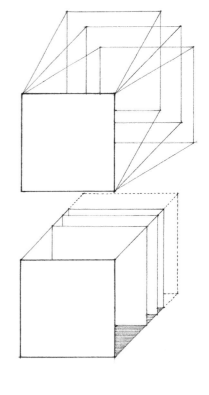

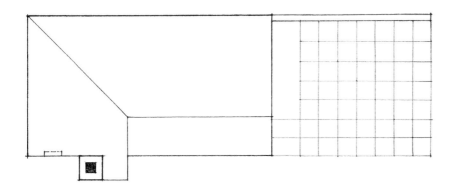

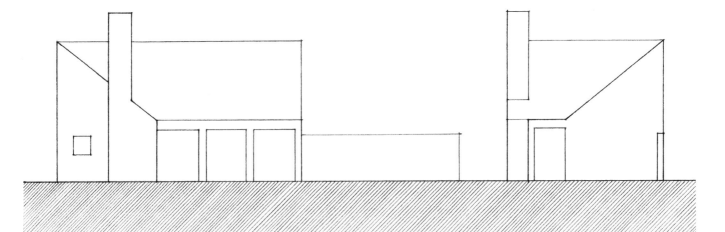

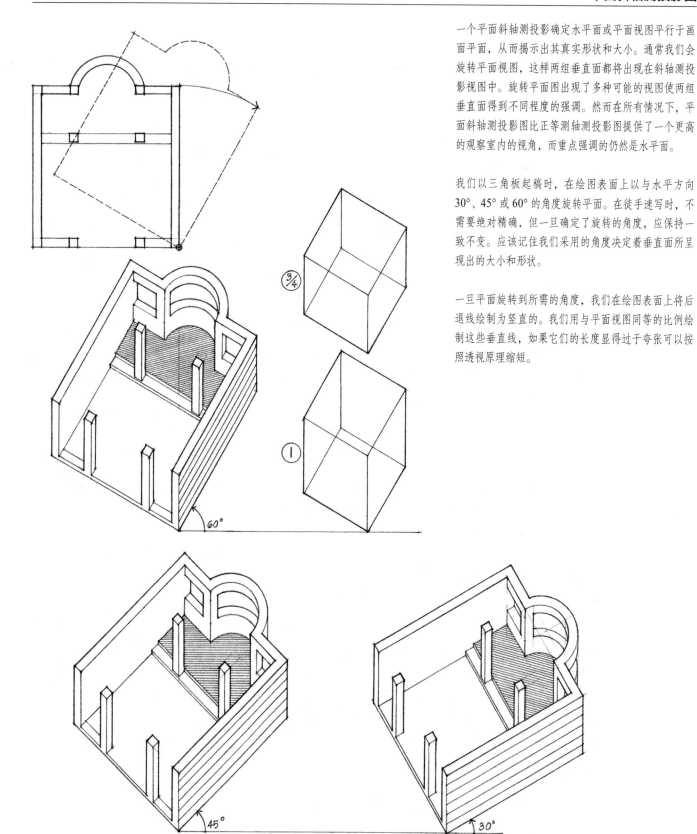

一个平面斜轴测投影确定水平面或平面视图平行于画面平面，从而揭示出其真实形状和大小。通常我们会旋转平面视图，这样两组垂直面都将出现在斜轴测投影视图中。旋转平面图出现了多种可能的视图使两组垂直面得到不同程度的强调。然而在所有情况下，平面斜轴测投影图比正等测轴测投影图提供了一个更高的观察室内的视角，而重点强调的仍然是水平面。

我们以三角板起稿时，在绘图表面上以与水平方向30°、45°或60°的角度旋转平面。在徒手速写时，不需要绝对精确，但一旦确定了旋转的角度，应保持一致不变。应该记住我们采用的角度决定着垂直面所呈现出的大小和形状。

一旦平面旋转到所需的角度，我们在绘图表面上将后退线绘制为竖直的。我们用与平面视图同等的比例绘制这些垂直线，如果它们的长度显得过于夸张可以按照透视原理缩短。

练习 7.8

构建多视点绘图中描述的建筑形态的两个系列平面斜轴测投影图。在第一个系列中，以全比例绘制平行于垂直轴的线条，但在 A 点以 30° 角顺时针方向旋转平面视图，然后顺时针方向旋转 45°，最后顺时针方向旋转 60°。

在第二组中，以同样的方式旋转平面视图，但以 ¾ 的比例绘制平行垂直轴的线条。

比较各种平面斜轴测投影图的图面效果。哪些平面斜轴测投影图显得太高了？哪些显得太短？每个平面斜轴测投影图各自强调了哪组垂直面？

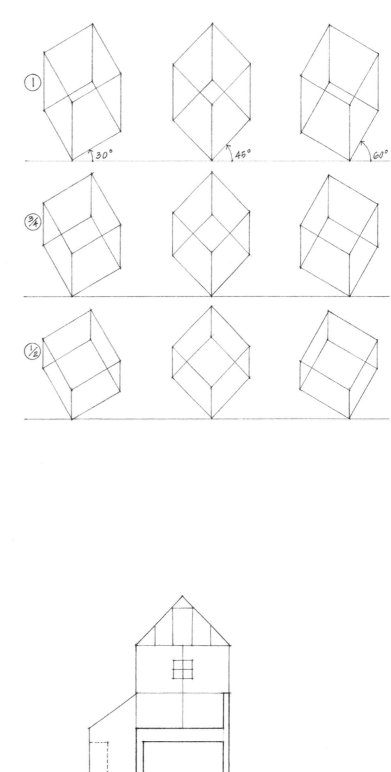

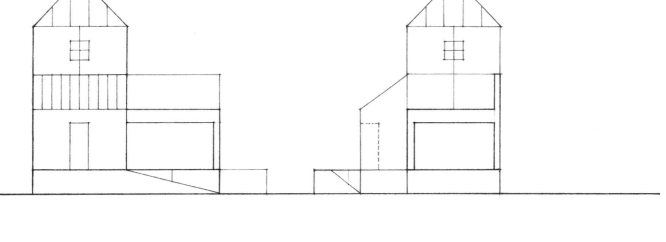

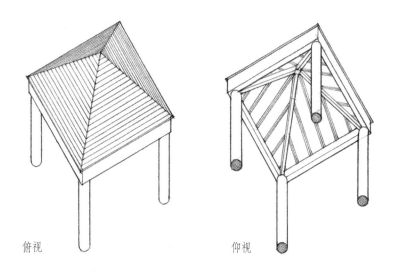

俯视   仰视

轴测视图　Paraline Views

虽然轴测绘图总是一个物体的鸟瞰图或仰视图，可以用几种方法构建轴测绘图，揭示外观形态和设计配置之外的更多信息。这些技法让我们获得了深入空间构图的内部或是探查复杂建筑构造隐藏部分的视角。我们将这些制图技法分类为透明内视图、剖视图和扩展视图。

透明内视图　Phantom Views

透明内视图是将形体的一个部分或多个部分绘为透明的，从而展现出被隐藏的内部信息的轴测绘图。这个绘图策略使我们无需移除形体的任何边界层或包裹元素即可有效地揭示室内空间或构造。因此，我们能够同时看到整个组合体及其内部的结构和布局。

我们使用假想线表现出形体透明的局部、移除部分的位置、缺失部分的相对位置，或是重复的细节和特征。假想线由虚线表示场地法定边界，虚线是由两条短线段和点线断开的长线段组成。在实践中，假想线也可能包括虚线、点线甚至精细绘制的线条。图形上的描述应包括透明部分的厚度或体积以及任何在边界范围内存在的细节。

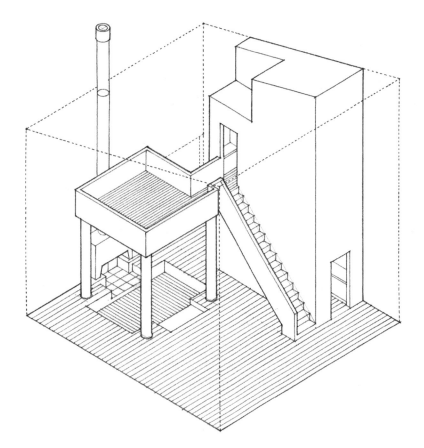

海洋牧场公寓，1963—1965 年，海洋牧场，加利福尼亚州，MLTW 团队

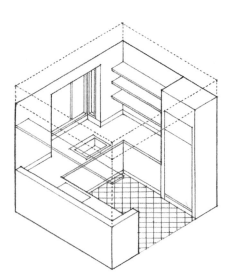

剖视图　Cutaway Views

剖视图是把形体外部的一部分或一层移走，从而揭示形体内部空间或内部构造。这种制图策略还可以有效地体现形体内部与外部环境的关系。

创建剖视图最简单的方法是移除一个组合体或构筑物的外层或边界层。例如，去除屋顶、天花板或墙体让我们俯瞰或直接观察室内空间。移除地板仰视空间。

我们可以把组合体从中央切开，移走大部分形体。当一个组合体呈现为两侧对称时，可以沿轴线截切并显现出移走部分的占地面积或平面视图。以类似的方式，在径向对称组合体中，我们可以沿着中心剖切并且移走 1/4 或类似于馅饼形状的扇形部分。

为了表现一个更复杂的组合体，剖切动作可以沿着一个三维的路径。在这种情况下，剖切轨迹清晰展示内部组织的特性和布局，并通过线宽或色调明暗对比清楚阐明。

即使形体的某一部分在剖视图中被移除了，但是如果我们可以用点线、虚线或细线界定其外层边界，它仍然可以保留在画面上。说明被移除部分的外部形式，可以帮助观察者保留对建筑的整体感。

尽管轴测绘图是有助于显示三维关系的单一视角绘图，一系列轴测视图可以有效地解释某一时刻跨越空间发生的事件过程和现象。连续轴测绘图可以解释组合的顺序或构筑的阶段，每个视图依次建立在前一幅视图之上。

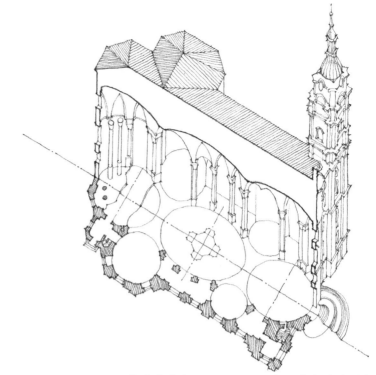

朝圣教堂（Pilgramage Church），菲尔岑海利根（Vierzehnheiligen），1744—1772 年，巴尔萨泽·纽曼（Balthasar Neumann，1687—1753，德意志建筑师）

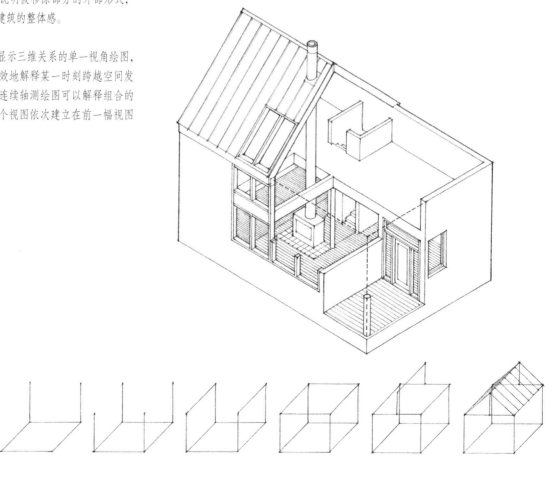

轴测绘图

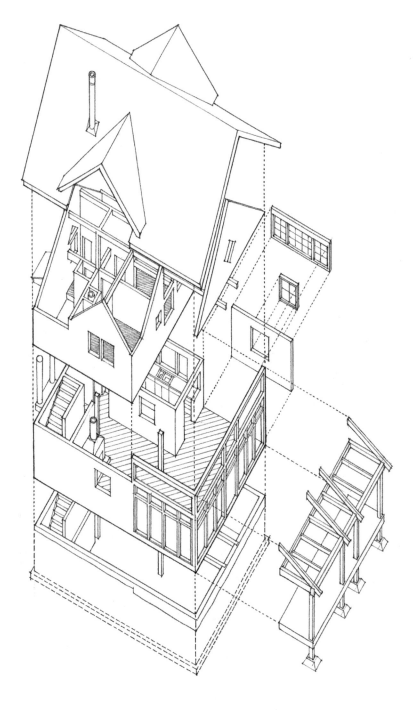

扩展视图　Expanded Views

从绘图中移除的部分可能不会消失，而只是转移到空间上的新位置，发展成我们所说的"扩展视图"或"分解视图"。扩展视图分别显示构造或组合的各个组成部分，但暗示各部分之间以及部分与整体之间恰当的关系。完成的绘图似乎是形体在爆炸中的某一时刻凝固了的图像，此时各部分的相互关系最为清晰明了。

各部分的位移应该按照它们组合在一起的秩序和方向排列。对于轴向组合而言，扩展视图沿着轴向或垂直于轴的方向展开。对于矩形组合体而言，各部分沿主轴或平行于主轴的方向重新排列。在各种情况下，我们用点线、虚线或细线绘制指示各部分之间以及部分和整体之间的关系。

扩展视图对于描述细节、层次感或施工组装顺序非常有用。在大比例尺的绘图中，扩展视图可以有效地说明在建筑物的垂直竖向关系以及空间上的水平连接。扩展视图通过位移明确空间关系和组织布局，它也可以同时将透明内视图和剖视图所揭示的特征结合起来。

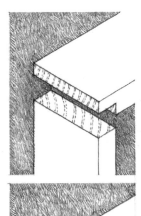
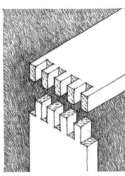

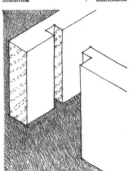

传递深度 *Conveying Depth*

即使是一个简单的线描轴测视图也会产生强大的空间感知。这不仅是由于重叠产生的深度线索，也由于我们的感知是将平行四边形认定为占用着空间的矩形。我们通过线宽或色调明暗对比来提高对轴测绘图深度的感知。

我们使用不同等级的线宽区分空间边缘、平面转角和表面线条。

1. 空间边缘是通过介入性空间将形体从背景中分离出来的边界。
2. 平面转角是两个或两个以上可见平面的相交位置。
3. 表面线代表颜色、色调明暗或材料的突然对比，并不代表形状的变化。

为了在空间中将平面区分开，明确各自不同的方向，特别是要区分出水平与垂直，我们采用对比明显的色调明暗、纹理或图案。最重要的是建立水平面和垂直面之间的正交关系。在轴测视图中，在水平面上运用色调明暗不仅建立了绘图的视觉基础，也有助于明确垂直面的形状和方向。

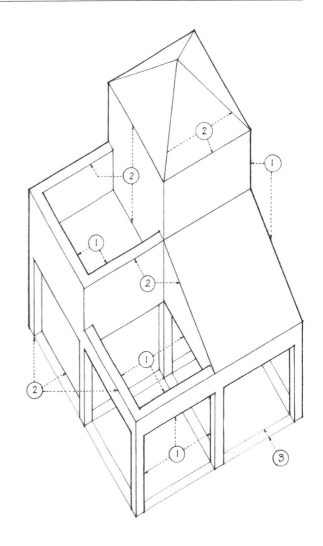

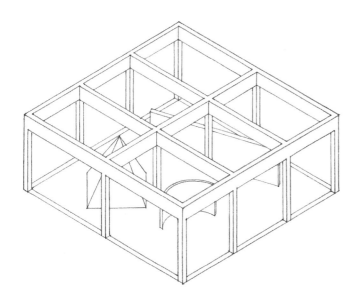

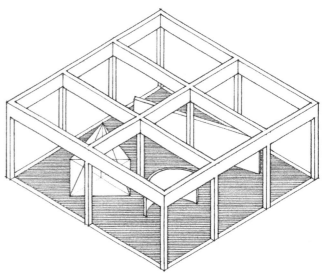

二维绘图和三维建模的分组与分层功能以及 CAD 程序使我们能够更容易地创建不同类型的轴测视图。将三维构造的构成元素与组合分为不同的群组和层级，我们可以选择性地控制它们的位置、可见性和外观，如本页和对页所示。

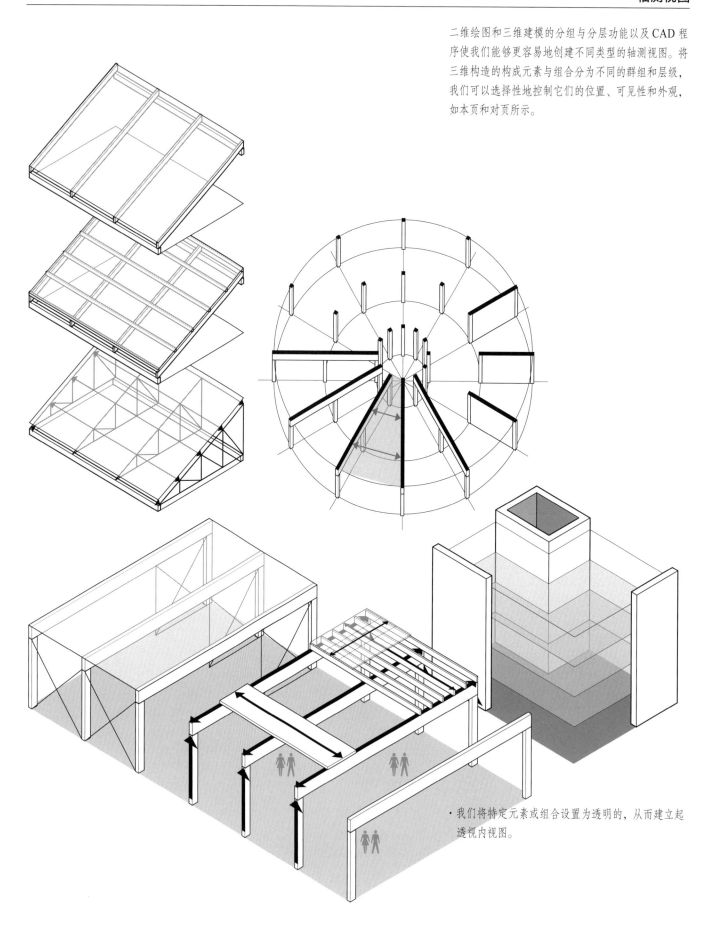

· 我们将特定元素或组合设置为透明的，从而建立起透视内视图。

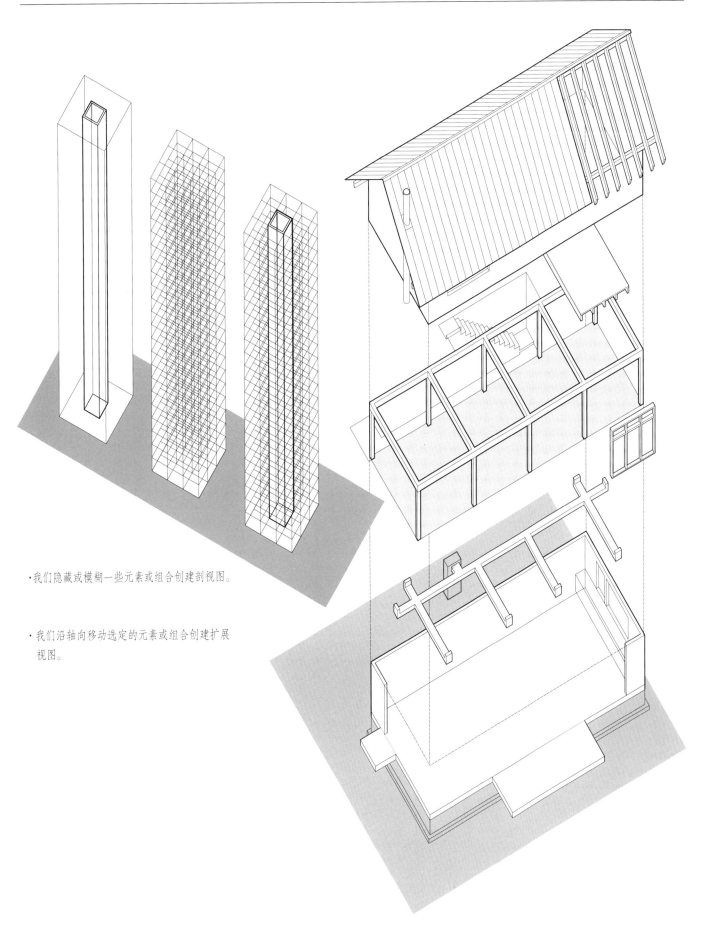

· 我们隐藏或模糊一些元素或组合创建剖视图。

· 我们沿轴向移动选定的元素或组合创建扩展
  视图。

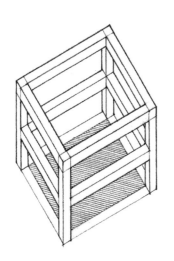

练习 7.9

轴测视图所绘制的是位于日本山田的平林住宅，1975 年由安藤忠雄设计。首先用单一线宽绘制轴测视图。然后使用不同等级的线宽来区分空间边缘、平面转角和表面线条。

记住，线宽不仅是一个密度的问题；而是依靠对比线条的粗细来区分各种线宽。

练习 7.10

更多关于刻画空间边缘、平面转角和表面线条的练习，同样运用练习 7.4 到练习 7.8 中轴测视图所采用的线条宽度等级。

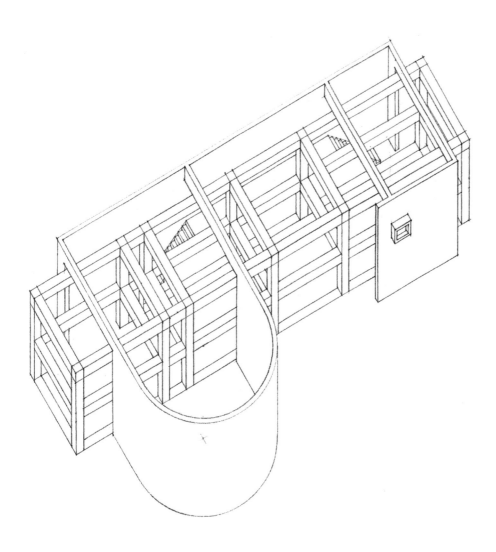

阴和影   *Shade and Shadows*

轴测绘图中投射的阴和影增强了我们对体量三维特征
的感知，并阐明了它们的空间关系。此外，渲染阴和
影的色调明暗可以帮助区分垂直、水平和倾斜平面。
对于阴和影的基本概念和术语，请参见第 6 章。

在轴测绘图中构想光线、阴线、落影之间的三维关系
是很方便的，因为轴测绘图的图面性质并同时显示三
个主要的空间轴。此外，平行光线和它们的方向角在
轴测绘图中保持平行。

为了绘制阴和影，有必要假设一个光源和光线方向。
决定光线方向既是一个构图布局问题，又是一个表达
问题。记住，投射落影是要明确，而不是混淆形态特
征和空间关系。光线角度越低，落影越深；角度越陡，
落影越浅。在任何情况下，最终落影模式隐没的形体
信息不应超过其所揭示的信息量。

有时需要确定光、阴和影的真实条件。例如，当研究
太阳辐射和落影模式对热舒适性及节能的影响时，有
必要根据一年中特定日期和时间实际的太阳角度绘制
阴和影。

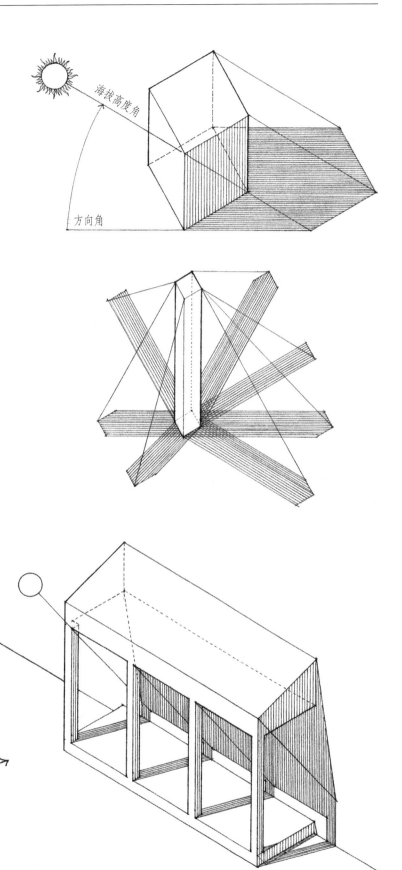

为了便于绘制落影，光线的方向往往与画面平面平行，可以从观察者的左侧或右侧照射过来。因此，光线的海拔高度角在绘图中是真实的高度角，其方向保持水平。虽然应该由设计所需的阴影深度决定光线的海拔高度角，我们经常使用30°、45°、60°角，因为使用45°/45°、30°/60°的三角板起稿更加方便。

我们可以构建一个矩形棱锥辨识出平行于轴测绘图主要轴线的竖向和水平线条的投影方向。从一个竖向垂直线的顶点画出光线的方向，与线条的落影相交于光线入射方向的水平面上，这是棱锥体的对角线。然后构建其余的平行于轴测绘图主要轴线的棱锥边缘。

每个上部水平边缘投射到竖向垂直面，它的投影垂直于面的对角线方向。每个投影到平行的竖向垂直面的落影都平行。

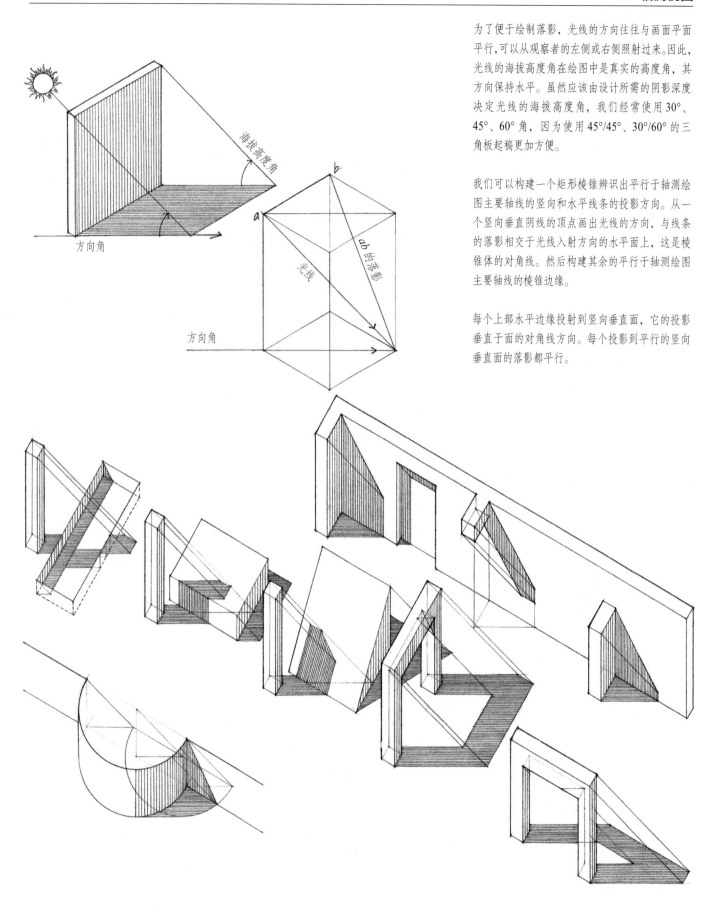

数字化的阴和影　　*Digital Shade and Shadows*

三维建模软件通常具有制定光线方向的功能，能够在轴测
视图和透视视图中根据一年中的具体时间以及一天当中的
不同时刻自动地投射光线形成阴和影。这项功能在方案设
计阶段研究建筑形态或场地中建筑群的体量时特别有用，
用来评估它们落在邻近建筑和室外区域中投影的影响。

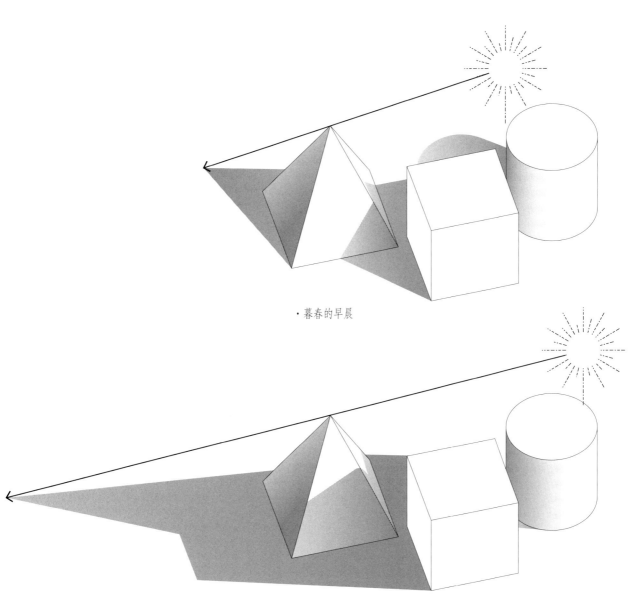

·暮春的早晨

·早春的早晨

在三维图像或场景中，确定哪些面处于阴影之中以及投影形状的数字技术方法称为"光线投射"（ray casting）。在初步设计阶段，为了提高效率和实用性，光线投射不考虑从光源发出的光线在形体和空间表面上的吸收、反射和折射现象。对于数字照明方式的视觉对比请参阅第 358~359 页。

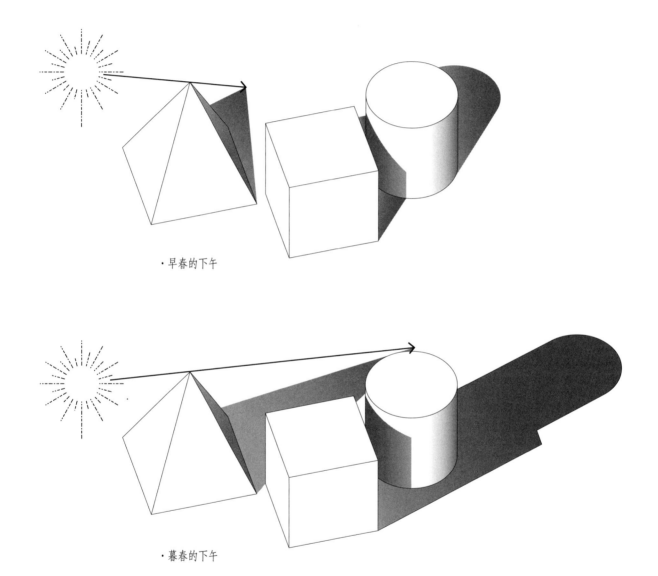

·早春的下午

·暮春的下午

练习 7.11

在轴测视图中绘制下面所描述结构的阴和影。假设平行的
太阳光线海拔高度角为 45°，方向如右图所示，并与画面
平面平行。

练习 7.12

进行更多练习，假设光线的方向相同，绘制练习 7.4 中所
描述结构的阴和影。

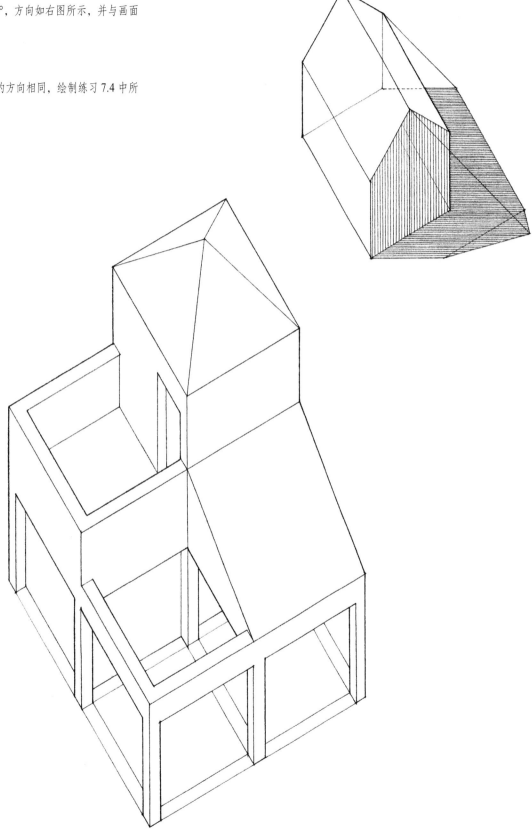

轴测绘图

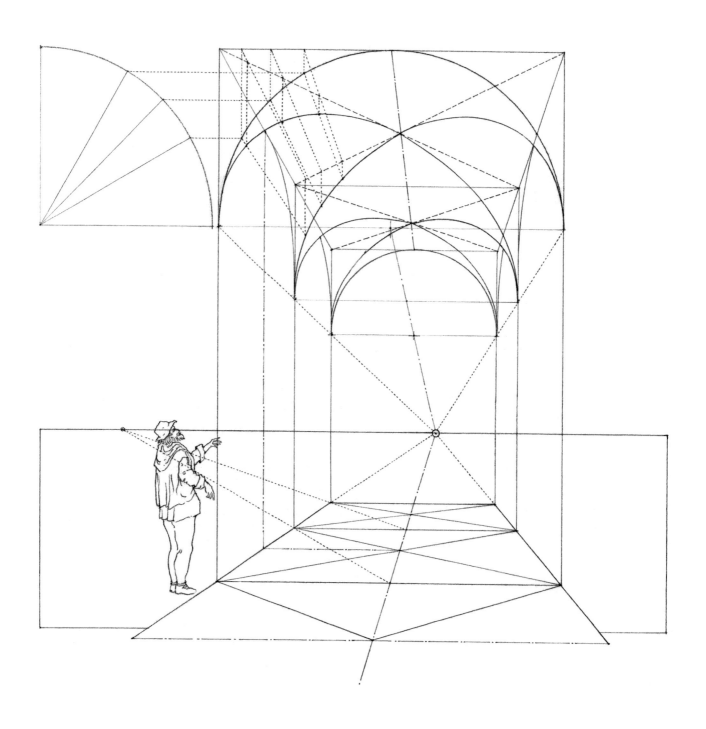

8

透视绘图
Perspective Drawings

严格地说来，透视是指在平面上描述体量和空间关系的各种图形技法，如尺寸透视（size perspective）和空气透视（atmosphere perspective）。然而透视这个术语通常让人想起线性透视或人工透视的绘图系统。

线性透视是在二维表面上通过向绘图平面深处汇聚直线来表达三维形体的体积与空间关系的艺术和科学。虽然多视点绘图和轴测图绘画呈现了一个客观现实的机械视图，而线性透视向心灵之眼提供了对于一个视觉现实的感官视图。它描述了观察者的眼睛从空间中一个特定的制高点以一个特定的方向看到的物体或空间所呈现的样子。虽然眼睛可以有逻辑地或随性地环视一个平面或正等测轴测图，我们倾向于从空间中的一个固定位置解读一个线性透视。

线性透视只有通过单眼视觉（monocular vision）观察时才是有效的。透视绘图假设观察者在用一只眼睛观看形体。实际上我们几乎从不会以这样的方式查看物体。即使头部处于一个固定位置，我们仍是通过不断活动的两只眼睛观察，在不断变化的环境中上下打量物体。经过不断扫描，建立起由头脑操控的体验信息，并加工处理成我们对视觉世界的感知和理解。因此，线性透视只是对人眼实际的复杂动作方式最为近似的表达方法。

尽管如此，线性透视为我们提供了在画面空间中正确放置三维物体的方法，并描述了它们的形体随着向画面深处后退而发生的尺寸缩减。线性透视的独特性在于它能够提供我们对于空间的体验视角。然而这一独特的优势也给透视图带来相应的难度。掌握线性透视的挑战在于透过观察者的一只眼睛解决我们对形体自身的认识与形体外观之间的冲突，也就是如何感知客观实际与如何感知视觉真实之间的冲突。

从形体上的所有点向画面平面投射直线并最终汇聚于代表观察者一只眼睛的空间中的一个固定点，透视投影图就是用这种方式呈现一个三维形体。这种视线汇聚将透视投影与其他两种投影系统，即正投影和斜投影分开，这两者的投影线都是彼此平行的。

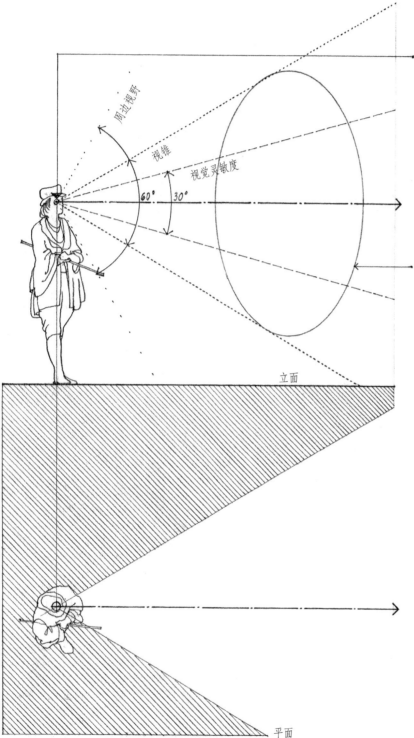

透视元素　Perspective Elements

▶ **观测视点**　SP, station point

空间中代表了观察者一只眼睛的固定点。

视线　sightline

从观测视点向被观察物体上各点的任意投影线。物体上任意点的透视投影是视线与画面平面的相交点。

视线中轴线　CAV, central axis of vision

决定观察者假定观察方向的视线。

视锥　cone of vision

在线性透视中，视线从观测视点向外辐射与视线中轴线构成了30°角，从而形成一个锥体。视锥作为一种引导，决定了囊括哪些观察对象将被列入透视绘图的边界之内。设想60°的视锥为正常的视野范围，其中放置物体的主要面。为了尽量减少圆形和曲面的失真，应将它们置于30°的视锥内。可以允许将周边外围元素置于90°的视锥内。

应该记住三维的视锥在正投影平面图和立面图中是三角形。只有一小部分的近景处于视锥内。随着观察者视线的拓展，视锥向前延伸；随着视域的扩大，中景和背景变得更加广阔。

在现实中，人的视野更像是棱锥而非圆锥。大多数人有180°的水平视野，但竖向只有140°的视野，因为视野受到眉毛、鼻子和脸颊的遮挡。

画面平面　PP, picture plane

画面平面是一个假想的透明平面，与绘图表面共同存在，三维物体的形象投影到上面，所以也称"投影平面"（plane of projection）。画面平面截切过视锥，认定它总是垂直于视线中轴线。只要视线中轴线是水平的，画面平面就是竖直的。当我们左右移动视线，画面平面也会随之移动。如果我们上下转移视线，那么画面平面也会随之倾斜。

如同通过一个窗口观察，我们可以在玻璃面上画出所看到的事物。从物理角度，玻璃窗等同于画面平面。当绘制一幅透视图时，我们透过一个虚构的画面平面观察并转换至绘图表面。从视觉上看，绘图表面相当于画面平面。

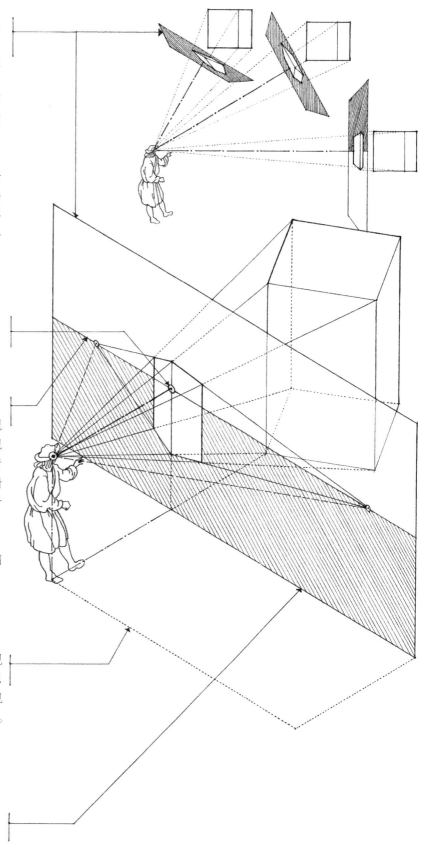

视觉中心　CV, center of vision

视线中轴线与画面平面在视平线的交点。

视平线　HL, horizon line

视平线代表画面平面与经过观测视点的水平面的交线。从地面线到水平线的距离等于观察者眼睛水平高度或观测视点到地平面的高度。对于一个正常的人眼高度透视图，视平线就处于观察者眼睛所在的高度。如果观察者坐在椅子上，视平线则会向下移动。如果观察者站在椅子上或从二层窗户观看，视平线会向上移动。如果位于山顶的视角，视平线会进一步提高。

即使在透视图中没有实际看到视平线，也应始终在绘图表面上轻轻画出视平线，作为整个构图的水平参考线。

地平面　GP, ground plane

在线性透视中测量高度的参考水平面。通常地平面是观察者所站的平面，但也并非总是如此。它也可以是船只航行的湖面，或建筑物所在的地面。绘制室内空间透视时，它可以是楼层平面，而在素描静物时也可以是桌面。

地面线　GL，ground line

一条代表地平面与画面平面相交的水平线。

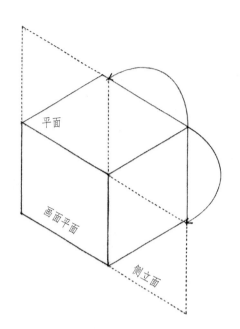

直接投影法 *Direct Projection Method*

透视建构的直接投影法需要至少使用两个正投影视图：一个平面视图和一个侧立面视图。侧立面图是垂直于画面平面的正投射，但旋转90°与画面平面共面。物体、画面平面和观测视点均显示在上述两个视图中。

任何一点的透视看起来是一个从观测视点的视线与画面平面相交的点。为了找到一个点的透视投影：

1. 在平面视图中，从观测视点绘制一条视线直到它与画面平面相交。
2. 在立面视图中绘制同样的线。
3. 在平面视图中视线与画面平面相交处，绘制一条竖直的构造线。
4. 在立面视图中视线与画面平面相交处，延伸水平构造线直到它与竖直构造线相交。
5. 这个交点是这一点在画面平面上的透视投影。

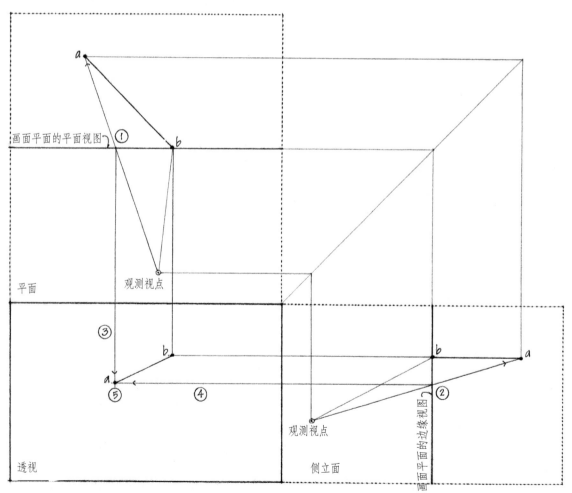

对于位于画面平面之后的点，从该点向观测视点绘制一条视线并与画面平面相交。如果点位于画面平面上，只需从该点做一垂线，直至其与立面视角的水平线相交。如果点是在画面平面之前，从观测视点绘制一条视线，通过这一点，并延长直到与画面平面相交。

为了找到一条线的透视投影，建立其端点透视投影并将它们连接起来。如果能够以这种方式建立点和线的透视投影，我们也可以找到平面与体量的透视投影。

从理论上讲，在直接投影法中没有必要使用灭点。然而建立和使用灭点，可以大大简化线性绘图的绘制，并保证更准确地确定线条后退的方向。

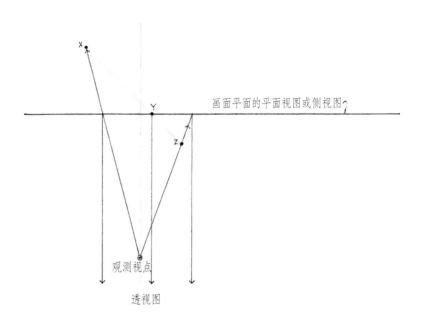

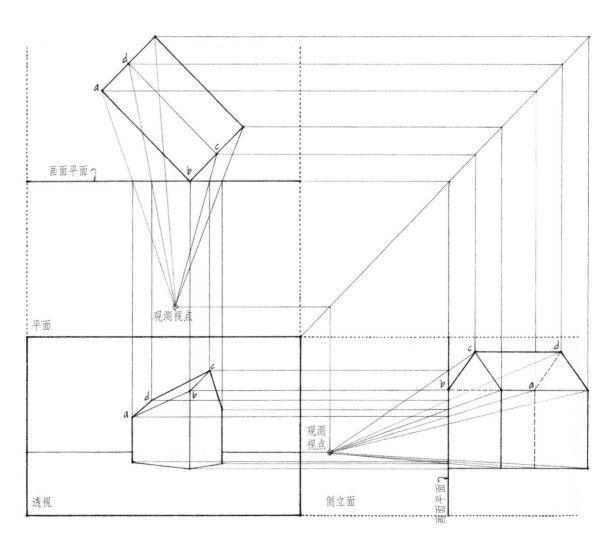

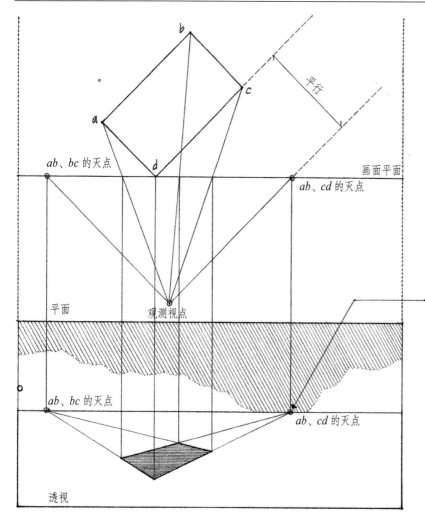

线性透视中视线汇聚的特性产生了特定的图面效果。熟悉这些图面效果将帮助我们了解线、面、体应该如何出现在线性透视中以及透视图中如何在空间里正确放置物体。

汇聚　Convergence

线性透视的汇聚是指随着平行线的后退，明显朝向一个共同的灭点运动。随着两条平行线向远处延伸，它们之间的空间好像逐渐在缩小。如果线条无限延伸，它们将显示为一点相聚。该点就是这组线条以及所有与它们平行线条的灭点。

灭点　VP，vanishing point

灭点是画面平面上的一个点，在线性透视中一组后退平行线向这个点汇聚。任何一组平行线的灭点是与这组平行线平行的线条与画面平面的交点。

汇聚的第一条法则是每组平行线有其自己的灭点。一组平行线只包含互相平行的线条。例如，如果观察一个立方体，我们可以看到立方体的边缘包括三组主要的平行线：一组平行于 x 轴的垂直线，另外两组为水平线，相互垂直且平行于 y 轴和 z 轴。

为了绘制一个透视图，必须清楚我们能看到或想象有多少组平行线，每组平行线在哪里汇聚。平行线汇聚的规则完全基于观察者视线中轴线和物体之间的关系。

汇聚原则　Convergence Principles

我们根据其画面平面的关系对任何线性透视中的线条加以归类。

线条平行于画面平面
Lines paralle to the picture plane

· 如果线条平行于画面平面，一组平行线将保持其方向，并不是汇聚到一个灭点。然而这组平行线中的每条线将根据其与观察者的距离出现尺寸缩小的现象。类似地，与画面平面平行的图形将会保持其形状，但将根据其与观察者的距离出现尺寸缩小的现象。

线条垂直于画面平面
Lines perpendicular to the picture plane

· 如果线条垂直于画面平面，一组平行线将显示为汇聚到水平线上的视觉中心点。

线条倾斜于画面平面
Lines oblique to the picture plane

如果线条倾斜于画面平面，一组平行线随着它们的后退延伸会显示为汇聚到一个共同的灭点。

· 水平的斜线：如果一组水平的平行线倾斜于画面平面，它的灭点将位于视平线上的某处。

· 倾斜的斜线：如果一组平行线随着其后退延伸而上升，其灭点位于视平线以上。如果它们随着其后退延伸而下降，其灭点位于视平线以下。

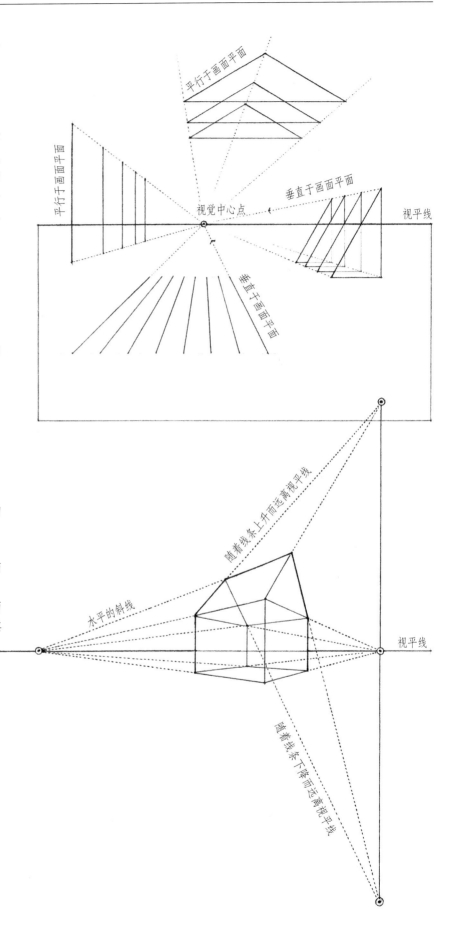

尺寸缩减　*Diminution of Size*

在正投影和斜投影中，投影线仍然保持相互平行。因此，对于与画面平面平行的几何元素，不管其与画面平面的距离如何，投影后的尺寸仍然是相同的。然而在线性透视中，投影线或视线的汇聚根据其到画面平面的距离远近，尺寸发生明显的变化。

物体距离画面平面越远，视线到物体之间的角度越窄，并且视线与画面平面的交点越接近。因此视线的汇聚使远处的物体变小，使它们看起来比靠近画面平面的同样物体尺寸要小。

注意，随着物体继续后退，观察物体的视线将更接近视平线。例如，下面的瓷砖铺地图案，我们可以在前景中看到更多的瓷砖表面。随着相同尺寸的瓷砖向后退去，它们逐渐上升并接近视平线时，外形显得更小、更平。

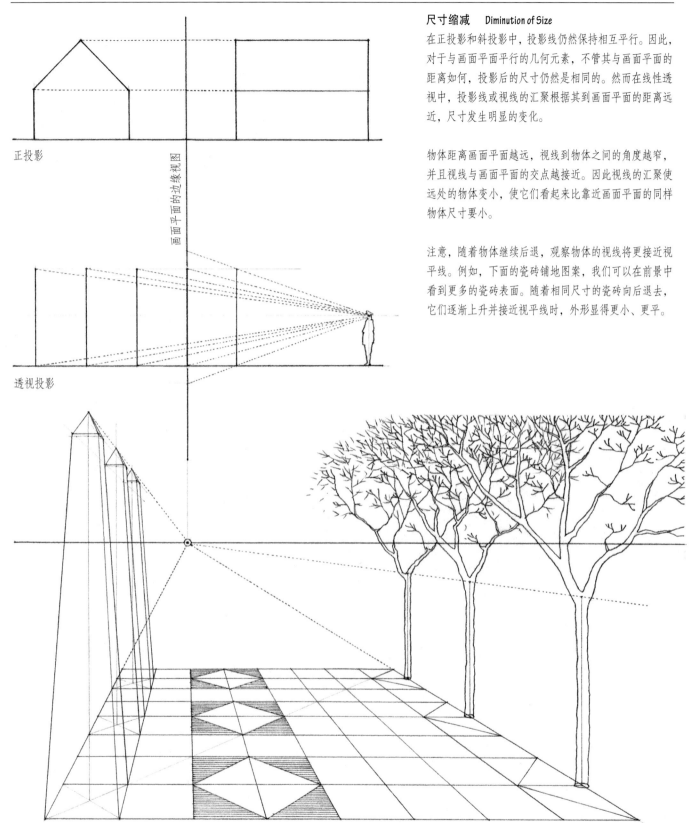

正投影

画面平面的边缘视图

透视投影

图面效果

透视缩短 Foreshortening

透视缩短是指随着物体转向偏离画面平面，其形态显示出明显的变化。通常被视为沿着画面的深度方向，物体的大小或长度发生收缩，从而创造出空间中距离或延伸的幻觉。

物体上任何不平行于画面平面的面在投影时都会出现大小或长度上的压缩。在透视投影以及正投影和斜投影中，收缩量取决于物体的面与画面平面之间的角度。一条线或平面旋转远离画面平面得越多，我们看到它的长度或深度就越小。

在线性透视中，深度的明显收缩也取决于观察物体的视线和画面平面之间的角度。物体距离视觉中心越远，视线和物体之间角度越大，而视线与画面平面的交点越远。换句话说，随着平行于画面平面的物体做横向移动，其外观尺寸会增加。注意，当对象远离观察者时情况会相反。在某些时候，物体的大小将会被夸大，并且形态会扭曲。在线性透视中使用视锥限制我们的视线，并控制这种失真。

汇聚、尺寸缩减、透视缩短影响了线条和面的形体外观，它们也会影响透视绘图中空间关系的压缩。

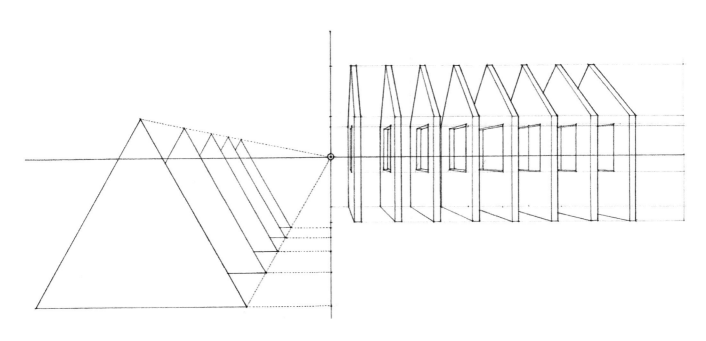

观察的视点决定了透视绘图的图面效果。观察者向上下、左右、前后移动时，视点会变化，观察者看到的范围和重点也会改变。为了在透视中获得理想的视角，我们应该了解如何调整下列变量。

观测视点高度　Height of Station Point

观测视点的高度决定了是从物体上方，还是下方，或是在物体高度范围内观察物体。假设水平的视线中轴线作为观测视点——观察者的眼睛——上下移动，视平线也随着上下移动。任何在观察者眼睛高度的水平面在透视图中显示为一条线。我们可以看到处于观察者眼睛高度以下的水平面的上表面，处于观察者眼睛高度以上的水平面的底面。

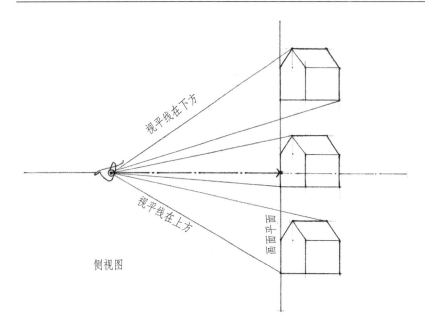

视平线在下方

视平线在上方

图片画面

侧视图

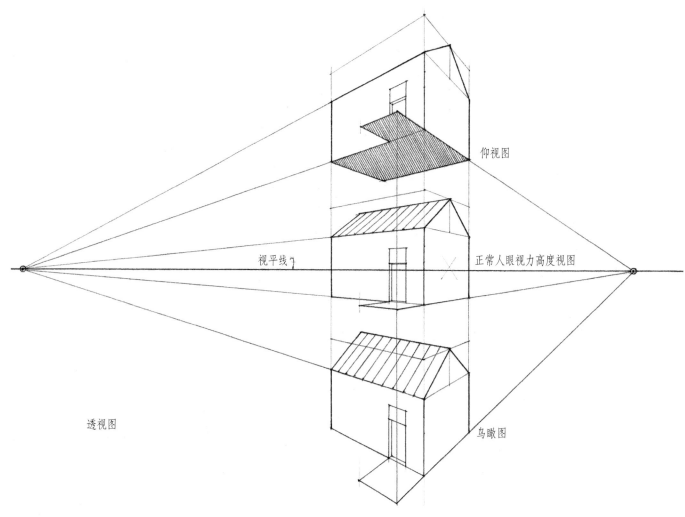

仰视图

视平线

正常人眼视力高度视图

鸟瞰图

透视图

观测视点到物体的距离
Distance of Station Point to Object

观测视点到物体的距离影响透视图中产生的透视收缩率。当观察者远离物体时，物体的灭点也越远，透视的水平线平缓，透视深度感被压缩。当观察者向前移动，物体的灭点更加靠近，水平线的倾角更大，透视深度感加强。理论上，只有当观察者的眼睛位于假想的透视观测视点时，透视图才会呈现物体的真实图像。

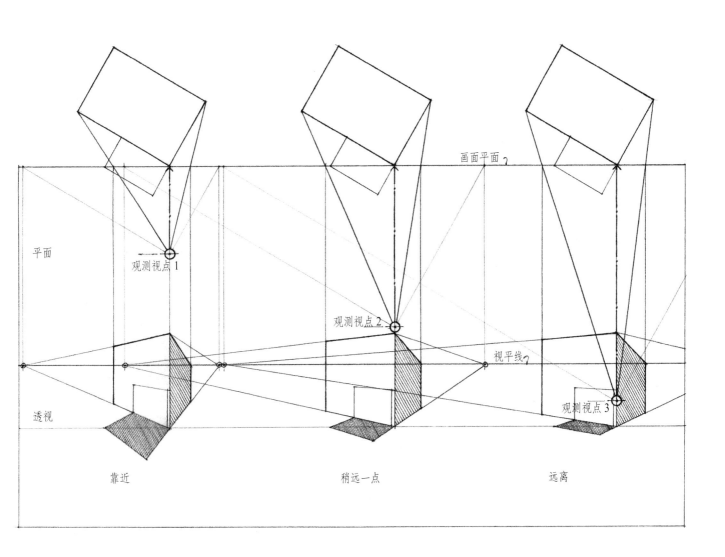

视角 Angle of View

视线中轴线相对于物体的方向决定了在透视中物体的哪个
面是可见的以及它们的透视收缩率。一个平面相对于画面
平面越倾斜，透视收缩率越大；平面越正对着画面平面，
透视收缩率越小。当一个平面平行于画面平面，透视就会
保持其真实形状。

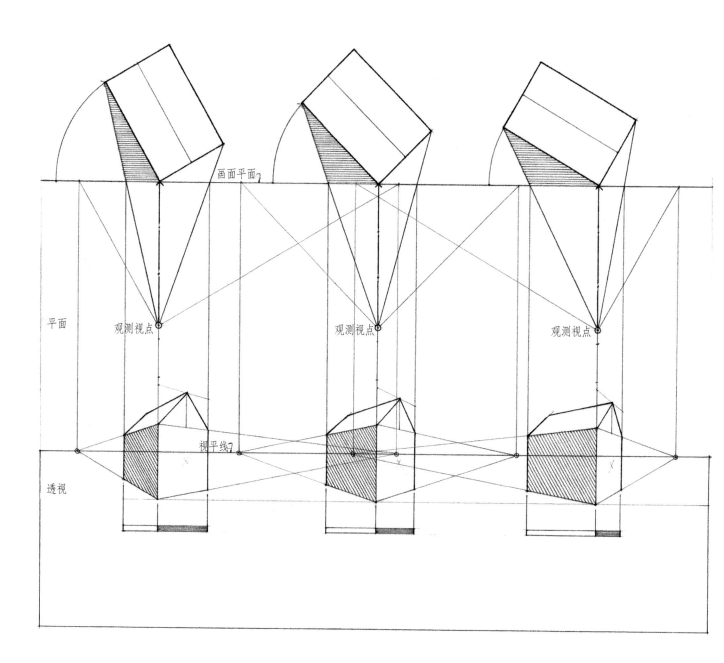

画面平面的位置 Location of Picture Plane

画面平面的位置只影响透视图像的大小。画面平面距离观测视点越近，透视图像越小；画面平面距离越远，图像越大。假设所有其他变量保持恒定不变，透视图像除大小以外其他都是完全相同的。

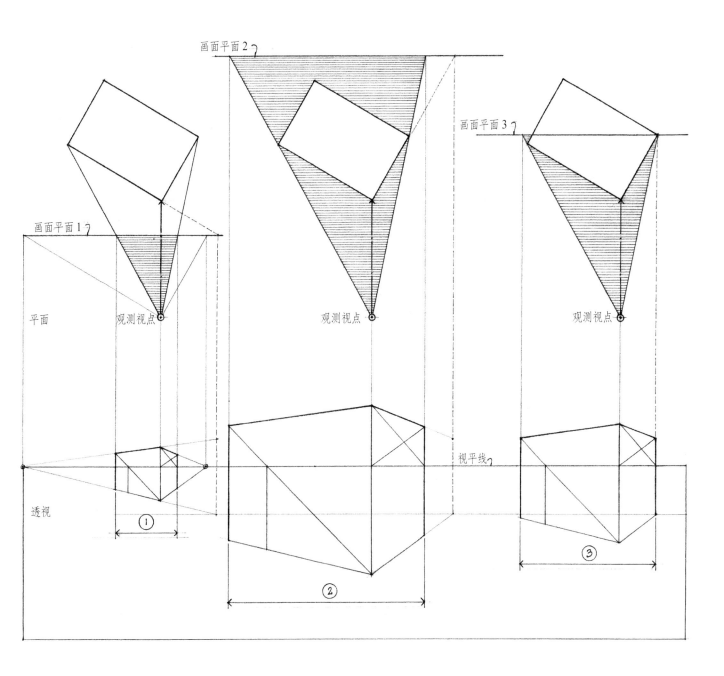

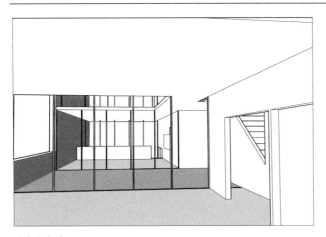

略微向上看

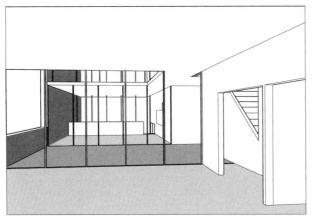

水平视线

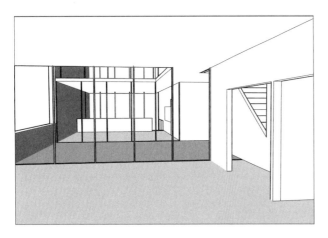

略微向下看

数字视点 Digital Viewpoints

徒手绘制透视图时，必须凭经验确定观测视点和视角来预测并获得合理的透视效果。使用 3D CAD 和建模软件的一个显著优点是，一旦输入一个构建三维的必要数据，软件就能使我们操控透视变量，并很快产生一系列透视视图以资评估。3D CAD 和建模软件遵循透视的数学原理，很轻松地创建多种变形的透视图。无论是徒手，或是借助计算机绘制，判断透视图像所传达的信息仍然是创作者的责任。

本页和下一页的插图是计算机生成的透视图实例，展示各种透视变量如何影响最终图像。透视视图的差异可能是微小的，但它们确实影响了我们对空间尺度的感知以及我们对图像所传达的空间关系的判断。

· 一点透视和两点透视都假设了一条水平视线，使竖直的线条保持垂直。随着观察者视线向上或向下倾斜，即使是很小的角度，严格说来都会产生一个三点透视。

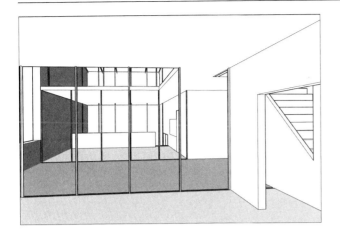
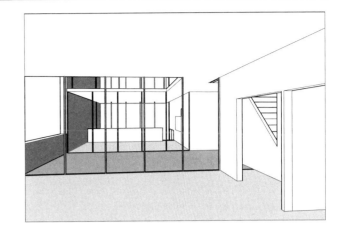

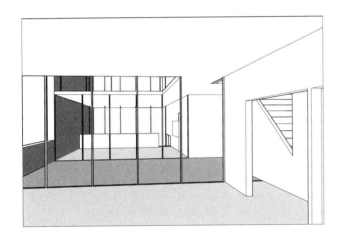
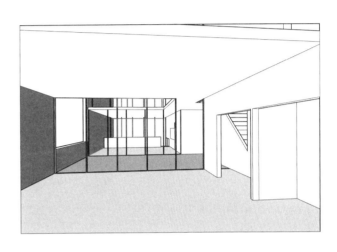

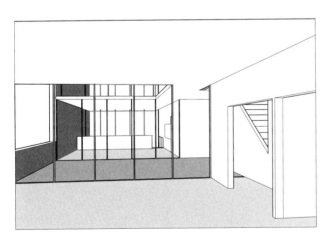
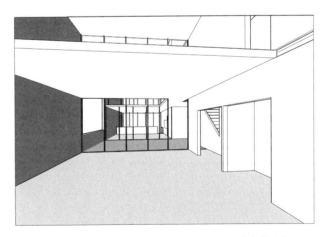

· 如果希望在一个单一透视角度上看到更多的空间，往往需要观察者尽可能向后移动观测视点。然而，观察者都应在所处空间内尽量保持处于一个合理的位置。

· 将物体或场景的中心部分保持在一个合理的视锥体内是避免透视图失真的关键。透视图拓宽视角使其包含更多空间的做法会很容易地导致空间形态的失真以及空间深度的夸大。

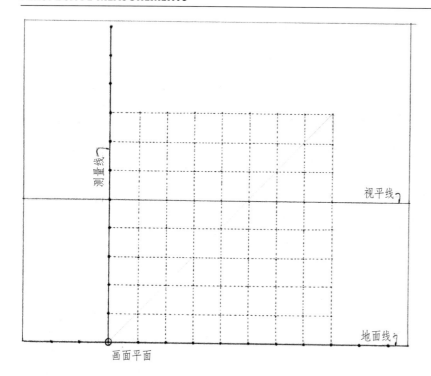

只有线、面与画面平面一致时才可以同等比例绘制透视图。线性透视中的视线汇聚缩小了远处物体的大小，使它们看起来比靠近画面平面的同样物体尺寸要小。视线汇聚也会增大处在画面平面之前物体所显示的大小。线性透视中由于线条汇聚和尺寸缩小这两种透视效果的结合导致其比其他绘图体系更难确定与绘制尺寸。但是我们也采用一些技法在透视绘图的画面空间中决定物体的相对高度、宽度和深度。

测量高度和宽度　Measuring Height and Width
在线性透视中，画面平面上的任何线条都根据画面平面的比例尺显示其真实方向和真实长度。因此我们可以使用任意一条这样的直线作为测量线。

测量线　ML，measuring line
测量线是在投影绘图中用来测量真实长度的任意直线。虽然在画面平面中测量线可以是任意方向，但它们通常是垂直或水平的，用来衡量真实的高度或宽度。地面线就是水平测量线的一个实例。

一旦确立了高度或宽度，可以水平地或垂直地转换这些尺寸，只要我们是平行于画面平面移动转换即可。从定义上讲，平行线间是保持等距离的，但在透视中它们随着后退延伸会显现出汇聚的效果，我们也可以利用一对平行线向透视图深处转换垂直方向或水平方向的尺寸。我们可采取这种垂直或水平的方式转换尺寸，只要是平面中的移动平行于画面平面。

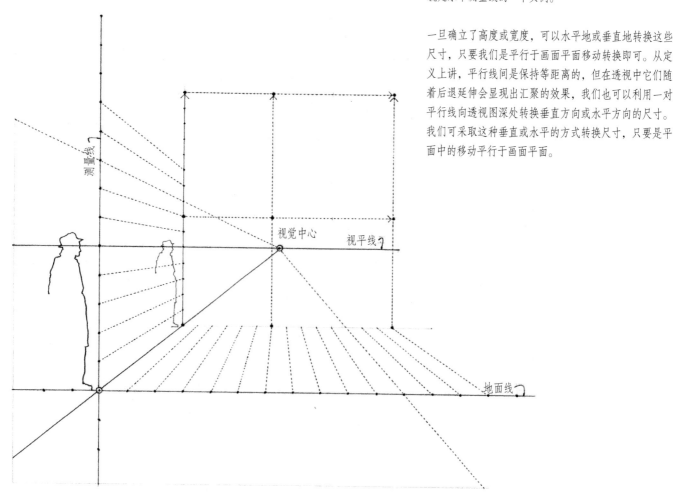

测量深度   *Measuring Depth*

透视深度的测量比较困难，一定程度上要求基于直接观察和经验判断。各种绘制透视的方法以不同的方式确定深度。但是一旦建立了一个初始的深度判断，我们就可根据初始判断按比例获取随后的深度判断。

例如，每次当我们从地平面到视平线的距离减半时，透视深度就加一倍。如果我们知道地平面上某个点到观察者的距离，就可以按比例划分地平面以上视平线的高度，并在透视绘图中确定更远深度上点的位置。

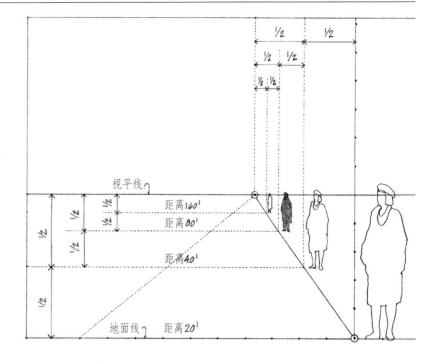

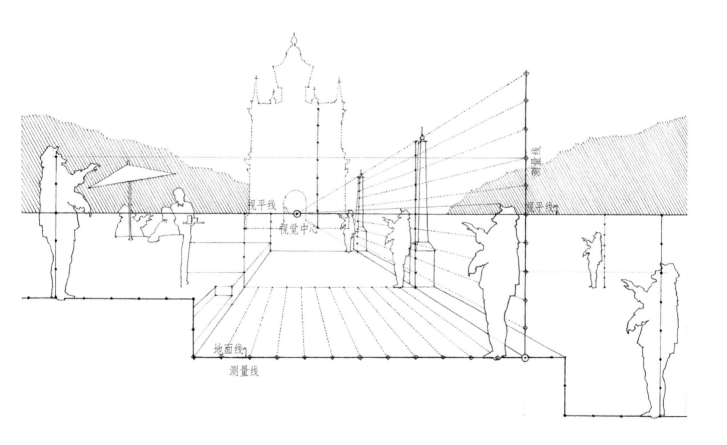

透视绘图

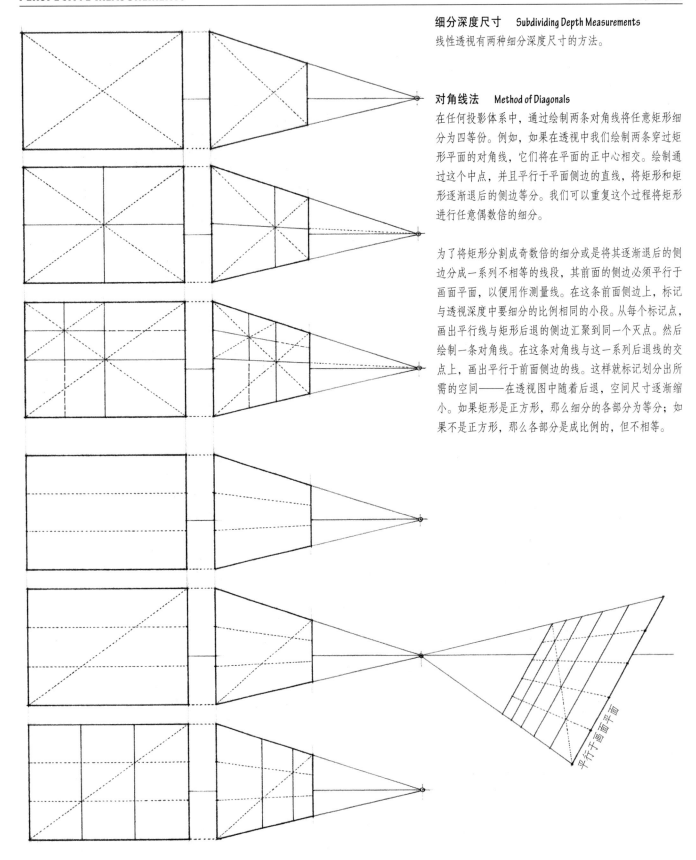

细分深度尺寸 Subdividing Depth Measurements

线性透视有两种细分深度尺寸的方法。

对角线法 Method of Diagonals

在任何投影体系中，通过绘制两条对角线将任意矩形细分为四等份。例如，如果在透视中我们绘制两条穿过矩形平面的对角线，它们将在平面的正中心相交。绘制通过这个中点，并且平行于平面侧边的直线，将矩形和矩形逐渐退后的侧边等分。我们可以重复这个过程将矩形进行任意偶数倍的细分。

为了将矩形分割成奇数倍的细分或是将其逐渐退后的侧边分成一系列不相等的线段，其前面的侧边必须平行于画面平面，以便用作测量线。在这条前面侧边上，标记与透视深度中要细分的比例相同的小段。从每个标记点，画出平行线与矩形后退的侧边汇聚到同一个灭点。然后绘制一条对角线。在这条对角线与这一系列后退线的交点上，画出平行于前面侧边的线。这样就标记划分出所需的空间——在透视图中随着后退，空间尺寸逐渐缩小。如果矩形是正方形，那么细分的各部分为等分；如果不是正方形，那么各部分是成比例的，但不相等。

三角形法　Method of Triangles

由于任何平行于画面平面的线都可以按比例细分，我们用它作为一条测量线，将任何与其相交的线细分为等分或不等分。首先，连接测量线和相邻线的两端建立一个三角形。然后在测量线上按比例标记出所需的细分。从每个细分点画出平行的三角形封闭线，这些平行线将汇聚到同一灭点。这些线将相邻的线分割为相同比例的线段。

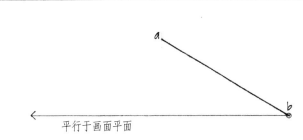

视平线

平行于画面平面

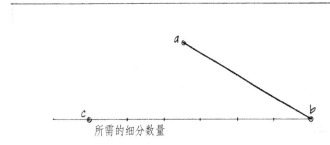

视平线

所需的细分数量

视平线　直线 *ac* 的灭点

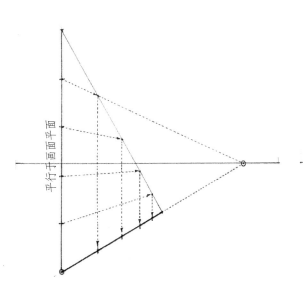

平行于画面平面

视平线

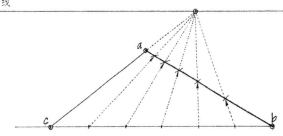

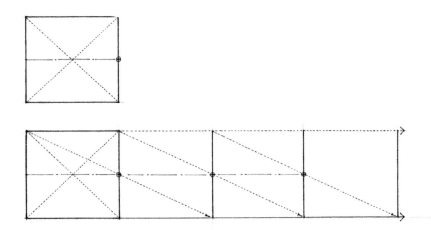

延伸透视深度   Extending a Depth Measurement

如果矩形平面的侧边平行于画面平面,我们就可以在透视中延伸并复制其深度。首先确定与矩形前边对应的后边的中点。然后从侧边的角点绘制出一条对角线穿过后边中点与矩形延长的侧边相交。从这一点上画一条与前侧边平行的线。从第一条到第二条侧边的距离与第二条到第三条侧边的距离是相等的,但这个等距的空间在透视中被缩短了。这个过程可以根据需要不断重复,最终在透视绘图深度方向上生成大小相等的所需空间。

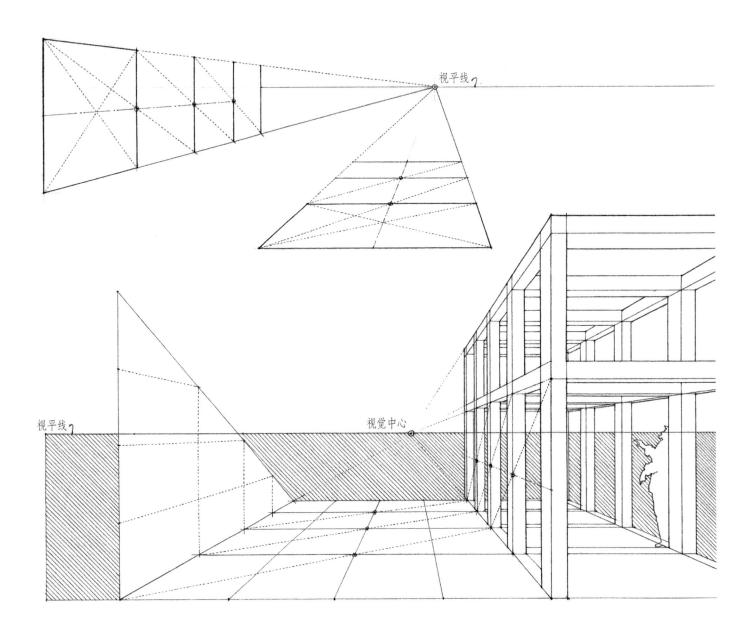

练习 8.1

透视图中显示了空间中四个矩形平面。假设每个平面的前侧边平行于画面平面。复制三份透视图。在第一份复制图中，将每个平面深度细分为四等份。

练习 8.2

在第二份复制图中，将每个平面深度细分为五等份。

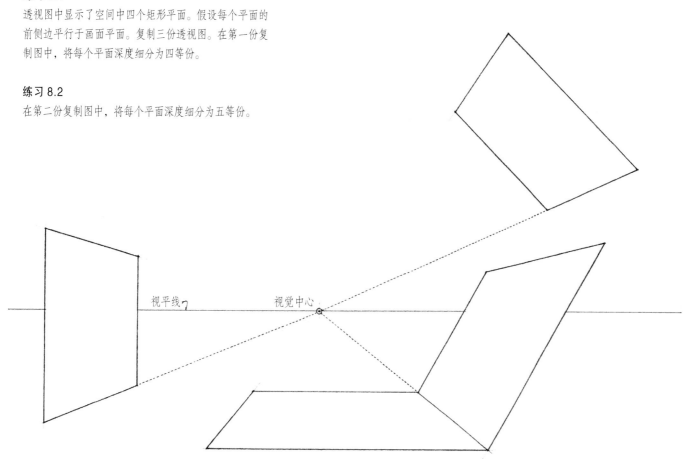

视平线 视觉中心

练习 8.3

在第三份复制图中，将每个平面的深度延伸一倍。

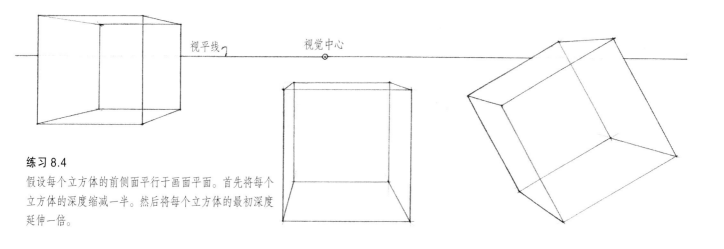

视平线 视觉中心

练习 8.4

假设每个立方体的前侧面平行于画面平面。首先将每个立方体的深度缩减一半。然后将每个立方体的最初深度延伸一倍。

透视绘图

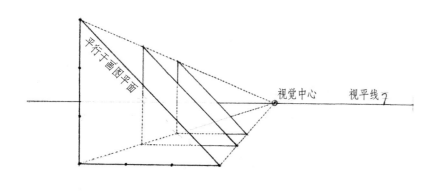

平行于画图平面

视觉中心　视平线

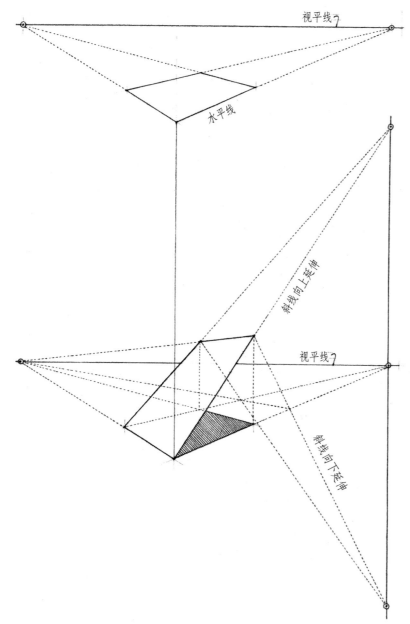

视平线

水平线

斜线向上延伸

视平线

斜线向下延伸

一旦熟悉了物体三条主轴线的平行线在透视图中如何汇聚，我们使用这种直线几何原理作为基础，绘制倾斜线条和圆形的透视图。

斜线　Inclined Lines

平行于画面平面的斜线在透视中保持其方向，但根据它们与观察者的距离而缩减尺寸。然而如果是垂直于或倾斜于画面平面，一组倾斜的平行线将汇聚于视平线上方或者下方的一个灭点。

我们可以在透视中画出任意斜线，首先找到任意斜线端点的透视投影，然后将它们连接起来。最简单的方法是将斜线设想为一个直角三角形的一条斜边。如果我们能以恰当的透视方式画出三角形的边，就可以连接起端点形成斜线。

如果我们必须要画出多条倾斜的平行线，如坡屋面、坡道或楼梯，了解这些斜线在透视中汇聚的位置是很有帮助的。一组倾斜的平行线不是水平的，因此不会汇聚到视平线上。如果这组斜线随着后退而不断上升，它们的灭点将会在视平线以上；如果这组斜线随着后退而不断下降，它们将会在视平线以下汇聚。

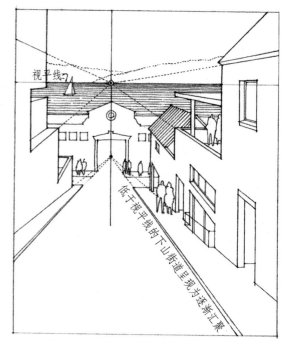

视平线

低于视平线的下山街道呈现为逐渐汇聚

要确定任意一组彼此平行斜线的灭点：

· 确定与斜线处于同一个垂直面的一条水平线。
· 在视平线上确定这条水平线的灭点。
· 通过水平线的灭点画一条垂直线。这是一个在垂直平
　面内以及与其平行平面内的所有平行线的灭点轨迹。
· 延长一条斜线直到它与灭点轨迹线相交。这个交点就
　是斜线以及所有与它平行的线的灭点。

灭点轨迹线　　VT, vanishing trace

灭点轨迹线是一条直线，它是一个平面上所有平行线在
线性透视中的灭点汇聚而成的直线。例如视平线是所有
水平面的灭点轨迹线。

彼此平行的斜线越陡，它的灭点在灭点轨迹线上的位置
就越高或越低。如果一组平行的斜线上升，而另一组位
于同一个垂直面内的平行的斜线以与水平线成相同的角
度反向下降，这两个灭点斜线在视平线上、下的距离相等。

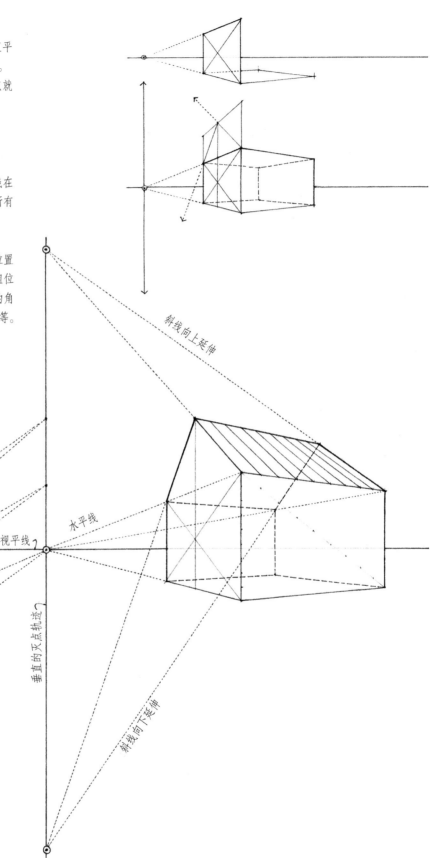

斜线向上延伸

水平线

视平线

垂直的灭点轨迹

斜线向下延伸

视平线

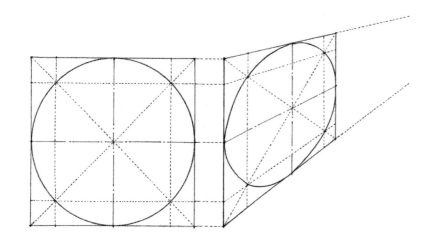

圆形 Circles

圆形是绘制圆柱体、拱形和其他圆形形体必不可少的基础。当一个圆形平行于画面平面时，它的透视仍然是一个圆形。当从观测视点发出的视线平行于圆形所在的平面时，圆的透视图是一条直线。当圆面是水平的并且位于观测视点的高度，或者圆面是垂直的并与视线中轴线重合时，这种情况经常发生。

在所有其他情况下，圆形在透视图中显示为椭圆形。为了在透视图中画出圆形，先画一个圆形的外切正方形透视。画出正方形的对角线，借助平行于正方形四边的辅助线以及圆周的切线确定出圆经过对角线的点。圆越大，越有必要进一步地细分，以确保椭圆形的平滑度。

视觉中心

视平线

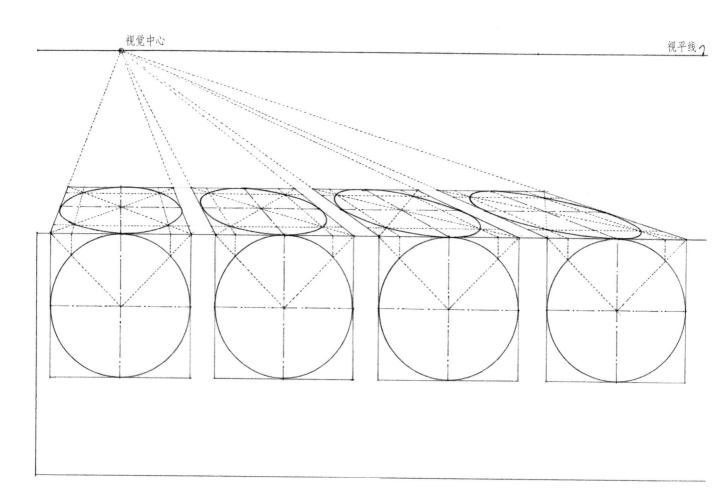

在透视背景下的平面视图中，从观测视点发出的到外切圆切点的视线，确定了透视中圆形最宽的部分。这个宽度是代表透视图中椭圆的主轴，它与圆形的实际直径并不一致。正如在透视中一个正方形的前半部分大于后半部分，所以圆形较近的部分比较远的部分更圆满。

当观察事物时，我们倾向于想当然地下结论。因此，当一个圆形在透视中显示为椭圆形，我们倾向于把它看作圆形，于是夸大了其短轴的长度。短轴应该表现为垂直于圆面。检查椭圆形长、短轴之间的关系有助于确保透视中圆的透视收缩精确度。

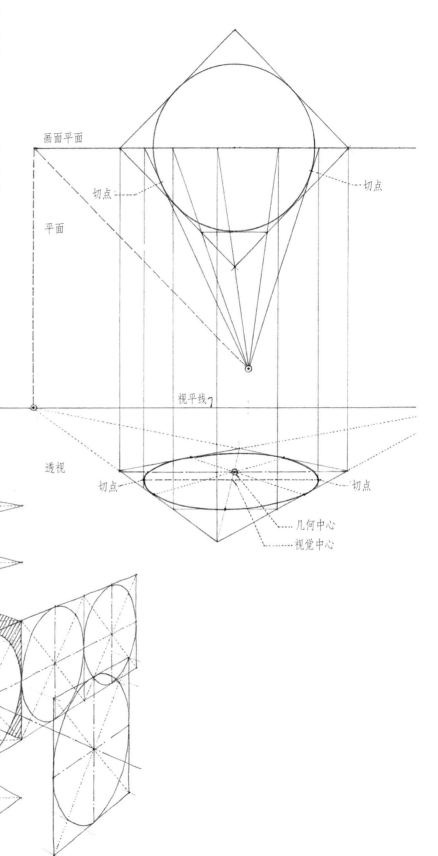

练习 8.5
在下面的透视图中，使用透视几何原理绘制如下：

· 一条从 A 点上升到 B 点的坡道
· 一个从 C 点上升到 D 点的楼梯
· 一个从 E 点上升到 F 点的屋顶
· 一个从 G 点上升到 H 点的圆柱塔

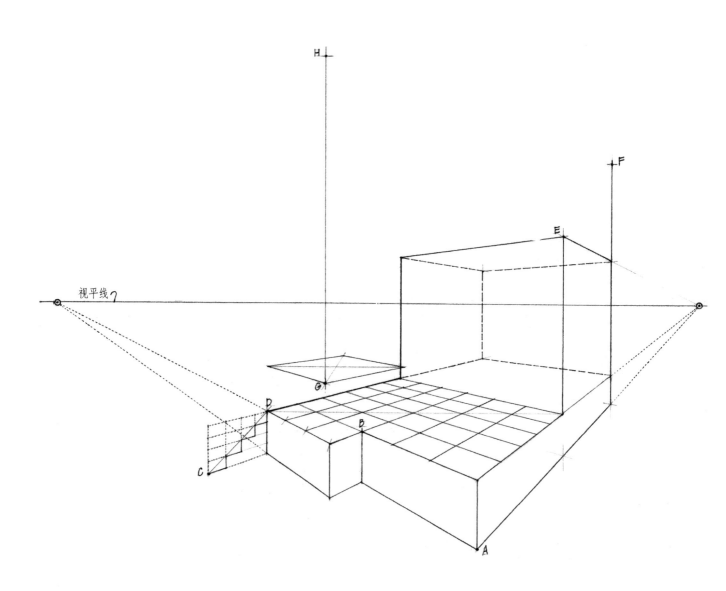

在任何矩形物体中，如一个立方体，三组主要的平行线都有各自的灭点。在这三组主要平行线的基础上，有三种线性透视类型：一点、两点和三点透视。区分每个类型依靠的仅仅是观察者相对于物体的角度。物体并未改变，只是我们的观察视角变了，观察视角的变化影响了这些平行线在直线透视中如何汇聚。

一点透视 *One-point Perspective*

如果我们的视觉中心轴线垂直于立方体的一个表面去观察它，立方体上的所有竖直线都平行于画面平面且保持垂直。立方体上平行于画面平面并且垂直于视觉中心轴线的水平线也保持水平。但是与视觉中心轴平行的线会显示为汇聚于视觉中心。这就是一点透视所指的一点。

两点透视 *Two-point Perspective*

如果转移视线，使我们倾斜地观察同一立方体，但视觉中心轴线保持水平，立方体上的所有竖直线保持垂直。但是，两组水平线现在倾斜于画面平面，并将汇聚于一点，一组汇聚于左侧一点，一组汇聚于右侧一点。这就是两点透视中所指的两点。

三点透视 *Three-point Perspective*

如果我们将立方体的一角离开地平面，或者如果我们倾斜视觉中心轴线，俯视或仰视立方体，这时所有三组平行线都将倾斜于画面平面并显示为汇聚到三个不同的灭点。这就是三点透视中所指的三点。

注意每种类型的透视并不意味着透视图中只有一个、两个或三个灭点。灭点的实际数量将取决于我们的视点以及被观察物体上有几组平行线。例如，如果我们观看一个简单的坡屋顶形态，可以看到可能存在五个潜在的灭点，它有一组垂直线、两组水平线和两组斜线。

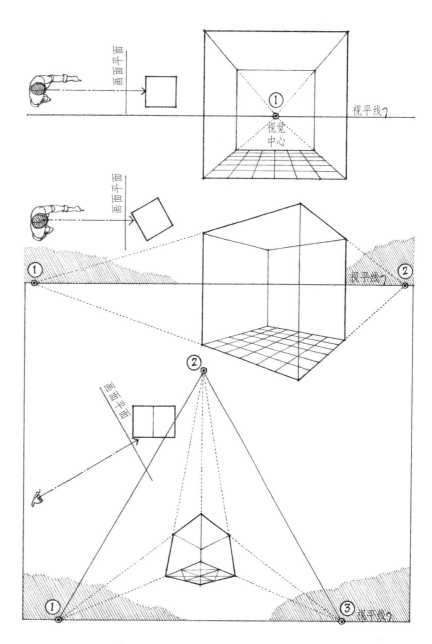

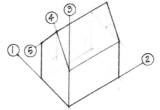

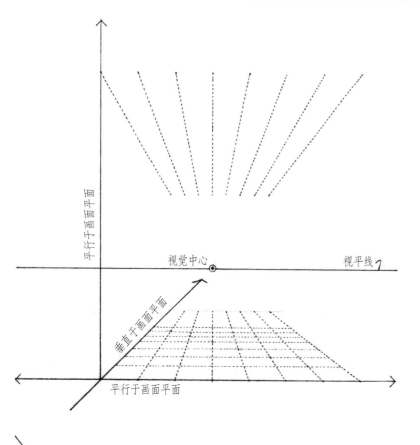

一个点透视体系假设三条主轴中的两条——一条垂直轴和一条水平轴——平行于画面平面。所有与这两条主轴平行的直线也平行于画面平面，因此这些直线会保持其真实的方向并不显示出汇聚。由于这个原因，一点透视也被称为"平行透视"（parallel perspective）。

第三条主轴是水平的，垂直于画面平面，并与视觉中心轴线平行。所有与此轴平行的线汇聚在视平线的视觉中心上。这就是一点透视中提及的灭点。一组主要的平行线汇聚在这个中心灭点是一点透视的主要视觉特征。

如果传递深度信息的后退直线和平面在透视图中看不到，那么一点透视可能无法有效说明一个矩形对象的三维形态。然而一点透视系统通过展示三个相邻的面提供了清晰的围合感，在描绘空间体积时特别有效。正因为此，设计师经常使用一点透视表现街景、布置井然的花园、庭院、柱廊以及室内的房间和空间等体验式图景。我们也可以利用显示中心灭点，聚集观察者的注意力并强调空间中的轴向布局与对称布局。

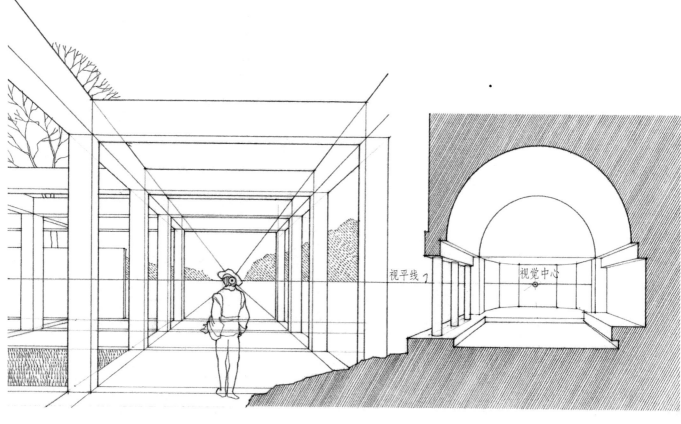

绘制一点透视的对角点法使我们能够直接在透视图中获得准确的深度尺寸而无需从平面视图中投影。它仅需要一个立面视图或剖面视图，因此在绘制剖面透视图时特别有用。

这种方法采用几何学上的45°直角三角形以及汇聚原则，度量透视图中的深度。我们知道45°直角三角形的两直角边长度相等。因此，如果我们按比例绘制45°直角三角形的一边，由斜边划定的两条直角垂边的长度相等。

这种绘图技法是在绘图平面上或平行于绘图平面绘制出45°直角三角形的一边，这样就可以把这条边作为一条测量线。沿着这条边，我们量取一个与理想的透视深度相等的长度。从这个长度的一个端点，绘制直角三角形的垂直边，这条垂直边汇聚于视觉中心。从长度的另一端点，绘制直角三角形的斜边，这条斜边汇聚到和画面平面成45°角的直线的灭点。这条沿着垂边的对角线划定了透视深度，其长度等于另一平行于视平线的垂边。

透视背景设置　Perspective Setup

我们可以从一个与观察者视觉中心轴垂直并与画面平面相交的立面视图或剖面视图开始。立面视图或剖面视图的比例确定了透视图的大小。

· 画出地面线和视平线。地面线通常是立面图或剖面图的地面基线。视平线的高度高于地面线，等于地面以上观察者的视线高度。
· 在视平线上确定观察者的视觉中心。

参考关于透视变量的讨论，考察从观测视点到物体的距离、提升或降低视平线、画面平面定位等会如何影响透视图的图面特征。

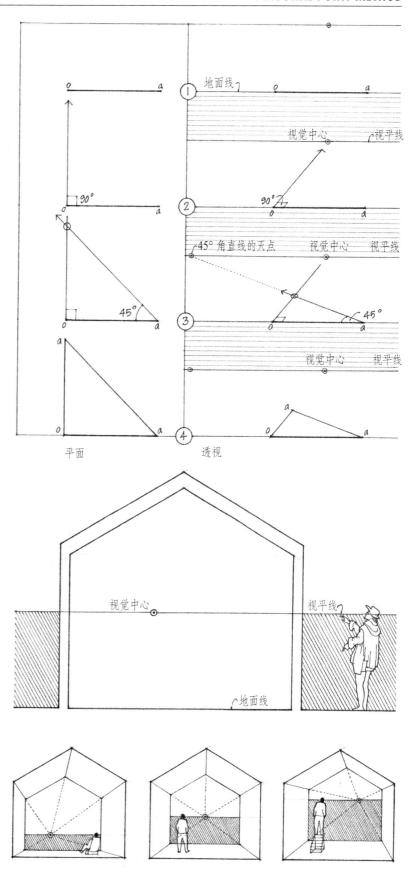

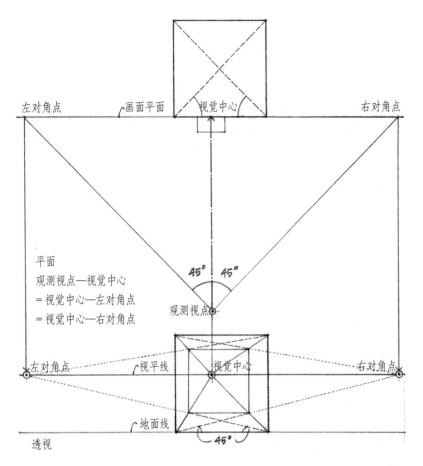

左对角点　　画面平面　视觉中心　　　　　右对角点

平面
观测视点—视觉中心
= 视觉中心—左对角点
= 视觉中心—右对角点

45°　45°

观测视点

左对角点　　视平线　视觉中心　　　右对角点

地面线

45°

透视

建立对角点　Establishing Diagonal Points

为了充分利用对角点法，我们必须找到一组与画面平面呈45°角的平行线的灭点。任何一组平行线的灭点是从观测视点发出的视线，画出平行线与画面平面的交点。因此，如果我们从透视背景的平面视图中的观测视点绘制45°的直线，它会与画面平面相交在所有45°对角线的灭点上。我们称这个灭点为"对角点"（diagonal point）或"距离点"（distance point）。

以45°角向左朝画面平面后退的水平线有一个对角点，以45°角向右朝画面平面后退的水平线有另一个对角点。两个对角点都位于视平线上并与视觉中心的距离相等。根据几何学上的45°直角三角形，可知从每个对角点到视觉中心的距离等于观察者观测视点到画面平面的距离。

如果我们明白了这种几何关系，就不需要直接在透视图的上方绘制透视背景中的平面视图。我们可以简单地在透视图的视平线上直接找到一个或两个对角点，并保证它们到视觉中心的距离等于观察者到画面平面的距离。对于60°的视锥，从视觉中心到任一对角点的距离应等于或者大于立面视图或剖面视图的宽度。

例如，如果观察者站在距离画面平面20英尺的位置，视平线上对角点处于视觉中心偏左或偏右20英尺的位置。按照与画面平面同等比例测量这个距离，这一距离确定了所有以45°角向左或向右后退线条的灭点。

如果我们朝着视觉中心移动对角点，这相当于让观察者更靠近画面平面并看到了空间中更多的后退面。如果我们朝着远离观察者视野中心移动对角点，观察者也逐渐远离画面平面和空间，而空间中的后退面透视缩短现象更加明显。

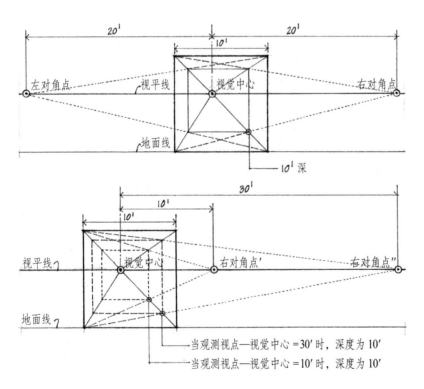

20′　　　　　20′
10′
左对角点　　视平线　视觉中心　　　　右对角点
地面线
10′ 深

30′
10′
10′
视平线　　视觉中心　　　右对角点′　　　右对角点″
地面线
当观测视点—视觉中心 =30′时，深度为10′
当观测视点—视觉中心 =10′时，深度为10′

对角点法

测量深度 *Measuring Depth*

使用对角点进行深度测量的基本步骤:

1. 从视觉中心绘制通过每个立面视图或剖面视图角部的直线。它们代表了后退延伸的物体的水平侧边,它们与视觉中心轴线平行并汇聚到视觉中心。

2. 在画面平面上确定水平测量线。这条测量线通常是地面线,但如果地平线非常接近视平线,将测量线定位于低于地面线或是高于视平线。这样做会产生更大的相交角度并确保在三角形的深度测量中更高的精度。

3. 建立一条基线垂直于画面平面并汇聚在视觉中心。我们沿这一基线测量透视深度,基线通常是一个主要侧壁的底部或顶部,但它也可以是任意垂直于画面平面并汇聚在视觉中心的直线。

4. 沿水平测量线,按照画面平面的比例测量出等于所需透视深度的距离。使用左对角点,测量 0 点右侧画面平面后面的深度并且测量 0 点右侧画面平面之前的点。

5. 将每个测量出的尺寸转移到垂直基线上以及其他汇聚在对角点的直线上。这些对角线与垂直基线相交的透视深度等于沿测量线的成比例的深度。

6. 一旦在透视图中确定了主要的透视深度,我们就可以将它们沿水平方向和垂直方向转移,直到它们与朝视觉中心后退的线和面相交。

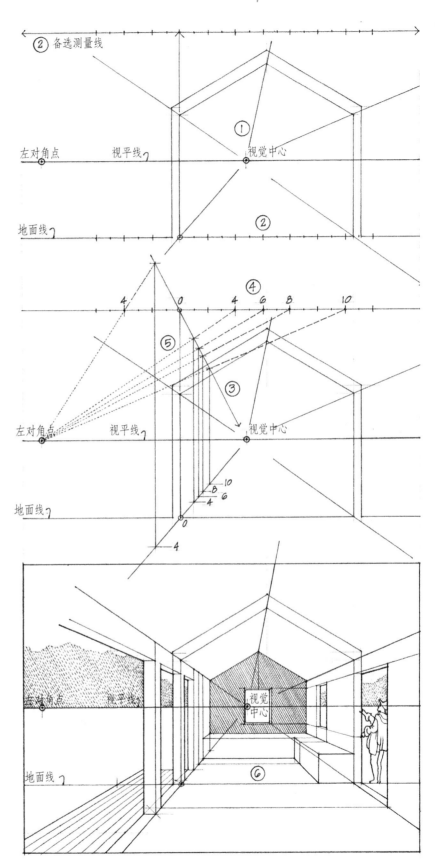

透视绘图

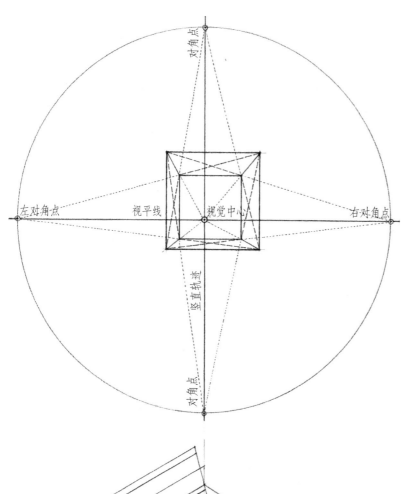

多对角点　Multiple Diagonal Points

在地面、地板、天花板和任何其他水平面上，两组 45° 对角点都位于视平线上。在侧壁或任何其他垂直于画面图片的竖直平面上，两组 45° 对角点都位于通过视觉中心的灭点轨迹上。所有四个对角点到视觉中心的距离都是相等的，并位于以视觉中心为圆心的圆周上。虽然只需要用一组对角点测量透视深度，但知道其他三个点让我们在实际绘制透视图时具有灵活性。

分数对角点　Fractional Diagonal Points

如果一个对角点离视觉中心过远无法获取，可以用分数对角点确定深度测量尺度。该技法是基于相似三角形的对应边是成比例的这一几何原理。

为了确定分数的对角点，我们将从视觉中心到任一对角点的真实距离分成为两个或四个部分。1/2 对角点标示出平行于画面平面 1 个单位的宽度对应的是 2 个单位的深度；1/4 对角点标示出平行于画面平面 1 个单位的宽度对应的是 4 个单位的深度。

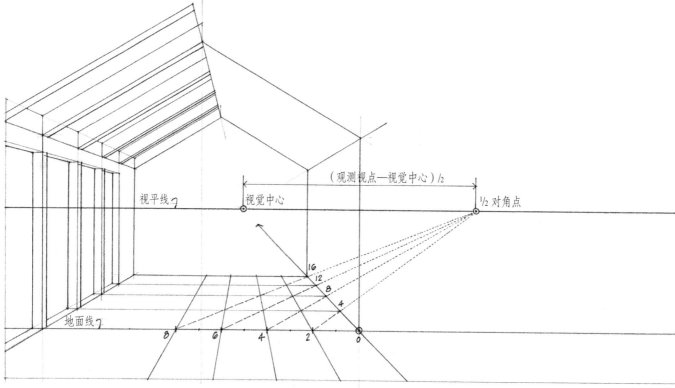

对角点法

练习 8.6

假定观察者站在距离一个 10 英尺见方的立方体正面 15 英尺远的位置，该立方体的正面即为画面平面。在线性透视中确定下列各点：

· 沿直线 *A* 位于画面平面之后 6 英尺的一点。将这个点垂直转移到直线 *B*。

· 沿直线 *C* 位于画面平面之前 4 英尺的一点。

· 地平面以上 3 英尺的一点，它在直线 *D* 的正上方，画面平面之后 5 英尺的位置。

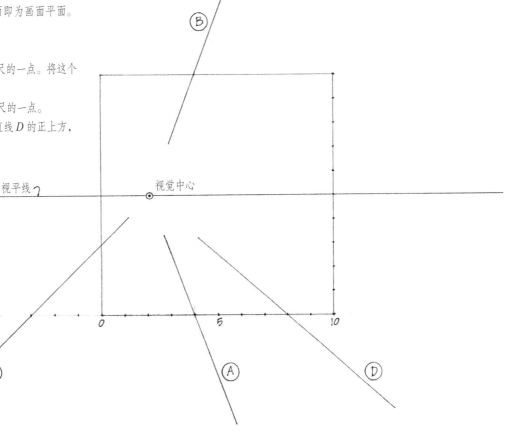

练习 8.7

假定观察者站在距离画面平面 15 英尺远的位置并观察前方的一面墙，墙体 16 英尺宽，12 英尺高，距离有 30 英尺远。构建一个空间的一点透视。在这个透视视图中构建：

· 在后墙和一侧墙体上分别开辟一个 3 英尺宽、7 英尺高的门洞，厚度 8 英寸。

· 在另一面侧墙上，打开一扇 4 英尺宽、4 英尺高的窗口，窗台高度为 3 英尺，位于画面平面之后 6 英尺。在同一墙壁上，在画面平面之前 2 英尺处构造一个相同的窗口。

· 在地板上的某个位置建立一个 6 英尺长、6 英尺宽、1 英尺高的平台。

· 平台正上方，在 1 英尺厚的屋顶结构上开设一个 6 英尺长、6 英尺宽的天窗。

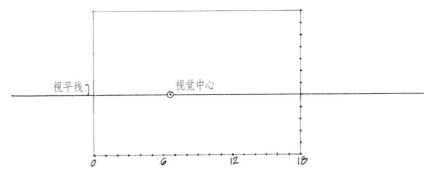

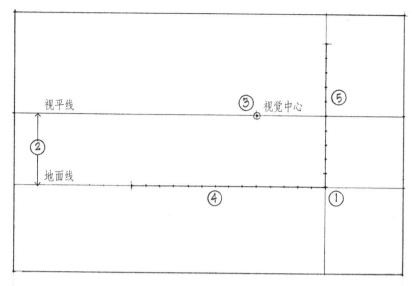

透视网格是一个三维坐标系统的透视图。这个三维网格由统一间距的点和线组成，从而使我们能够正确确定室内或室外空间中的形态和尺寸。同时规定出了空间内部物体的位置和大小。随着尺度比例和视角的变化，有几种类型可供选择。我们也能使用下列程序构建一点透视网格：

1. 确定画面平面的比例，考虑空间的尺寸与所需的透视图的大小。

2. 以画面平面的比例，在观察者的视线高度建立地面线和视平线。

3. 在靠近视平线中点的位置建立视觉中心。

4. 沿地面线，按相等的尺度增量比例布局。尺度单位通常是1英尺；我们可以使用更小或更大的增量，这取决于绘图的尺度比例和透视图中所需的细节数量。

5. 沿垂直测量线，通过地面线的左端点或右端点，进行相同的操作。

6. 通过在地面线上每一个测量点，在地面上从视觉中心向透视中绘制线条。

7. 确定视觉中心左侧或右侧对角点的距离，与观测视点到画面平面的距离相等。如果这个距离是未知的，从视觉中心到对角点的距离应等于或大于空间的宽度。

8. 从对角点绘制出通过被测地面线两个端点的对角线。

9. 在对角线与向视觉中心汇聚的直线相交处，绘制一条水平线。最终得到的是地面或楼层面上的透视网格。

10. 如果需要，我们可以转移这些深度尺度，沿一侧或两侧后退的侧壁、天花板或架空层绘制类似的网格。

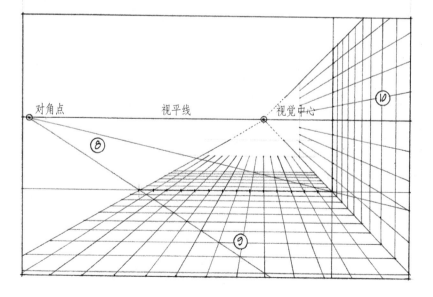

练习 8.8

在 8.5 英寸宽、11 英寸长的优质描图纸或牛皮纸页面上, 绘制一个一点透视网格。假定画面平面的比例为 1/2"= 1', 视平线高于地面线 5 或 6 英尺。当形体透视完成后, 可按任何所需比例复制、放大或缩小透视网格。将描图纸放置在网格上, 我们利用透视结构更容易地画出室外和室内空间的徒手速写。

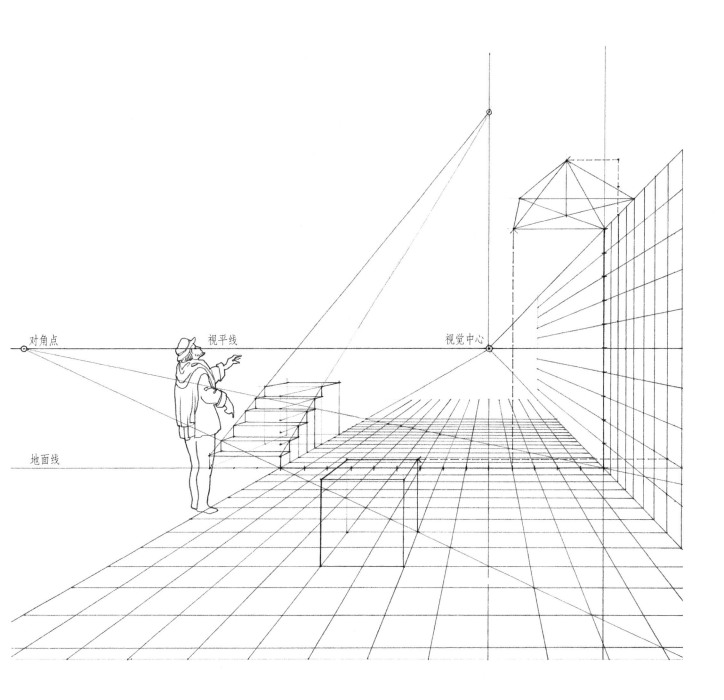

对角点   视平线   视觉中心

地面线

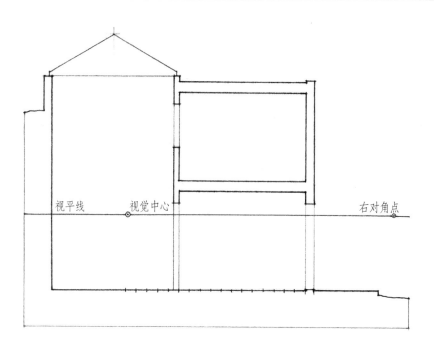

剖面透视结合了剖面图的比例特点以及透视绘图的画面深度。因此，它既能够以图解形式说明了设计的建造以及由结构所构成的空间特质。绘制剖面透视时，我们首先按合适的比例绘制剖面图。剖切面被认定为是与透视的画面平面重合的，因此它将作为透视绘图中垂直和水平方向上的尺寸参考。

· 绘制视平线，并选择一个视觉中心。视平线的高度和视觉中心的位置影响所产生视图的画面重点以及我们上、下、左右观察所看到的景象。
· 在视平线上绘制出对角线或45°直线的左右灭点。作为经验法则，在从视觉中心到对角点的距离应当不小于建筑剖面的宽度或高度中较大者。
· 使用对角点方法来绘制一个一点透视。

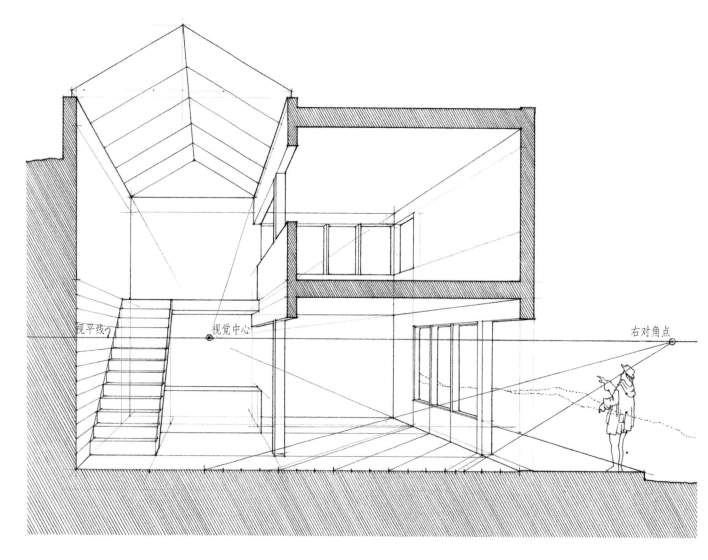

练习 8.9

以下是一个按 $1/4"= 1'$ 的比例所绘制的建筑方案剖面图。
给定了视平线、视觉中心以及左对角点，将剖面图转换为
剖透视。

· 假设后墙在空间中位于画面平面之后 24 英尺的位置，
  与剖切的垂直面重合。在这个空间内，在楼层平面上绘
  制一个 3 英尺见方的网格。
· 在空间中以不同深度绘制出三个人像。
· 图中看到了有三步台阶通向上面的平台。使用这些台阶
  作为图形，沿右侧墙体绘制一个楼梯，从平台到达一个
  夹层，并向基地上层延伸。
· 在左侧墙体上，设一个落地窗，面向门廊打开。窗棂间
  距为 3 英尺。
· 屋顶结构由外露的 3×10 椽子组成，椽子间距为 3 英尺。
  设定建筑的朝向并在屋顶平面切开一个天窗，让日光投
  射进空间。

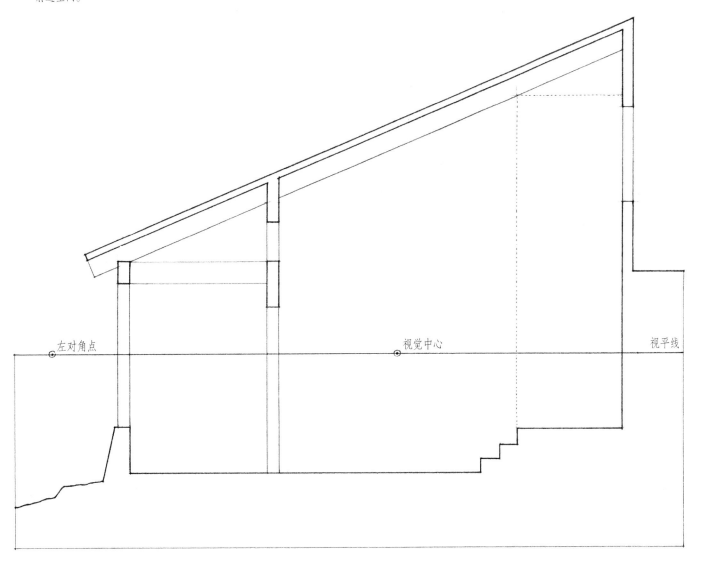

左对角点   视觉中心   视平线

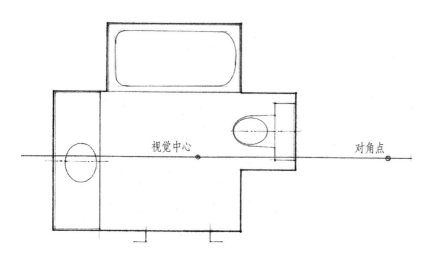

为了将一个二维平面图转变成三维视图，我们绘制一个平面透视——一个从上方观察室内房间或室外空间的一点透视。

我们假定观察者的视觉中轴线是垂直的，画面平面与通过墙体顶部的水平面重合。

· 在楼层平面的中心设置视觉中心。
· 绘制视平线通过视觉中心并与一面墙体平行。
· 使用对角点法来绘制一个一点透视。观察者到画面平面的距离应当不小于整个平面的宽度。

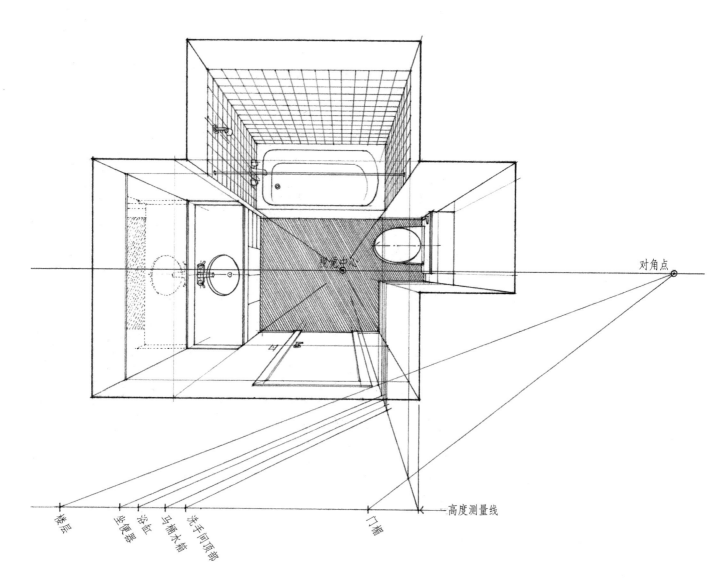

两点透视系统假定观察者的视觉中轴线是水平的并且与画面平面垂直。主要的垂直轴线平行于画面平面，并且所有与垂直轴线平行的直线在透视图中保持垂直且相互平行。然而两条主要的水平轴倾斜于画面平面。因此所有平行于这两条轴线的直线汇聚到视平线上的两个灭点，一组在左，一组在右。这两个点就是所谓的"两点透视"。

两点透视的图面效果随着观察者的视角变化而变化。两条水平轴与画面平面的方向决定了我们能看到的两组主要垂直面的范围以及它们透视缩短的程度。平面相对于画面平面越倾斜，透视缩短程度越大；平面方向越正，透视缩短越小。

两点透视可能是三种线性透视类型中应用最广泛的。与一点透视不同，两点透视往往既不是对称的，也不是一成不变的。从一把椅子到建筑体块，两点透视以图解形式说明空间中物体的三维形态是特别有效的。

在描绘空间体积时，如室内的一个房间、室外的庭院或街道，如果两点透视的视角接近一点透视时呈现效果最好。任何显现空间体积三个相邻面的透视图都提供了一个明确的围合感。观察者成为一个空间不可分割的一部分，而不单是从外向内观看的观察者。

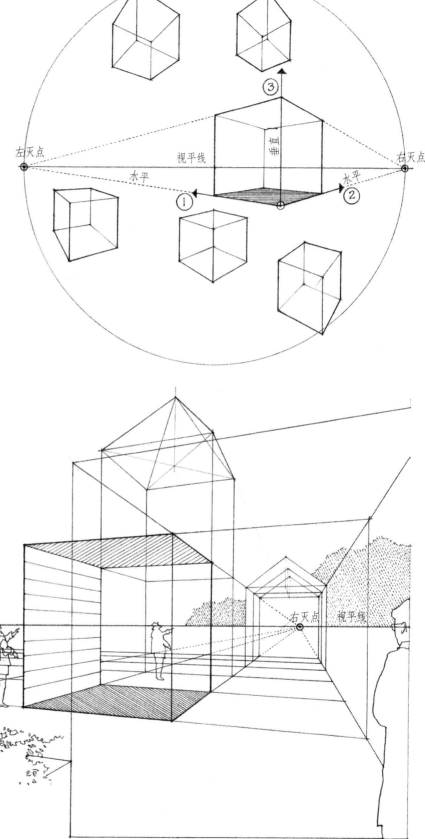

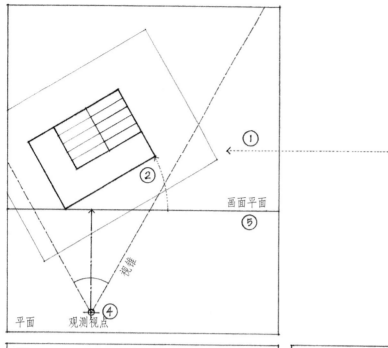

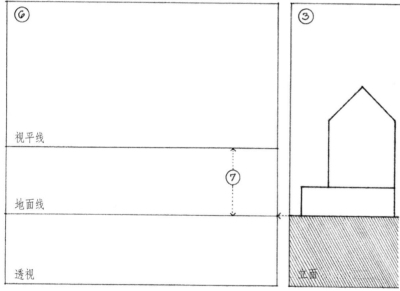

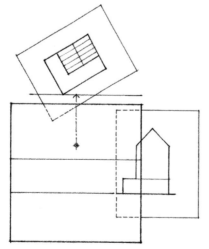

绘制两点透视的常用方法也被称为"办公方法"（office method）。它需要使用两个正投影——一个平面视图和一个立面视图。平面视图和立面视图的尺度确立了透视图中画面平面的尺度。

透视背景设置 *Perspective Setup*

1. 直接在透视视图所确立的空间上面布置平面视图。

2. 按所需的与画面平面构成的角度定位平面图。由于起草稿时所用的三角板，这个角度通常是30°、45°或60°。然而从理论上讲，确切的角度可以根据我们希望对每组垂直面的强调程度而变化。

3. 在绘制透视图区域的一侧放置立面视图。

4. 在平面视图中确定观测视点。检查以确保物体的主要部分处于60°的视锥之内，并且视觉中轴线聚焦在感兴趣的点上。避免物体的主要垂直面与从观测视点辐射出的视线对齐。

5. 在平面视图中绘制画面平面，垂直视觉中轴线。画面平面通常通过物体一个重要的垂直边缘，从而这个垂直边缘可以在透视图中用作测量线。记住画面平面的位置将会影响透视图像的大小。

6. 将一张描图纸贴在你将绘制的透视图上。

7. 在透视图中，确定地面线和视平线。地面线通常是立面图或剖面图的地面基线。地面线以上视平线的高度等于观察者眼睛的水平高度。

虽然为了清晰展现，平面、立面和透视图会分开一段距离，但是也可以更紧凑的方式排布，以适合更小的绘制空间。为了这一点，可将平面和立面移得更近些或放置在透视图纸下面，小心地将三个视图保持适当的水平与垂直关系。

参考关于透视变量的讨论，考察从观测视点到物体的距离、提升或降低视平线、画面平面定位等会如何影响透视图的图面特征。

常用方法

灭点　Vanishing Points

任何一组平行线的灭点都是从观测视点发出的视线的平行线与画面平面相交的点。

1. 因此，在透视背景的平面视图中，从观测视点绘制平行于每个竖直面在平面上的方向，直到它们与画面平面相交。注意，我们在平面视图中看到的竖直面呈现为一条线。

2. 从这些交点，将竖直构造线向下投影在透视图中与视平线相交。这些点就是视平线在每组主要竖直面上的灭点。

3. 对于矩形物体，有两组主要的竖直面，因此这些面上的水平线在视平线上有两个灭点。这就是两点透视中的两个主要灭点。

测量线　Measuring Lines

画面平面上的任意线条都按照画面平面的尺度显示它的真实长度。因此，我们可以使用任意此类线条作为测量线。虽然在画面平面上测量线可能是任何方向，它通常是垂直的或水平的，并用来衡量真实的高度和宽度。

4. 垂直测量线出现在主要的垂直面与画面平面相交或交错的位置。

5. 如果一个主要的垂直平面完全位于画面平面之后，将它向前延伸使其与画面平面相交。

6. 从平面视图向下将垂直测量线的位置投影到透视图。

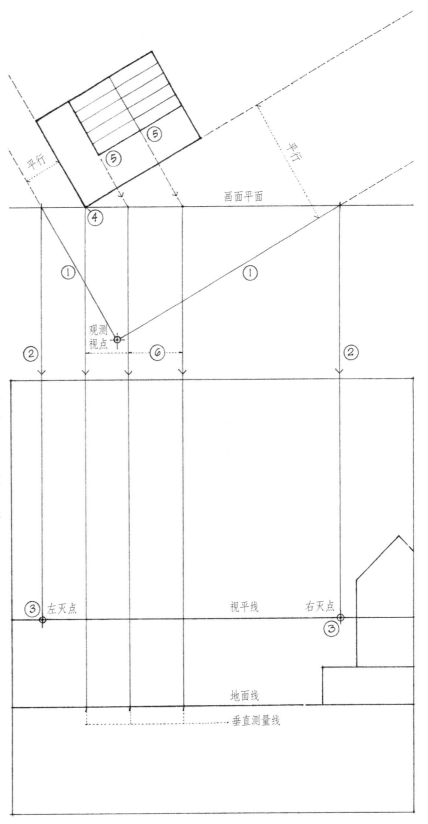

测量高度　Measuring Heights

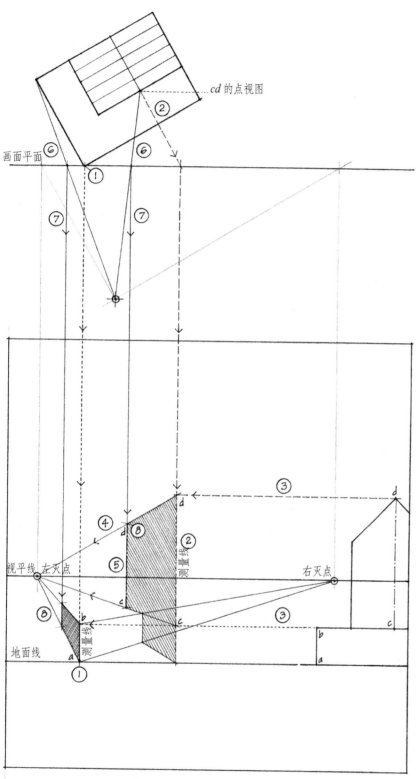

_cd_ 的点视图

画面平面

1. 在画面平面上的垂直线或垂直侧边的高度保持其真实比例。因此，这些直线可作为测量线。

2. 为了确定位于画面平面之前或之后的垂直线或垂直侧边的透视高度，先绘制这条线所在垂直面的测量线。

3. 将立面视图中的真实高度水平转移到透视图中的垂直测量线。

4. 沿垂直面向前或向后将真实高度投影到透视中，在平面中使用汇聚到灭点的线条作为水平线。按一般法则，将测量线上的真实高度转移到透视中，可以沿着朝向视平线上两个灭点中任意一个的水平路径。

5. 由于这条线和垂直平面的基线都是水平的且平行，它们之间的垂直距离随着二者在透视中后退延伸保持不变。

6. 要确定垂直线或垂直侧边的透视位置，绘制从观测视点到平面上直线的点视图的视线，直到它与画面平面相交。针对位于画面平面之前的垂直线，延长视线直到它与画面平面相交。

7. 在视线与画面平面相交的位置，向下绘制一条垂直构造线与透视中的垂直平面相交。

8. 交叉线代表了垂直线或垂直侧边的透视高度和位置。

视平线　左灭点　　　　　　　　　右灭点

地面线

如果知道了一条垂直线的基线与地面相交的位置，我们就可以另外两种方式确定它的透视高度：

1. 从垂直测量线的基点画一条直线通过我们想要确定其透视高度的线条位置，延长它，直到它与视平线相交。
2. 从视平线上这一点，画出另一条线路返回到垂直测量线上所需的高度。
3. 由于这两条构造线都在视平线上汇聚，它们是水平而且平行的，并在垂直测量线和透视深度中的垂直线上标记出了相同的长度。

第二种确定垂直线透视高度的方法涉及视平线在地平面以上的高度。如果这个高度是已知的，我们可以使用它作为一个垂直尺度来测量在透视深度中任何位置的垂直线。

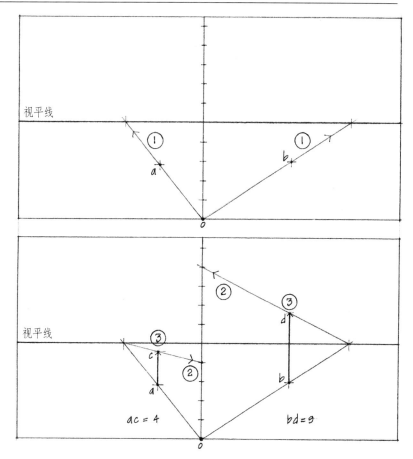

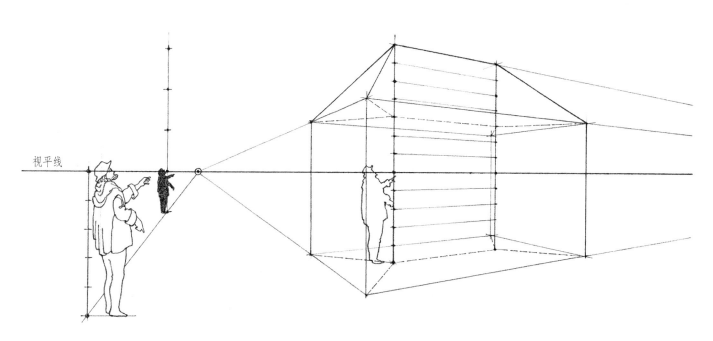

完成透视   *Completing the Perspective*

一旦找到主要垂直线的透视长度和位置，我们可以通过以下汇聚原则画出由线条所确定的平面和体量。作为一般原则，流程是由点到线到面再到体，首先绘制物体主要形态的透视，而后再刻画次要形态。

可以将高度和宽度向前或向后转移到透视绘图的深度中，只要我们是垂直于画面平面并沿着假想的平面移动，平面上平行的侧边将汇聚于视觉中心。也可以沿垂直、水平或对角线方向转移深度尺度，只要我们沿着平行于画面平面的平面移动。

对于斜线条和圆形，参考"透视几何"中所讨论的原则。

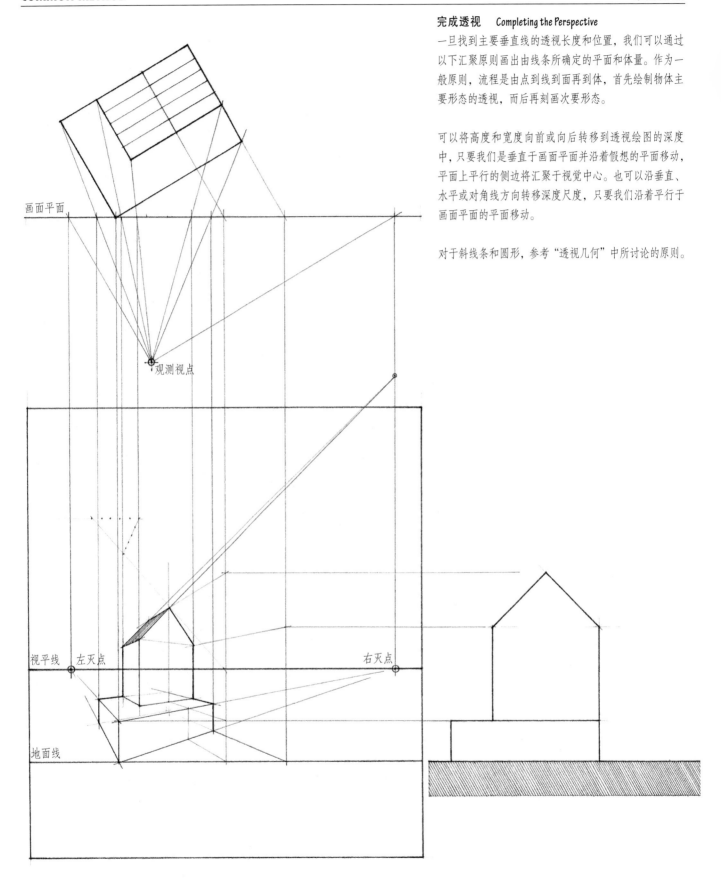

画面平面

观测视点

视平线   左灭点   右灭点

地面线

练习 8.10
如图所示，在透视背景中绘制一个结构的两点透视。

练习 8.11
你需要在平面视图中将画面平面后移多远从而使透视图像放大两倍？

练习 8.12
将视平线高度增加两倍，并绘制另一幅结构的两点透视。

练习 8.13
将观测视点与结构之间的距离增加两倍，并绘制另一幅结构的两点透视。

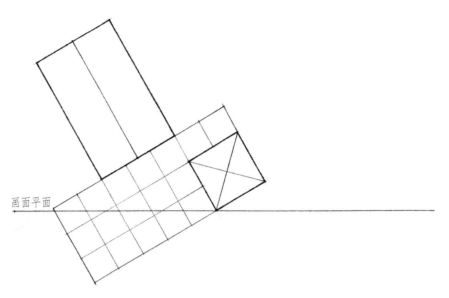

画面平面

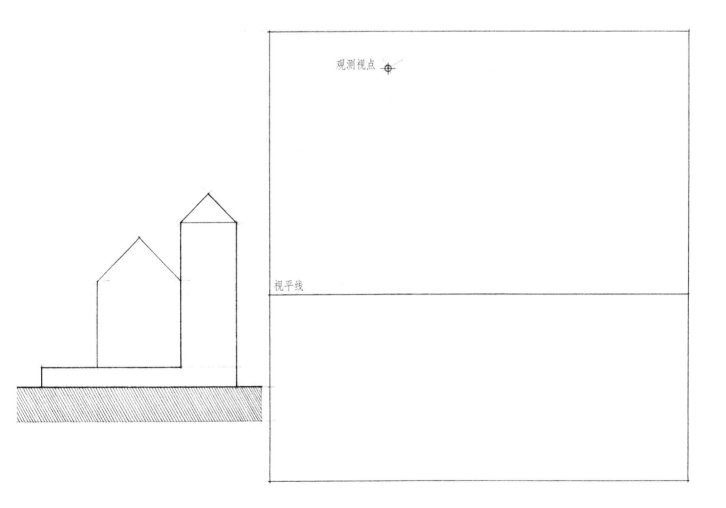

观测视点

视平线

透视平面法是根据透视图画面平面中的尺度绘制整个透视图。它不需要直接使用正投射平面或立面。

平面示意图　Plan Diagram

遵循常用方法中描述的程序绘制透视背景设置的平面示意图。我们使用平面示意图绘制出画面平面、观测视点、主要水平线的灭点等位置以及垂直测量线的位置。

测量点　Measuring Points

我们还使用平面示意图定位测量点。测量点是一组平行线的灭点，这些平行线用来将画面平面中沿测量线的真实尺寸转移到透视中的一条线上。在一点透视中的对角点就是测量点的一个例子。

在两点透视中有两个测量点，用来将画面平面中沿水平测量线的尺寸转移到物体透视的水平线上。为了确定这些测量点在平面示意图中的位置：

1. 以左灭点为中心，从观测视点旋转绘制圆弧到画面平面所在的直线。这个交点就是右测量点。
2. 以右灭点为中心，从观测视点旋转绘制圆弧到画面平面线确定左测量点。

注意，观测试点—左测量点平行于 *A—B*。因此左测量点是 *AB* 以及所有与它平行直线的灭点。我们使用这一组平行线沿画面平面中的地面线按比例尺度将尺寸转移到物体基准线 *BC* 的透视上。

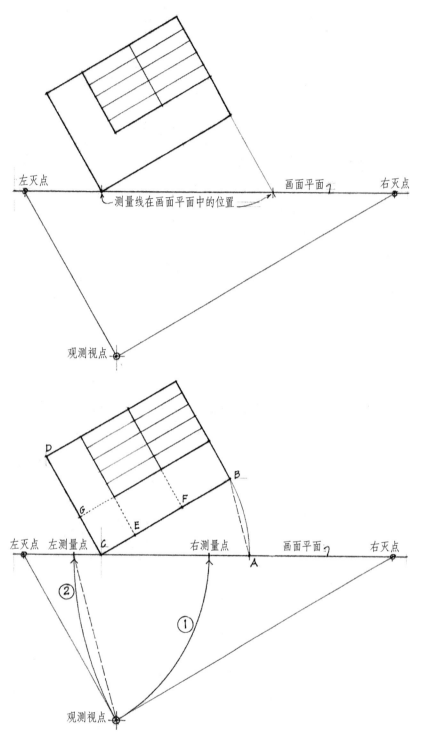

透视平面　*Perspective Plan*

我们可以在地板上或物体的某个水平面上绘制透视平面图。如果该水平面过于靠近水平线，透视平面图由于透视缩短程度较大而无法精确确定线条相交的位置。当把成比例的尺度沿着绘图平面的测量线转移到透视中的直线上时，必需能够确定这些交叉点的位置。正因如此，在透视图中我们通常是在视平线以上或以下的一段距离上绘制透视平面图。

按照下列程序步骤绘制透视平面图：

1. 在透视图中绘制视平线，排布观测视点、测量点以及之前在平面示意图中测量线的位置。我们可以根据所需透视绘图的尺寸以任何比例绘制这些点；无需与平面示意图的比例尺保持一致。

2. 在透视绘图中，在视平线以上或以下根据所需距离绘制辅助线。

3. 从主测量线的位置向下朝地面线投影。此点作为零点，从该点我们在地面线上按比例衡量平面尺度。在零点左侧，我们排布平面左侧的尺度。在零点右侧，我们排布平面右侧的尺度。

4. 从零点位置，绘制透视中分别汇聚于左、右灭点的基准线。

5. 在透视中向右测量点画线，将地面线上成比例的尺度转移到左基准线上。使用左测量点将尺度转移到右基准线上。一旦我们把平面上的尺度转移到左、右基准线上，可以遵循汇聚原则完成透视平面图。

分数测量点　*Fractional Measuring Points*

如果沿地面线的成比例尺度超过了透视绘图的边界，可以使用分数测量点。为了绘制分数测量点，我们将从灭点到测量点的正常距离分成两个或四个部分。一半测量点即是沿地面线正常尺度单位的一半；四分之一测量点即是沿地面线尺度的四分之一。

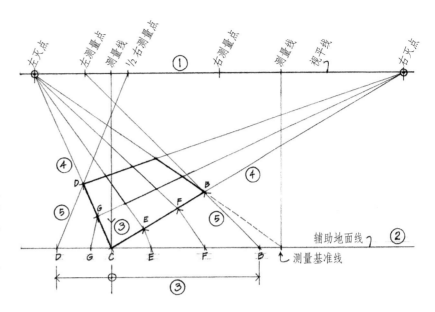

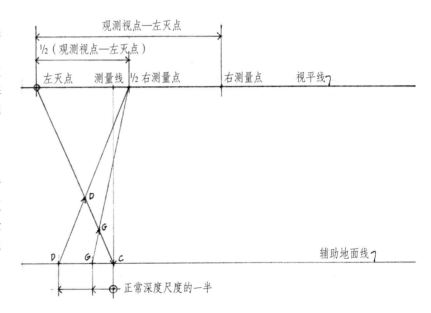

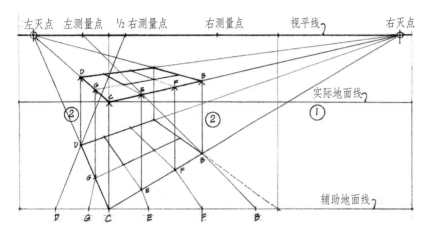

透视图　*Perspective View*

一旦完成了透视平面图，我们就开始绘制透视图。

1. 为透视绘图绘制实际的地面线。从地面线到视平线的距离应该等于地平面以上观察者眼睛的高度。

2. 从透视平面上投射垂直线从而得到透视图中的点和垂直线之间的水平间距。

3. 在透视图中，在垂直测量线上排布元素的真实高度。

4. 根据透视绘图常用方法中描述的流程，将这些真实的高度转移到它们在透视中的正确位置上。虽然立面视图不是必需的，它可以使绘制过程更容易。

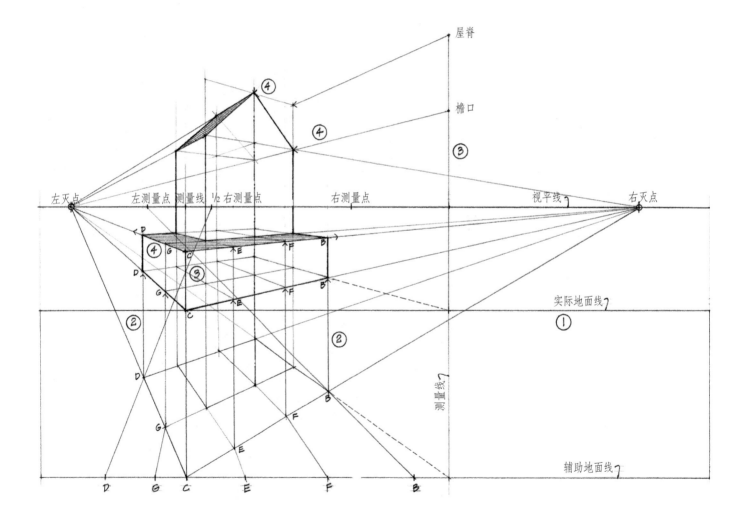

练习 8.14

使用透视平面法以两倍于下面透视背景中所示的比例尺
绘制结构的两点透视。

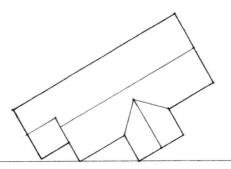

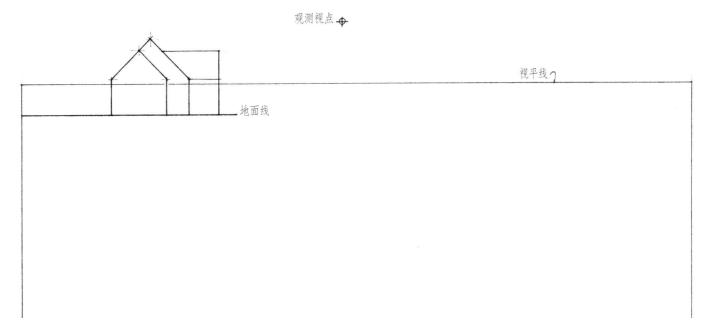

透视网格是一个三维坐标系统的透视图。这个三维网格由统一间距的点和线组成，从而使我们能够正确确定室内或室外空间中的形态和尺寸。同时规定出了空间内部物体的位置和大小。

随着尺度比例和视角的变化，有几种类型可供选择。我们也能使用透视平面法绘制两点透视网格。

1. 使用透视平面法中所描述的平面示意图来决定视角。

2. 绘制画面平面、观测视点、左右灭点、左右测量点等的位置，确定一个主要垂直测量线的位置。

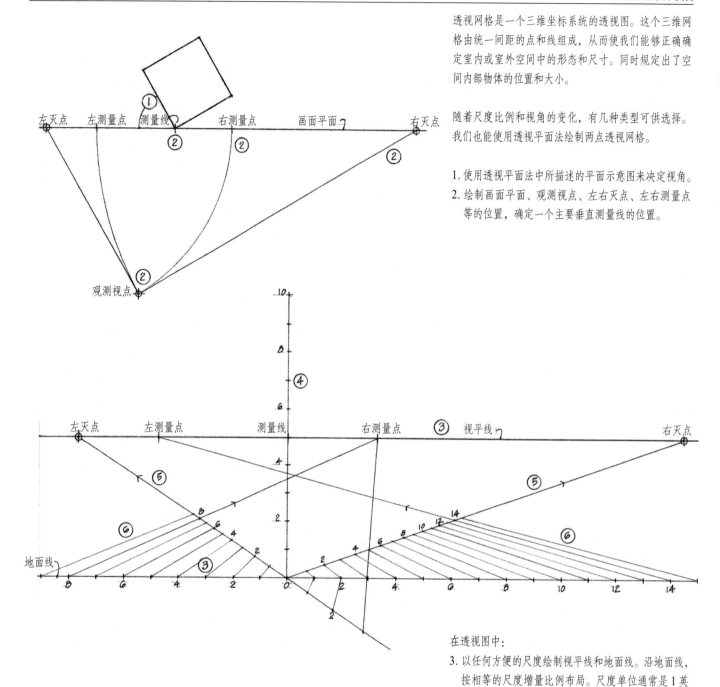

在透视图中：

3. 以任何方便的尺度绘制视平线和地面线。沿地面线，按相等的尺度增量比例布局。尺度单位通常是 1 英尺；我们可以使用更小或更大的增量，这取决于绘图的比例尺和透视图中所需的细节数量。

4. 沿着一条主要的垂直测量线进行相同的操作。

5. 从左、右灭点绘制基线到垂直测量线与地面线的交点。

6. 在透视中向右测量点画线，将地面线上的测量单位转移到左侧基准线上。向左测量点画线，将地面线上成比例的尺度转移到右基准线上。

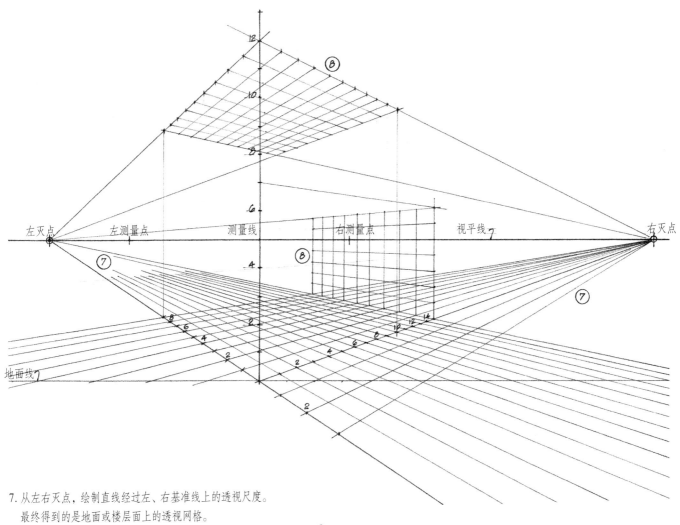

左灭点　　　左测量点　　　测量线　　　右测量点　　　视平线　　　右灭点

地面线

7. 从左右灭点，绘制直线经过左、右基准线上的透视尺度。
　　最终得到的是地面或楼层面上的透视网格。

8. 如果需要，我们可以转移这些透视尺度，沿一侧或两侧
　　后退的侧壁、天花板或架空层绘制类似的网格。

在这个透视网格上，我们可以放置描图纸并手绘起草一个透视图。重要的是将透视网格看作定义了空间中透明平面的点、线网络，而非由不透明的实体墙封闭起来的空间。正方形的网格不仅允许我们标示出三维空间中的点，而且确定了物体的透视宽度、高度和深度，引导绘制恰当的透视线条。

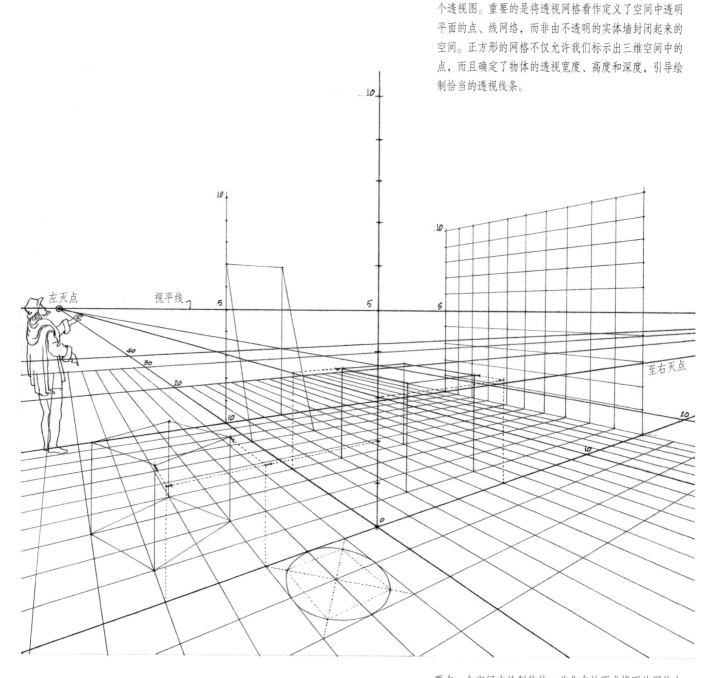

要在一个空间内绘制物体，首先在地面或楼面的网格上排布平面或基底。然后使用垂直网格将每个转角提升至透视高度，或是提升到地面以上视平线上的某个已知高度。使用汇聚原则绘制物体的上部侧边线，从而完成形体透视，同时使用网格线引导方向。我们还可以使用网格来标记倾斜和弯曲的线条。

练习8.15

在优质的描图纸或牛皮纸页面上绘制两点透视网格。假设画面平面的比例为 3/8"=1'，视平线在地面线以上5或6英尺。当形体透视完成后，可按任何所需比例复制、放大或缩小透视网格。

当绘制完成后，应当保存透视网格，在绘制同样尺寸和比例的室内外空间的透视时可再次使用。每个尺度单位可以代表1英尺、4英尺、100码，甚至1英里。旋转和颠倒网格也可以改变视点。因此我们使用相同的网格绘制一个房间的室内透视、一个庭院的室外透视以及一个城市街区或社区的鸟瞰图。

这些透视图使用前三页中所提出的透视网格。在每种情况下，选定了观察者的高度来描述一个特定的视点，并且对网格的比例加以调整以符合实物对象的比例尺度。

视平线

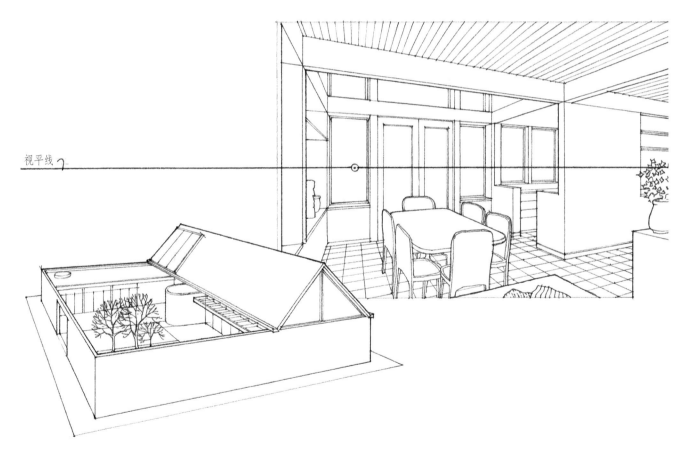

视平线

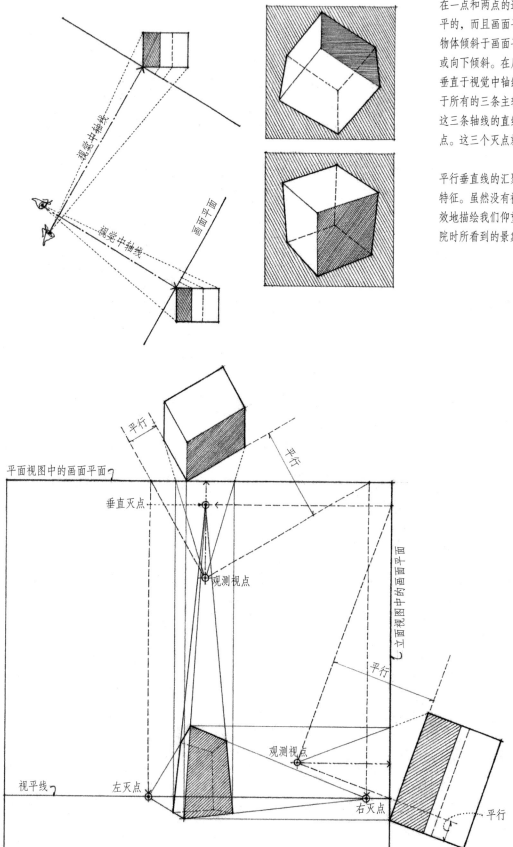

在一点和两点的透视中，观察者的视觉中轴线是水平的，而且画面平面是垂直的。三点透视系统假定物体倾斜于画面平面或者观察者的视觉中轴线向上或向下倾斜。在后一种情况中，因为画面平面总是垂直于视觉中轴线，因此画面平面也是倾斜的。由于所有的三条主轴都倾斜于画面平面，所有平行于这三条轴线的直线也将显示为汇聚到三个不同的灭点。这三个灭点就是三点透视中所谓的"三点"。

平行垂直线的汇聚是三点透视中最引人注目的视觉特征。虽然没有被广泛使用，三点透视系统可以有效地描绘我们仰望高大建筑物或从二层阳台俯瞰庭院时所看到的景象。

我们可以用三角形的三个点作为一个立方体在三点透视中的灭点。三角形的一边是水平的并且连接起水平线的左、右灭点。垂直线的第三个灭点位于视平线的上方或下方，这取决于我们的视点位置。

使用一个等边三角形，假定立方体的各面与画面平面的角度相等。将垂直线的灭点延长更远离地平线，会改变我们的视点和透视效果。

左灭点　　　　视平线　　　　　　　对角线灭点　　　　　　　　　右灭点

A

B

对角线灭点　　　　　　　　　　　　对角线灭点

我们首先绘制一个立方体的三点透视，选择靠近等边三角形中心的 *A* 点。从这一点向三个灭点画线。一旦确定了立方体的一条边长 *AB*，我们可以使用对角线完成这个立方体。这些对角线的灭点位于三个主要灭点的中间位置。

如果我们把本页翻转 180°，可以看到同一立方体的三点透视，但这时我们是在仰视它。

垂直灭点

透视绘图　　　　　　　　　　　　　　　　　　　　　*PERSPECTIVE DRAWINGS/ 277*

除了当习惯上代表实际光线的斜线倾斜于画面平面时会呈现为汇聚以外，线性透视中阴和影的投射类似于在轴测绘图中的情形。我们背后的光源照亮我们看到的表面，并投射下阴影，虽然我们面前的光源面向我们投射阴影，并强调背阴处的背光面。低光照角度会拉长阴影，而高角度的光源会缩短阴影。

为了确定光线的灭点，在透视中绘制垂直阴线的三角形阴影面，三角形的斜边确定了光线方向，底边则呈现了光线的方向角方向。因为光线的方向角方向是由水平线表现的，它们的灭点必须是在视平线上的某个位置。

延长斜边通过光线方向角方向的灭点，与垂直轨迹相交。其他所有的平行光线都汇聚于这一点。这一灭点代表了光源，当光源位于观察者之前时它处于视平线之上，当光源位于观察者之后时它处于视平线之下。

由于垂直侧边朝光线方向在地平面上投影，阴影汇聚到与光线的方向角方向相同的灭点上。

由于水平侧边与地平面平行，因此投影与自身平行，侧边投射的阴影灭点与侧边的灭点相同。

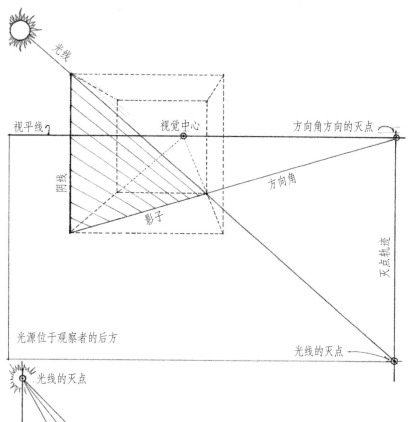

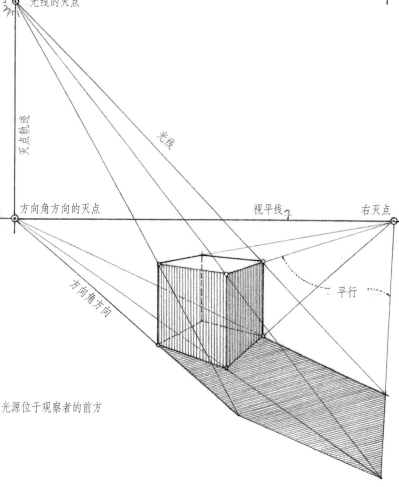

当光线源自观察者的右边或左边并平行于画面平面时，它们在透视中保持平行并以在地平面以上真实的高度角绘制。其轴向方向相互保持平行，如图所示视平线为水平线。

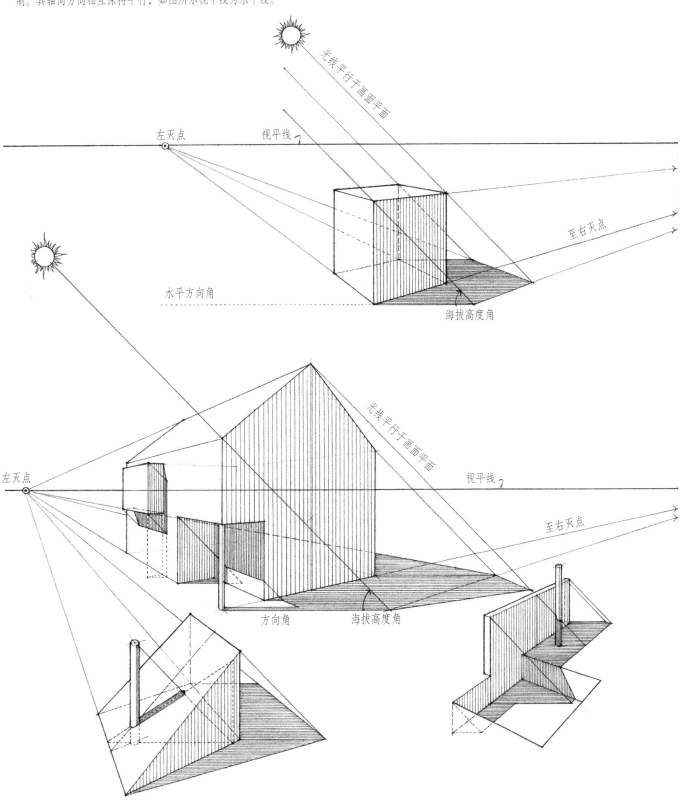

左灭点

视平线

光线平行于画面平面

至右灭点

水平方向角

海拔高度角

左灭点

光线平行于画面平面

视平线

至右灭点

方向角

海拔高度角

练习 8.16
给定阴影平面 *ABC*，绘制两点透视中结构的阴和影。

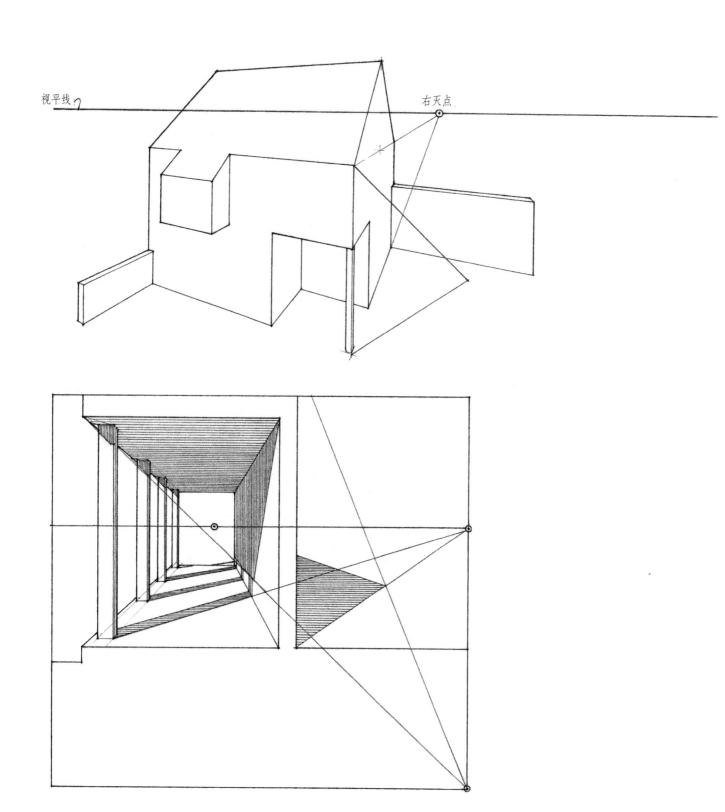

视平线

右灭点

反射发生在水体表面、玻璃镜面以及抛光的地板面。一个
反射面呈现一个被反射的倒影或镜像。在反射面前方或上
方的任何物体呈现为在反射面的后方或下方，方向上垂直
于反射面。物体距离反射表面前后或上下的距离是相等的。

任何平行于三组主要平行线之一的反射平面延展了物体对
象的透视系统。因此，在透视中，反射中的三组主要线条
与物体上的线条保持平行并汇聚到相应的灭点。

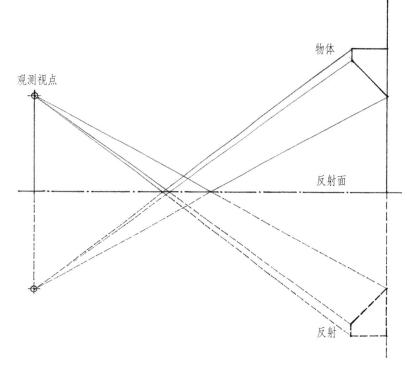

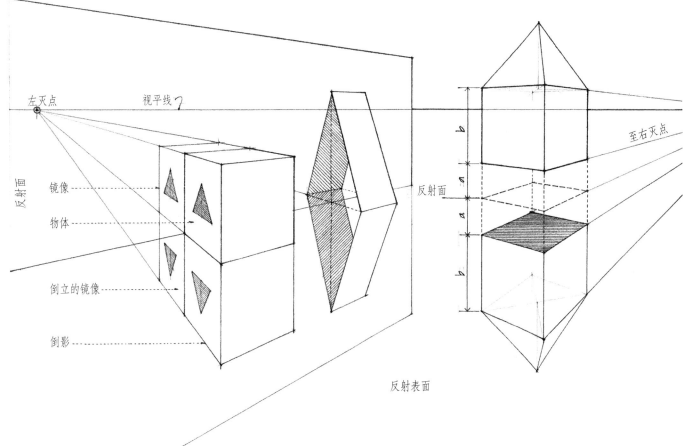

如果物体直接位于反射面上，反射的图像是原始物体直接颠倒的图像。因此，在反射的透视图中，反射图像会遵循与原始图像线条已经确立的透视系统相同的透视原理。如果物体距离反射面有一定的距离，那么反射通常可以揭示出物体被隐藏的方面。首先是反射物体到反射面的距离，然后绘制物体的镜像。反射表面应该出现在物体和反射图像的中间位置。

不平行于反射面的斜线显示为倾斜的，以一个相等但相反的角度反射。

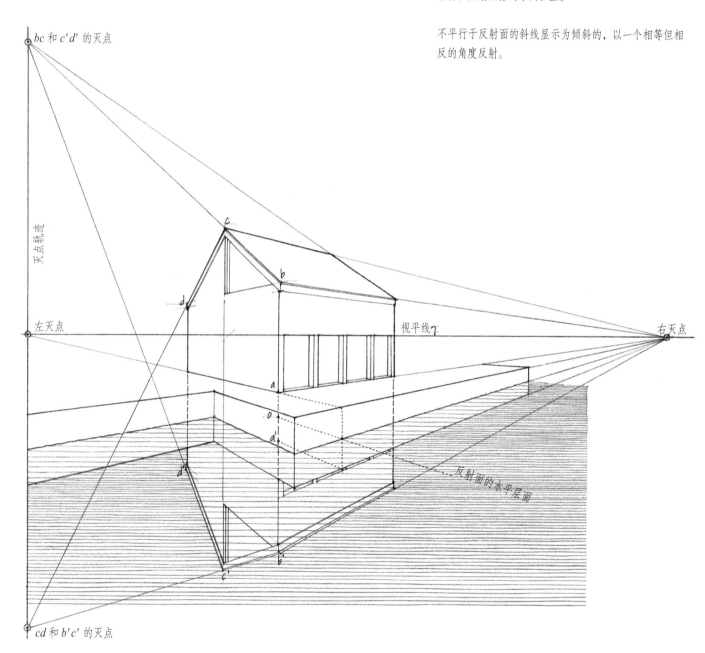

反射

绘制室内空间时，一个或多个墙面存在镜面特性，我们在绘图方式上沿用前文所述的透视体系。镜面反射的视线等于入射角的角度。因此，每次反射会将垂直于镜面方向的空间尺寸加大1倍。反射的反射会将空间大小加大4倍。

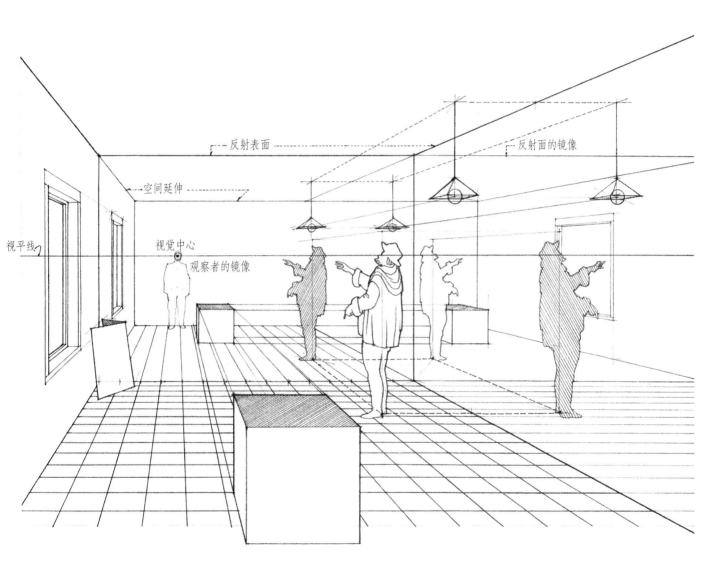

想象绘画
Drawing from the Imagination

想象是形成一个不存在于感官上的物体的精神图像。因此想象力是指在相关图像的提示下，再现存储于记忆中事物图像的能力——再现想象力（reproductive imagination）——或是在特定目标指引下或在解决问题的过程中再创造新图像时重组以往的经历——创新想象力（creative imagination）。我们在设计中运用创造想象力将各种可能性可视化，构建未来的规划，推测行动的结果。我们绘图的目的是为了捕捉并呈现只存在于心灵之眼中的概念。

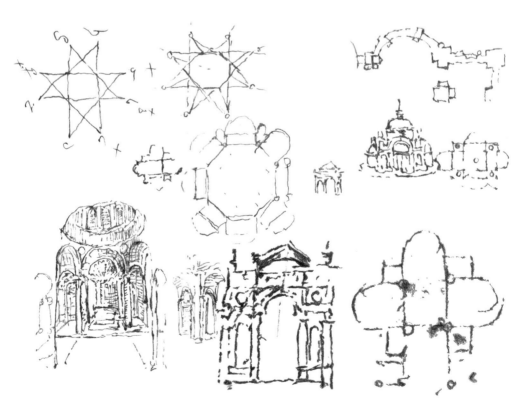

莱昂纳多·达·芬奇的研究片段

"绘画是人们发现事物、体验事物的方式，它比雕塑更快捷，可以不断试验和尝试。"

——亨利·摩尔（Henry Moore，1898—1986，英国雕塑家）

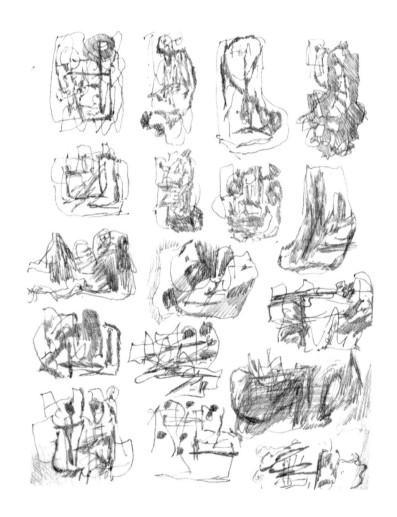

9
推测性绘画
Speculative Drawing

推测需要思考或反思。在设计中，我们推测未来。当我们思考未来的可能性时，绘画给予我们的观念物质存在，令它们可以被看到、被评估，并被加工。绘制出这些构思，不管操作进行得快或慢，粗略或仔细，都必然具有推测的性质。我们永远不可能事先就准确决定最终的结果将是什么。图纸上伸展开的图像逐渐获得了自己的生命，并指引探索一个概念在头脑和图纸上反复穿梭。

赫尔辛基音乐厅和会展中心（Concert and Convention Hall）的设计研究摹本，
赫尔辛基，1967—1971 年，阿尔瓦·阿尔托。

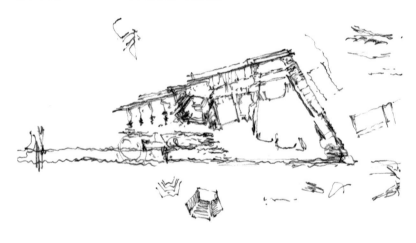

在设计过程的生成和发展阶段，绘画的本质明显是推测性的。当我们观察一幅绘画的过程中思路会闪现在脑海中，这可以改变我们的感知并提示还未察觉的可能性。纸张上显现的图像让我们探索在开始绘画之前不能预见的途径，但随着推进它可以逐渐产生思路。一旦落实，每幅绘画都描绘了一个独立的现实，可以被观察、评估、提炼或转化。即使最终被放弃，每幅图都将刺激心灵之眼，激发形成下一个概念。

因此，推测性绘画在精神上和目的上不同于准确表现与全面设计表达的最终表现图。虽然完成探索性绘图的技法和程度可能会根据问题的性质和个人工作方式的差异而有所不同，绘画的模式总是开放的、非正式的、个性的。尽管这些图纸原本不是用来公开展示，但它们可以提供涉及个人创作过程的宝贵洞察力。

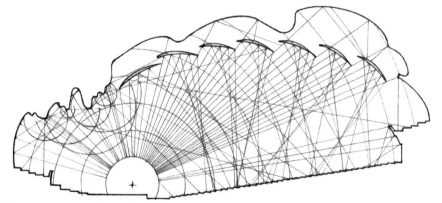

赫尔辛基音乐厅和会展中心，赫尔辛基，1967—1971 年，阿尔瓦·阿尔托。音乐厅声学研究。

推测性绘画是一个创造性过程。想象力触发一个概念，
一个在心灵之眼中闪现的不着边际的形象。然而这种构
思的绘画没有到达完全成熟和完整的地步。头脑中的图
像很少能落实到所有的细节，只等转移到图纸上。我们
探索它所代表的思路，搜寻心灵之眼和正在绘制的图像
之间的一致性，随着时间的推移它不断推进，经历了一
系列的转变。

如果我们盲目地绘画，如同照方抓药，把自己局限在先
入为主的图像中，错过探索的机会。虽然先验的图像对
于开启绘画是必要的，但如果我们无法看到不断演进的
形象是可以与我们互动并加以修改的，它也可能就是一
个障碍。如果我们接受绘画的这种探索属性，就为设计
过程敞开了机遇、灵感和发现的大门。

未实现的马洛卡大教堂（Cathedral of Mallorca）祭坛华盖草图摹本，安东
尼奥·高迪（Antonio Gaudi，1852—1926，西班牙建筑师）。

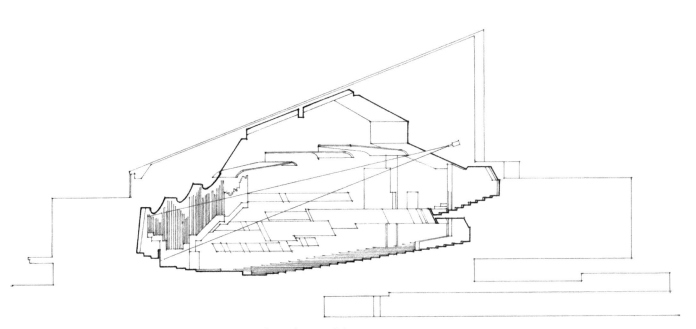

赫尔辛基音乐厅和会展中心，赫尔辛基，1967—1971 年，阿尔瓦·阿尔托。
剖面图显示了音乐厅的室内。

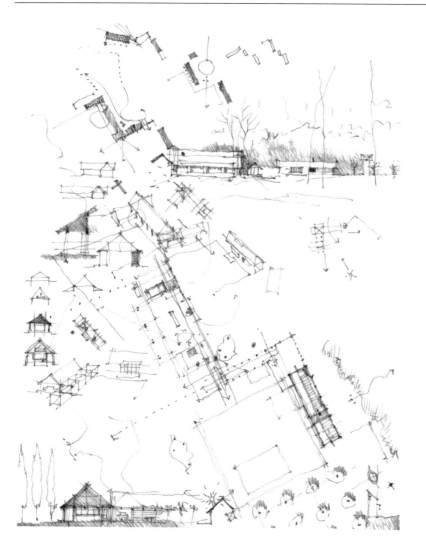

形象思维在酝酿构思、观察可能性以及探索发现时是语言思想的必要补充。同时当绘画时，我们从视觉形象的角度进行思考。绘画使头脑以图形方式工作，在不知不觉中创作艺术作品。如同用语言来表达的思想一样，可以利用视觉图像的形式研究、分析和细化构思。

在思考一个设计问题时，想法自然地出现在头脑中。这样的想法往往是无法言表的。创作过程不可避免地包括将那些并不清晰具体的图像形式的潜在设计结果呈现出来。这些头脑中的想法很难长时间在记忆中留存加以厘清、评估或发展。为了使一个构思能迅速转移到图纸上以跟上思想的步伐，我们需要依靠示意图和缩略草图。这些生成性的图纸引导着形成各种设计可能性的发展方向。

绘图越小，形成的概念越广泛。我们以小草图开始，因为它们允许探索广泛的可能性。有时一个解决方案会很快产生。然而更多的时候，需要很多图纸揭示出最好的选择或方向。它们鼓励我们以流畅灵活的方式审视不同的策略，而非草率地确定一个方案。推测性的本质属性使草图有多种解读，帮助谨慎细致的绘图免遭扼杀，设计过程不会过早夭折。

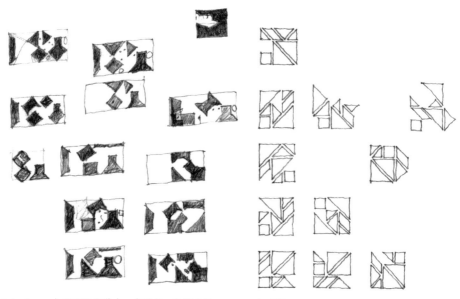

韦恩堡艺术中心（Fort Wayne Fine Arts Center）平面组图摹本，韦恩堡，印第安纳州，1961—1964 年，路易·康

七巧板

练习 9.1

铅笔不离开纸面,绘制 6 条直线连接起所有的 16 个点。
这个简单的智力测试说明解决问题具有反复尝试、试错
摸索的性质,在解决问题的过程中需要拿起铅笔在纸上
描描画画。

练习 9.2

这个立方体由 3×3×3 的小立方体阵列组成。可以找到
多少种方法,将立方体分成三种不同的形状,每个形状
体量相等,都包含 9 个小立方体?

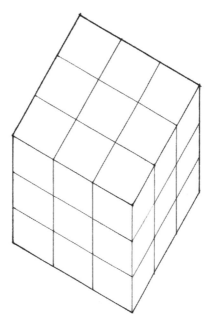

练习 9.3

圆形、三角形和方形的孔洞穿过了实体体块。圆的直径、
三角形的高和底边、正方形边长的尺寸都相等。设想一
个单一三维物体,其形状恰好可以完全穿过每个孔洞。
你能否不动笔描画各种可能性就能想象出一个解决方
案?

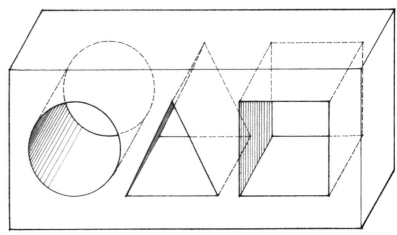

设计过程引导进入未知的领域。为了追求未知的领域，必须具有好奇心，保持延缓决策的耐心，对模糊采取容忍默许。不幸的是，如果我们接受了模糊，就会丢失舒适便利的轻车熟路。然而只处理已明确界定和熟悉的内容，就排除了创造性尝试中必需的可塑性和适应性思维。容忍模糊，使人们在整理思维的过程中接受不确定性、无序和自相矛盾。

模糊的神秘与挑战也同样适用于根据想象绘画。观察性绘画是通过长时间观察使我们能够表现出一个主题；与其不同的是，推测性绘画是开放的，充满了不确定性。如果不知道绘图过程会导向何方？我们如何绘制出一个设计构思。答案在于理解：我们在设计过程中使用绘图刺激并伸延了人的思维，而不仅仅是展示进程的结果。

我们最开始绘制的线条是尝试性的，代表的仅是探寻一个构思或概念的开始。随着设计和绘图过程的持续推进，图纸的不完整和不明确状态是具有暗示性的，可以产生多种解读。我们必须开放地面对绘图所展示的各种可能性。在设计过程中产生的每张绘图，无论它所表现的构思是否被接受，都有助于我们进一步获取对一个问题的洞察力。此外，在图纸上绘制出一个构思的行为有可能触发新的思路，加强任何与以往想法的交织。

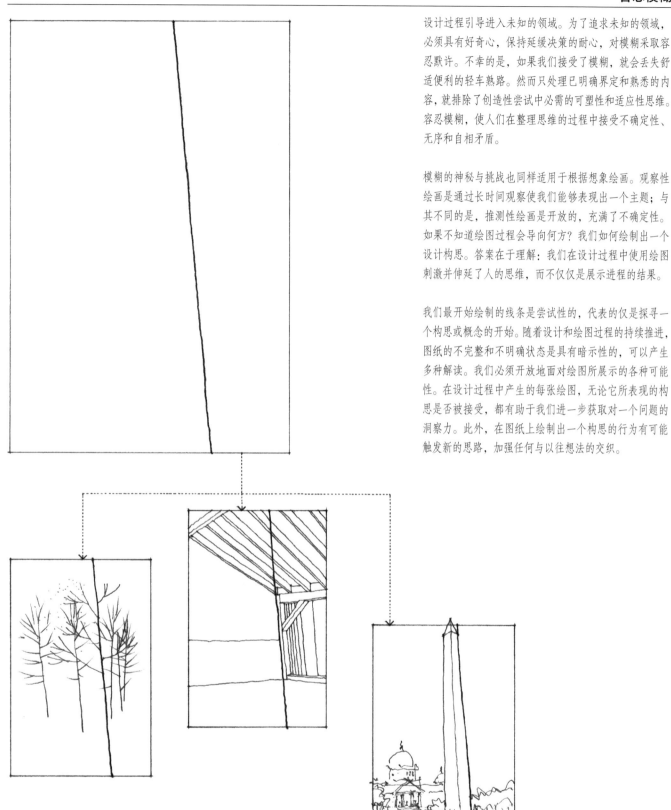

对一个线条各种可能的解读与回应。

练习 9.4

线条的两种图案可以作为进一步发展三维图像的基础。例如它们提示两个墙体如何在地板相交。还有什么其他方法可以解读和深入发展这些图案？

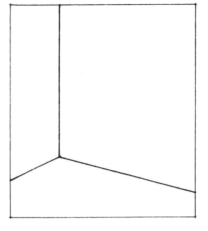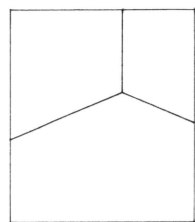

练习 9.5

在长方形面的中部画出一条波浪线。然后在波浪线的上方和下方画出它的平行线，线条在某些点位彼此靠近，从而创造出线条集中的区域。随着绘画的深入，在你的心灵之眼中会提示或回忆起哪些涌现出的图像？

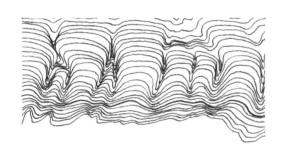

练习 9.6

试想一下在下面透视中，向右可能会看到什么。首先在小图框中探索各种场景，然后在更大的图框中发展成为一个透视图。

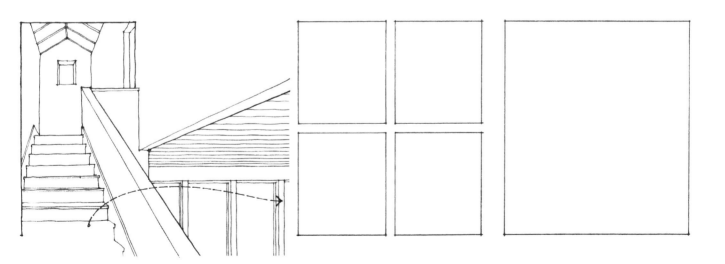

搜索可能性并勾勒出选择时，我们依靠直觉作为指导。但是直觉是基于已知的经验。我们无法区分哪一个不是已经存在的。绘画需要了解我们画的是什么。例如，绘制一个我们不理解其结构的形态是难以令人信服的。然而尝试将其绘制出来会找到理解它的方式，引导从直觉上搜寻构思。

我们绘制最初的线条是最困难的。甚至常常从一开始就担心，直到头脑中形成一个完整的想法。面对一张白纸，先画什么呢？我们可能会以某种特定形态或背景的特定方面开始，或一个概念或结构更常规的图像开始。任何情况下，我们最终的方向会比起始的更重要。

在设计过程的早期阶段，过于仔细地绘画可能导致犹豫不觉并打断我们对问题的思考。在绘画创作上花费的时间和精力会抑制探索其他可能性的意愿。我们应该明白，推测性绘画是试错摸索的过程，其中最重要的一步是在图纸上画下最开始的线条，无论它们多大程度上是属于不确定的。如果想在绘画过程中向前推进，就必须相信自己的直觉。

"……如果我不知道最终的结果是什么，我怎么能设计？"这是一个经常性的抱怨。"如果你已经知道是什么，为什么还需要设计？"这是我的回答。当我们不相信所研究的形态时，最深切的是需要一个先验形象。有这样一个形象无可厚非，但它绝不是一个先决条件，而可能是一个障碍。与其他人交谈时，我们不需要知道对话的结果将是什么。我们可能会通过对话对一个问题产生更好的认识；事实上我们可能已经改变了想法。当我们都在关注"做自己的事情"，并认为必须始终掌控所有形态，我们就不能放松和相信这个过程。一旦学生发现如何与形态的对话将一直承载个人性格的印记，不管你是否喜欢，都不会再听到抱怨。

——约翰·哈布雷肯（John Habraken, 1928—，德国建筑师）
《控制的复杂性》（*The Control of Complexity*），《场所》
（*Places* / Vol.4，No.2）

"一天，爱丽丝来到一个岔路口，看到树上有一只柴郡猫。她问：'我该走哪条路？'
猫以一个问题回应：'你想去哪里？'
'我不知道，'爱丽丝回答。'那么，'那只猫说，'你走哪条路都无所谓。'"

刘易斯·卡罗尔（Lewis Carroll, 1832—1898，英国作家）
《爱丽丝梦游仙境》（*Alice in Wonderland*）

在创作过程中保持流畅是指能够产生广泛的可能性
和思路。在绘图过程中保持流畅是在画面上下笔时，
轻松自如地反映我们的概念。我们必须能够跟上自
己的思路，它可能是稍纵即逝的。

把我们的构思写出来是一项简单的、几乎毫不费力
的任务。为了在绘画中推进这种流畅性，必须定期
练习，直到把在图纸上绘画变成一种本能的反射，
对所看、所想的一种自然反应。虽然速度可能会促
使我们画得更快，但无规范的速度可能适得其反。
在绘画能够成为我们视觉思维的直觉行为之前，首
先必须能够缓慢地、精心地、准确地绘制。

一个快速的绘图模式是捕获稍纵即逝的思维瞬间所
必需的，它并不总是直接可控的。因此流畅的绘制
需要速写技法，使用最少量的工具。关注绘图工具
或数字软件的菜单和调色板结构会分散思维过程所
投入的时间和精力。因此在设计过程中当流畅性和
灵活性比精度和准确性更重要时，我们应该徒手绘
画。

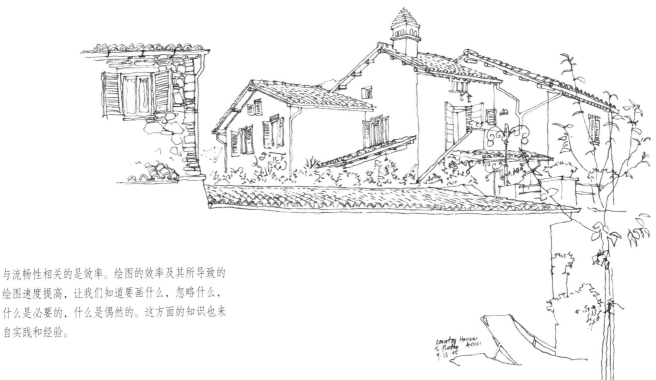

与流畅性相关的是效率。绘图的效率及其所导致的
绘图速度提高，让我们知道要画什么，忽略什么，
什么是必要的，什么是偶然的。这方面的知识也来
自实践和经验。

练习 9.7

推进流畅性并提升绘画的一个有效方法是定期训练，带着素描本，每天绘制半小时到一小时。一种可能的方法是每周把重点放在不同的建筑元素，如窗户、门洞、墙体或屋顶轮廓线。另一种方法是侧重于具体的质感，如材料的纹理、阴影模式，或不同的材料相交接的方式。最重要的是要绘制你感兴趣的事物。

练习 9.8

只需几个简单的铅笔笔触，努力捕获相邻图框中图像的特质。

练习 9.9

在这些图像中你能找到哪些简单的几何形状？用笔勾画
出这些基本结构。

练习 9.10

探索你可以简化这些图像到什么程度，同时确保它们仍
可以被辨认出来。

在所有创意过程中，必须做好准备利用意想不到的事物。绘画使我们能够探索在设计进程启动之前无法预见的发展途径，而且随着绘画的进程产生新的思路。如果我们脱离作者的立场，作为客观的旁观者审视我们的绘画，则可以提出一些未被察觉的可能性。这是一种内在想象力不由自主的产物。当我们观察绘画时思路会油然而生。单一的视觉构思触发其他思路，一张图纸能催生出一张接一张的绘画。即便不服务于一个直接的目的，推测性绘画对日后的参考以及激发新的观察方式依然是有用的。通过了一系列绘画，我们能够发现意想不到的关系，建立起连接，或回想起其他图案。

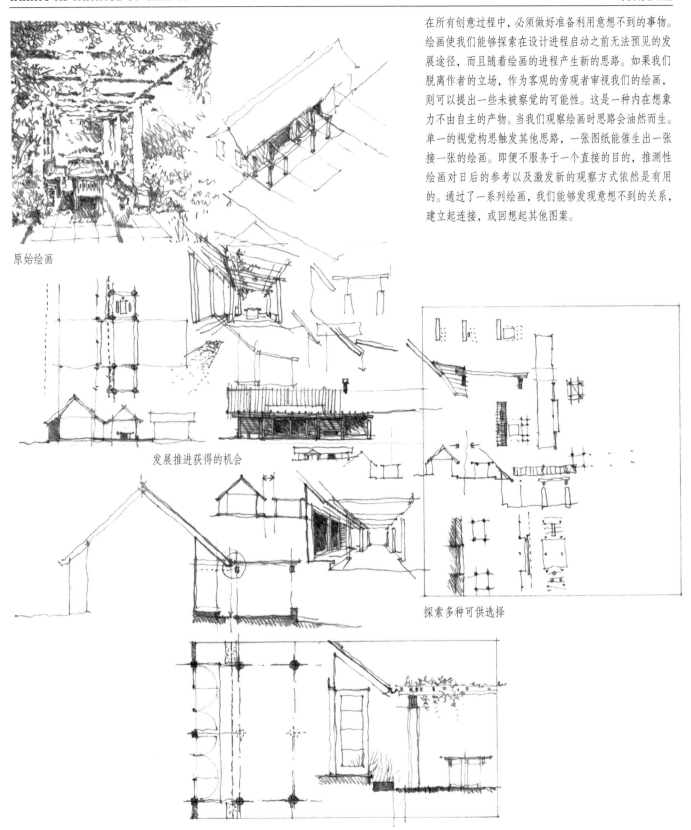

原始绘画

发展推进获得的机会

探索多种可供选择

意外新发现（serendipity）名词，能够偶然获得预料之中或预料之外发现的才能。

分层　Layering

分层是分析与综合的一种图形模式。它使我们能够迅速灵活地观察设计模式并研究各种关系。正如通过编辑和重写草稿的方式改进写作思想，我们可以在单张图纸上建立图层绘画。我们先以摸索的形式轻轻画出图像的基础或结构线条。然后，随着我们对形状、比例和构图的视觉判断，逐步绘制涌现出的图像。这个过程可能包括简略绘画和细部绘画，因为我们的思维会近距离关注一些局部，同时又保持注意整体。

可以通过透明描图纸的图层修改绘画。描图纸使我们能够在一个画面之上绘图，保留某些元素，修改其他一些元素。在叠置的透明描图纸上，我们可以绘制元素的图案、相关的形式和组群以及相关关系。不同的图层可能包括单独的但相关的过程。我们可以更细致地研究某些领域，对某些特征或侧面给予更多的强调。我们可以在同一地面上探索多种供选择的可能性。

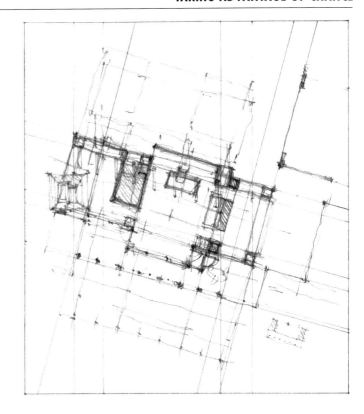

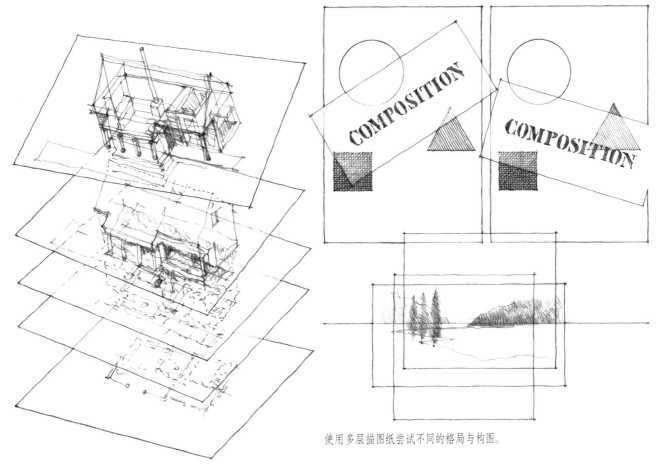

使用多层描图纸尝试不同的格局与构图。

重组　Recombining

绘画提供了一种方法，让我们看到现实中不可能存在的事物。随着绘画的进行，我们可以改变信息的排列。可以从常规背景下释放信息，使它以一种新的方式来排列。我们根据信息的异同加以分段、分类和分组。我们可以改变现有的关系，研究新群组的影响。

当探索一系列的设计可能性时，对形式、空间或构图中的元素进行删除、迁移或重组都是有益的。这个过程非常简单，如切除一部分，将它重新连接到不同的位置上。也可以是延长一个元素或形式与其他元素或形式相交，或者将完全不同的元素叠加一起或是秩序系统互相叠加。

一旦记录在纸上，就可以像在拼贴画中一样展开这些选择方案加以比较、重新排列和操控。我们可以评估构思并进一步发展深化。或者丢弃它们，重新考虑其他可能性，或将新想法整合到下一发展阶段。

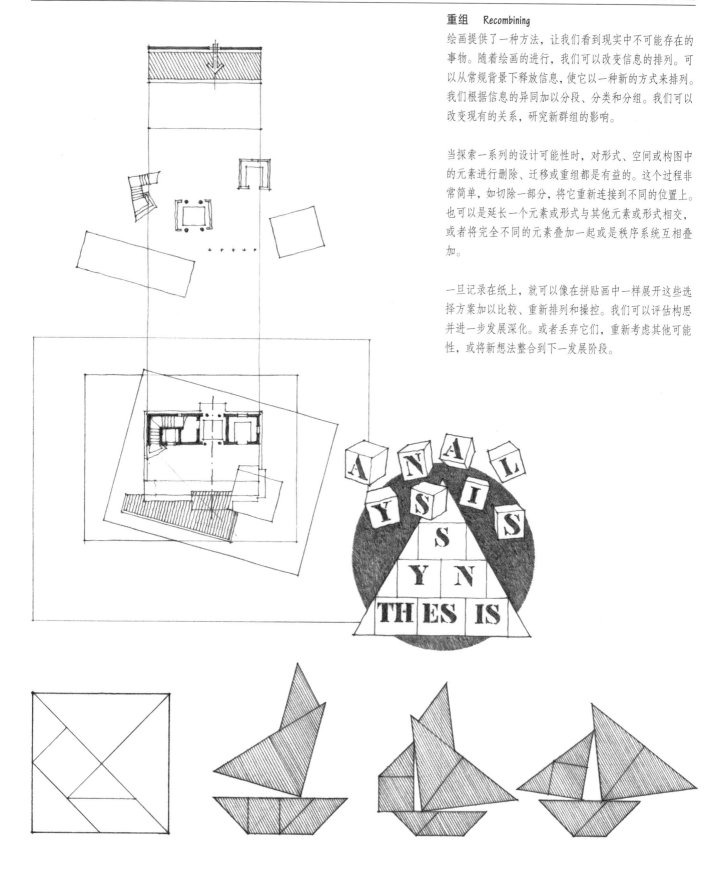

练习 9.11

使用一系列的图纸来图解说明以下操作。首先，切割立方体的一部分。然后将它从立方体中移除。最后，以三种不同的方式重新固定安装到立方体上：一点接触、沿侧边衔接、面面衔接。

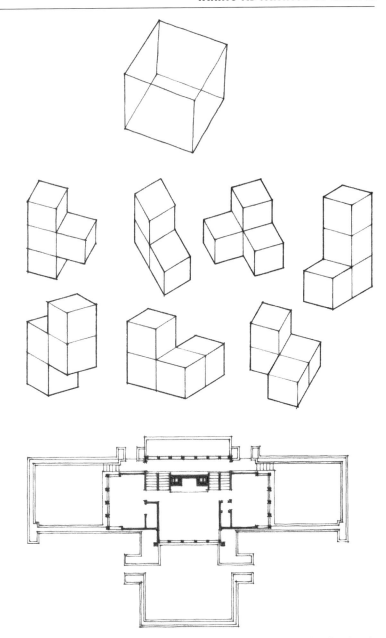

练习 9.12

索玛立方体（Soma cube）由七个不同的形状组成，它们代表了三个或四个立方体所有非直线性的排列方式。使用一系列的绘图去探索把这些形状结合起来的各种方式。哪种是你能开发出的最紧凑的拼接组合？哪种是具有最高稳定性的构成方式？哪种是环环相扣并围合出最大的空间体积？

练习 9.13

把哈迪住宅和乔布森住宅的平面转绘到描图纸上。将平面图叠加，研究以不同方法重新设置平面元素以及它们之间的关系。在第三层叠加的描图纸上，使用绘画探索一个平面如何主导构图并整合另一平面的其他组成部分，或者一个全新的构图怎样整合起两幅原始平面的各个组成部分。你可以组合其他任何平面来重复这个练习，无论它们是对比强烈的或具有某些相同的特征。

哈迪住宅（Hardy House），拉辛（Racine），威斯康星州，1905 年，弗兰克·劳埃德·赖特

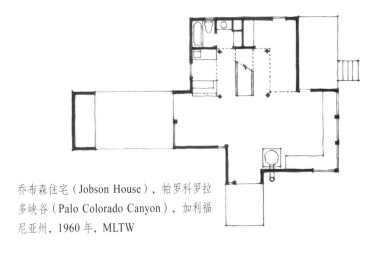

乔布森住宅（Jobson House），帕罗科罗拉多峡谷（Palo Colorado Canyon），加利福尼亚州，1960 年，MLTW

转变　Transforming

绘图是对我们构想的一种翻译。当我们将图像付诸于纸面，心灵之眼过滤出有趣的内容或重要的部分。更重要的点往往会浮现到表面，而不太重要的点将在过程中被遗弃。绘图记录我们的思路，而后它们成为研究、精细深化以及激发新思路的对象。

绘图以有形的方式表达想法，使它们能够被澄清、评估并操作。当我们回应涌现出的图像时，每幅绘图都会经历一系列的转变和发展。一旦开始绘制，图形图像就从创作过程中脱颖而出而实际存在。它们作为催化剂反馈回头脑并引发我们进一步研究发展头脑中的思路。

在探索思路并追寻各种可能性的过程中，我们绘制了一系列的图纸，可以把它们并排排列，作为供选择的方案加以比较和评估。我们以新的方式整合它们，将它们转换成新的思路。转换的原则也就是促使一个概念为了回应某些指令而进行一系列的操作和排列组合。为了转变思想，我们可以将熟悉转换为陌生，将陌生转换为熟悉。

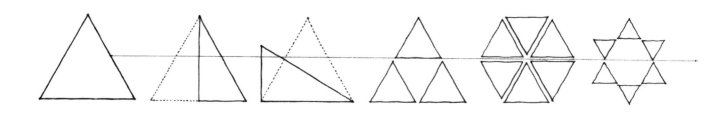

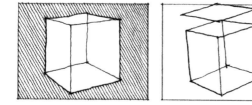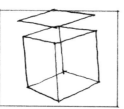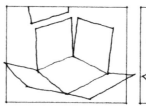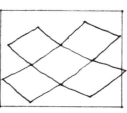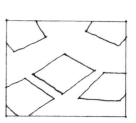

练习 9.14

通过一系列的绘图，逐渐将左侧的图像转变为右侧的图像。

练习 9.15

以某种绘图顺序将每组图像联系起来，创制出深度与运动的幻觉。

练习 9.16

根据第一个图框，即兴创作一个序列的绘画。

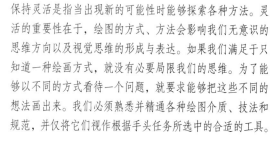

保持灵活是指当出现新的可能性时能够探索各种方法。灵活的重要性在于，绘图的方式、方法会影响我们无意识的思维方向以及视觉思维的形成与表达。如果我们满足于只知道一种绘画方式，就没有必要局限我们的思维。为了能够以不同的方式看待一个问题，就要求能够把这些不同的想法画出来。我们必须熟悉并精通各种绘图介质、技法和规范，并仅将它们视作根据手头任务所选中的合适的工具。

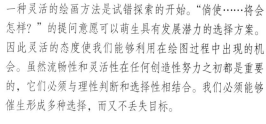

一种灵活的绘画方法是试错探索的开始。"倘使……将会怎样？"的提问意愿可以萌生具有发展潜力的选择方案。因此灵活的态度使我们能够利用在绘图过程中出现的机会。虽然流畅性和灵活性在任何创造性努力之初都是重要的，它们必须与理性判断和选择性相结合。我们必须能够催生形成多种选择，而又不丢失目标。

练习 9.17

首先用钢笔以及所示的技法完成绘图。然后自己选择使用不同的介质和技法重绘场景。不同的介质如何影响最终的图像？

文森特·凡·高（Vincent van Gogh，1853—1890，荷兰画家），临摹自《夜间咖啡馆》（*Café in Arles*）

练习 9.18

在另一张图纸上，从两个不同的视点画出以下这段出自陀思妥耶夫斯基（Fyodor Dostoyevsky，1821—1881，俄国作家）《罪与罚》（*Crime and Punishment*）中所描述的场景。第一幅绘画使用软铅笔，第二幅用钢笔。

　　"老太婆沉默了一会儿，似乎在思虑，然后让到一旁，指指房间的门，示意客人先走进屋，并且说：
　　'请进，先生。'
　　青年走进一间不大的房间，四壁糊着黄色墙纸，窗台上摆着几盆天竺葵，窗户上挂着薄纱窗帘。这时，夕阳把房间照得通明透亮。
　　'那时候，也许，阳光也会照得这样亮！'这个想法似乎无意中在拉斯科尔尼科夫的脑海里电光一闪。他飞速扫视了一下房间里的一切，以便尽可能看清并记住房间里的摆设。然而房间里并没有任何特别的东西。家具都十分老旧，全是黄木做的：一张带有巨大弯木靠背的长沙发，沙发前摆着一张椭圆形的桌子，窗户之间的墙上是一个镶有镜子的梳妆台，靠墙摆着几把椅子，还有两三幅嵌在黄色镜框里的廉价图画，画的都是手里捧着小鸟的德国小姐，——这就是全部家具了。角落里一幅小小的圣像前点着一盏小油灯。一切都很洁净：家具和地板擦得亮铮铮的，闪闪发光。"

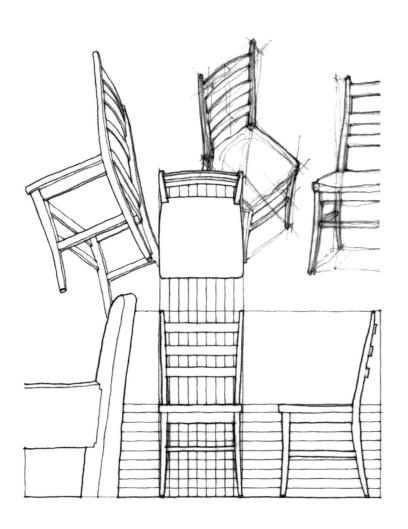

转变视点　Shifting Viewpoints

一个创造性的想象是从一个崭新的角度考虑旧问题。依赖习惯和惯例会在设计过程中阻碍思想的涌动。如果我们以不同的方式观察，能够更好地从与众不同、特例，甚至自相矛盾之中看到隐藏的机遇。从新途径观察需要敏锐的形象化能力及对灵活性绘图所提供的新可能性的理解。

我们用新鲜的眼光去观察，可以看到绘图的镜像效果。我们可以把绘画颠倒过来或是从背后研究图像的视觉本质——它的基本要素、模式和关系。我们甚至可以通过他人的眼睛来观察。为了鼓励转变视点，有时会使用不同的介质、不同的纸张、不同的技法或不同的绘图系统，这些是很有用的。

绘图提供不同的视点刺激我们的思维。多视点绘图体系、轴测绘图体系、透视绘图体系包括了设计表达的视觉语言。我们必须能够不仅以语言表达，并且可以解读。这种理解应该足够完整，从而轻松自在地跨越不同绘画体系进行工作。我们应该能够将一个平面的多视点绘图转变为一个三维的轴测视图。查看一组多视点绘图时，我们应该能够想象并绘制出假定我们站在平面视图上的特定位置时会看到的景象。

变换视点。

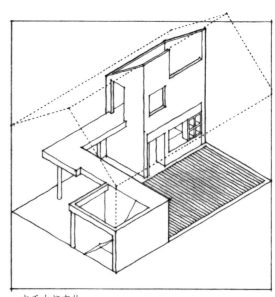

查看内部事物。

旋转   Rotating

在脑海中翻转一下思路，使我们能够从不同的视点来观察和学习。以类似的方式，如果能想象出物体在空间中旋转，或者我们围绕它移动时会看到什么，就可以从多角度探索物体的多个侧面。当在脑海中翻转一个设计思路时，如果我们能够同时在图纸上操控它，便可以更充分地从多维度探索这个构思。

当绘制物体如何在空间中旋转时，想象旋转一个简单的几何元素要比想象旋转由各个部分组成的整体更容易。因此，我们首先确立将形式与构图结合起来的秩序机制——无论是一个轴、一个多边形或一个几何体量，并且分析部分与整体联系起来的原则。

然后我们想象并绘制出物体旋转及移动到新的空间位置时呈现的秩序机制。一旦确定了这个新的位置，我们就重新组织部分与整体之间恰当的关系与方位。在绘制图像时，我们利用调节线塑造物体的结构或构图。在检查完比例和关系的准确性后，我们增加框架的厚度、深度和细节从而完成绘图。

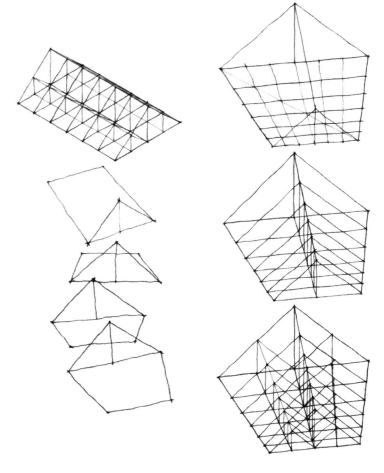

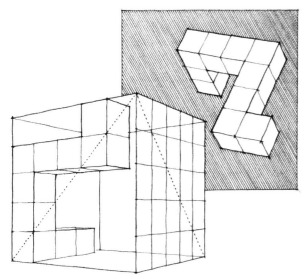

观察部分中的整体……整体中的部分。

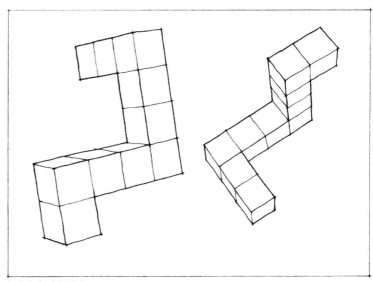

在脑海中反转思路。

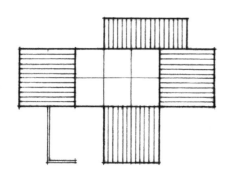

练习 9.19

绘制多视点绘图中所描述的结构正等测视图和倾斜平面视图。然后从相反的有利位置绘制同一结构的透视图。比较每种绘图类型揭示及遮盖构图的情况。

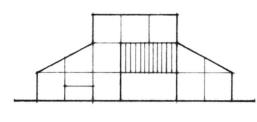
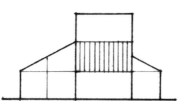

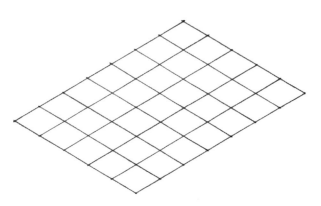
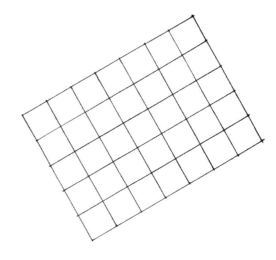

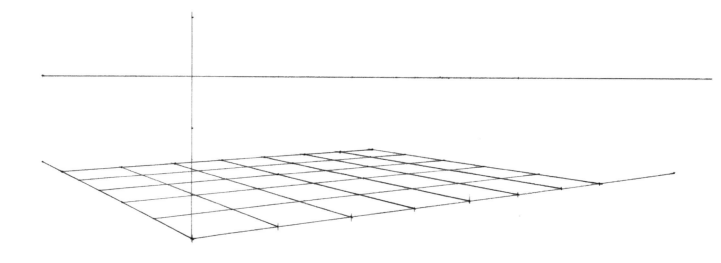

练习 9.20

想象一个筛子在空间中自由移动。画出筛子在从 A 点转动
到 D 点过程中两个中间位置点 B 和 C。

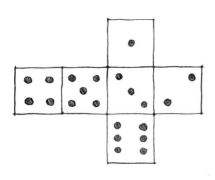

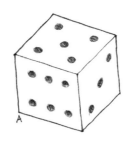

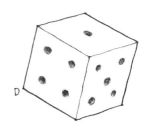

练习 9.21

想象一个构图在空间中自由移动。画出构图在从 A 点转动
到 D 点过程中两个中间位置点 B 和 C。

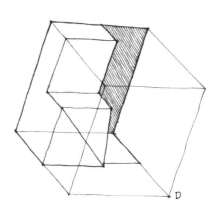

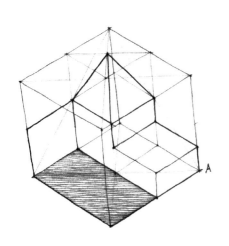

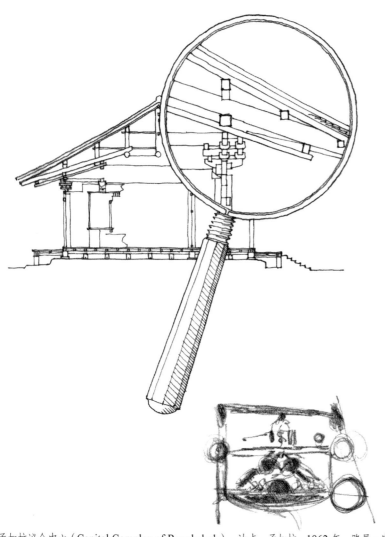

变换尺度 Changing Scale

从一般到特殊，从广泛的突出问题到一个问题的细节解决方案，我们对设计同步进行着逐步地规划、完善和成形。从粗线条的示意草图到用精细工具绘制有关具体构思和解决方案的更明确的图纸，图形技法也以相应的方式在进步。

在不同尺度上进行不同抽象程度地工作，激发了我们的设计思想。绘图尺度明确了我们关注哪些方面或哪些特征，同时必须忽略哪些内容。例如，在一个小尺度时不能回应有关材料的问题，因为我们无法在那个尺度下表现材料。然而，当较大尺度时，就会出现这个问题。除非材料问题获得解决，否则这样的绘画对于它的内容来说会显得似乎过大。在设计过程中改变所使用的绘图比例能使我们将构思凝练到了基础要素的程度，同时扩展了思路将材料和细节问题结合起来。

设计问题与尺度的相互依存不仅是一个感知问题，而且也是工艺问题。我们选择的绘图介质取决于绘画的尺度，并决定了我们能够表现或抽象的程度。例如，用细尖的钢笔绘图会鼓励我们小幅绘图并深入细节。另一方面使用粗马克笔绘制，使我们能有更大的涵盖面，并更广泛地研究模式和组织的问题。

孟加拉议会中心（Capital Complex of Bangladesh），达卡，孟加拉，1962 年，路易·康

一幅早期平面草图，切过楼梯走廊的剖面以及复合墙体构造细部。

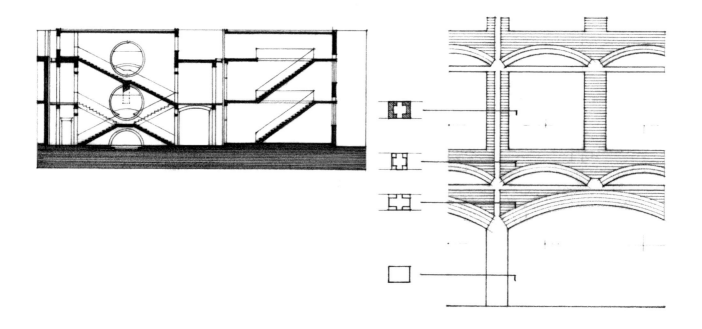

练习 9.22

在每一个图框中依次将柱式尺度减小一半。每一幅绘图中
你可以简省多少细节，同时又不牺牲柱式的可识别性？

练习 9.23

寻找并选择一个建筑元素，例如一个窗口、门洞或装饰雕
带。在30英尺、15英尺，最后5英尺的距离上绘制这个元素。
在每张连续的视图中，增加的尺度和细节数量。

练习 9.24

更换另一建筑元素重复上述练习。这次颠倒一下过程顺序，
首先从5英尺的距离，然后15英尺，最后30英尺绘制元
素。在每一张连续的视图中，减少的尺度和细节数量。

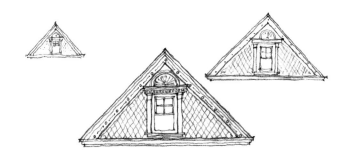 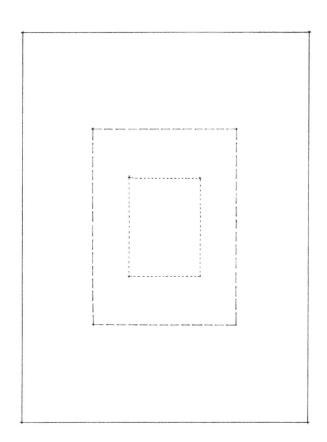

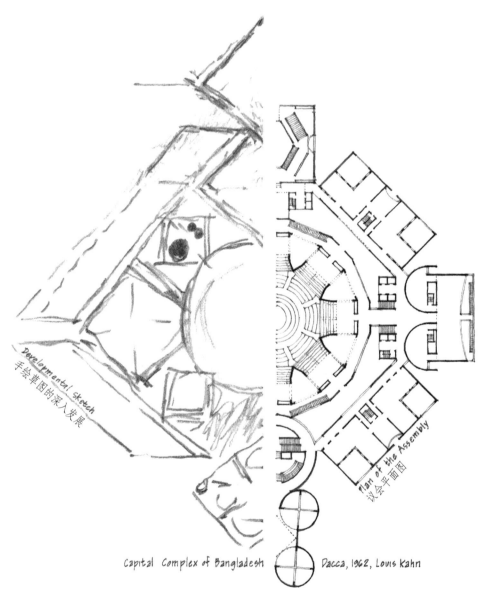

Developmental Sketch
手绘草图的深入发展

Plan of the Assembly
议会平面图

Capital Complex of Bangladesh　　Dacca, 1962, Louis Kahn

孟加拉议会中心，达卡，孟加拉，1962 年，路易·康

10
示意图
Diagramming

没有图纸可以与它努力要表达的事物完全一样。全部绘图都是对所感知现实或想象的概念一定程度上的抽象化。在设计绘图中，我们进行不同层级的抽象。在抽象层级的一端是表现图，它尽可能模拟设计方案未来的真实形象。在层级的另一端是示意图，它能够以非图画的方式描述物体。

示意图是指任何解释或明确物体各组成部分、排列布局或运作实施的绘图。示意图的特点是它能够通过消除和减少的过程，将一个复杂概念简化成各种基本要素和相互关系。许多不同领域的专业人员也使用示意图来促进发展他们的思路。数学家、物理学家，甚至音乐家和舞蹈家，都用各自的抽象语言符号和标记来处理他们努力解决的复杂问题。设计师也可以用示意图模拟和明确他们的视觉思维。

虽然每个设计过程都必将最终汇集为一个问题解决方案，但开始阶段的特性应当是发散性地思考各种可能性。设计包括作出选择；如果没有替代性方案，就无法作出选择。示意图关注一般性情况而非特例，它避免过快锁定一个解决方案，鼓励探索具有多种可能性的替代方案。因此示意图提供了一个便捷的方法来思考针对一个给定的设计问题如何产生了一系列可行的替代方案。示意图的抽象性质能够让我们分析并理解设计元素的本质，考虑它们之间可能的关系，并探索这些部分组织成一个统一整体的方法。

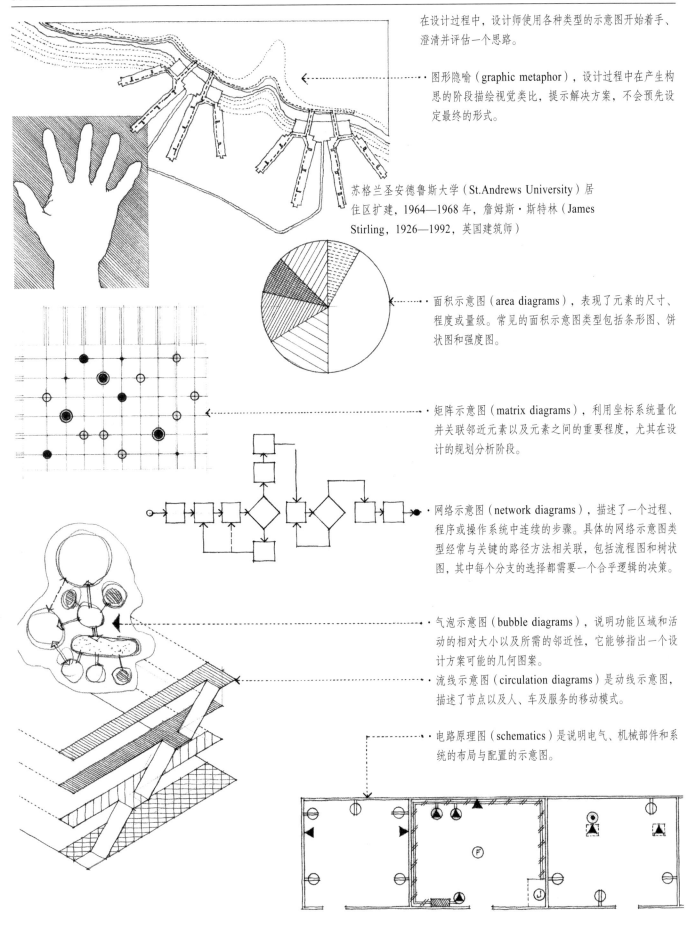

在设计过程中，设计师使用各种类型的示意图开始着手、澄清并评估一个思路。

· 图形隐喻（graphic metaphor），设计过程中在产生构思的阶段描绘视觉类比，提示解决方案，不会预先设定最终的形式。

苏格兰圣安德鲁斯大学（St.Andrews University）居住区扩建，1964—1968 年，詹姆斯·斯特林（James Stirling，1926—1992，英国建筑师）

· 面积示意图（area diagrams），表现了元素的尺寸、程度或量级。常见的面积示意图类型包括条形图、饼状图和强度图。

· 矩阵示意图（matrix diagrams），利用坐标系统量化并关联邻近元素以及元素之间的重要程度，尤其在设计的规划分析阶段。

· 网络示意图（network diagrams），描述了一个过程、程序或操作系统中连续的步骤。具体的网络示意图类型经常与关键的路径方法相关联，包括流程图和树状图，其中每个分支的选择都需要一个合乎逻辑的决策。

· 气泡示意图（bubble diagrams），说明功能区域和活动的相对大小以及所需的邻近性，它能够指出一个设计方案可能的几何图案。

· 流线示意图（circulation diagrams）是动线示意图，描述了节点以及人、车及服务的移动模式。

· 电路原理图（schematics）是说明电气、机械部件和系统的布局与配置的示意图。

分析示意图审查并解释整体中各组成部分的布局与关系。我们在设计中使用多种分析图。场地分析探讨了设计中的场地选址和朝向如何应对环境和背景因素。方案分析探讨了设计组织如何解决功能需求。形式分析研究结构模式、空间体积与围合元素之间的一致性。

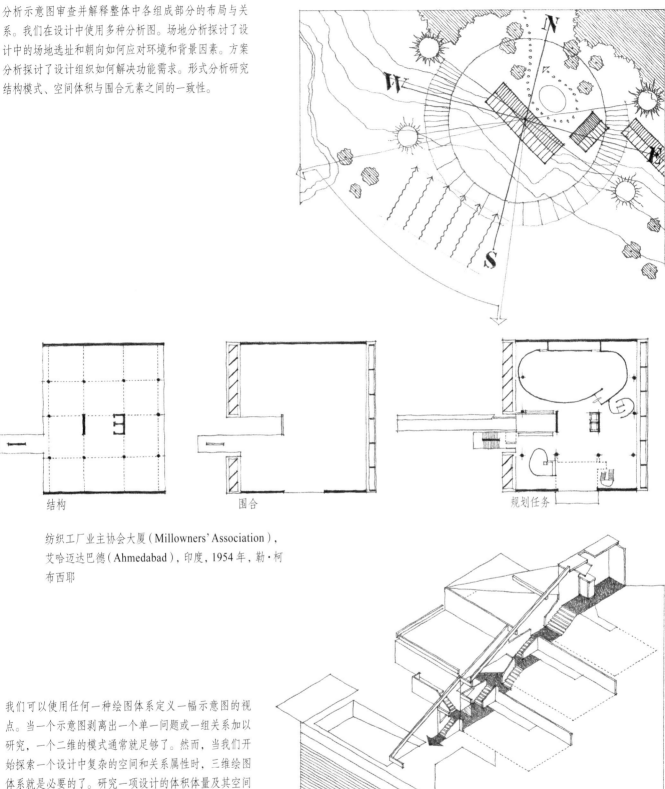

结构   围合   规划任务

纺织工厂业主协会大厦（Millowners' Association），艾哈迈达巴德（Ahmedabad），印度，1954 年，勒·柯布西耶

我们可以使用任何一种绘图体系定义一幅示意图的视点。当一个示意图剥离出一个单一问题或一组关系加以研究，一个二维的模式通常就足够了。然而，当我们开始探索一个设计中复杂的空间和关系属性时，三维绘图体系就是必要的了。研究一项设计的体积体量及其空间尺寸特别有效的工具是：剖视图、扩展视图和透明内视图。

布克斯泰弗住宅（Bookstaver House），威斯敏斯特（Westminster），佛蒙特州，1972 年，彼得·格鲁克建筑设计公司（Peter L. Gluck）

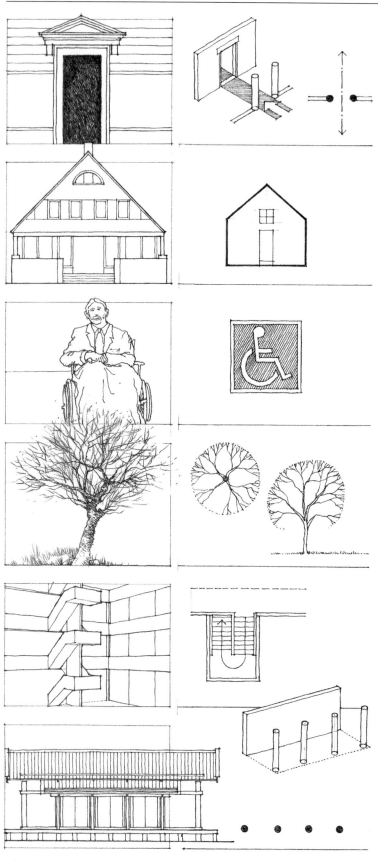

使用示意图来研究、分析并做出设计决定的效率是由于它们使用了标志和符号。这些抽象图形代表了更复杂实体、行动或构思，形式上比具象形象更适合编辑、操作和转变。运用抽象图形反映了思维在设计过程中的瞬息万变且推测的特性。

符号　Symbol

符号图形是通过联想、相像或惯例来代表某种事物，主要从它所表现的结构推导其含义。代表性符号是它们所代表事物的简化图画。为了使代表性符号对广大观察者有价值、有意义，它们必须是通用的，表现了它们所指代结构的特征。另一方面，虽然它们可以广泛应用，但通常需要一个背景或标题来解释其含义。当符号变得更抽象，丧失了与它们所指代事物的任何视觉联系时，它们就变成了标志。

标志　Sign

标志是图形符号、形象或具有传统涵义的标记，它的作用就如同单词、词组或操作的缩写。标志并不反映它所代表事物的任何视觉特点。它们只能通过惯例或共识来理解。

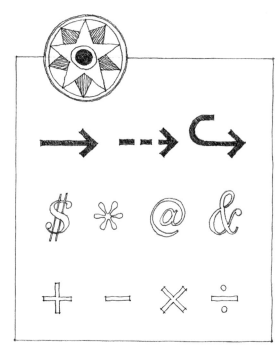

韦恩堡艺术中心平面构图摹本，韦恩堡，印第安纳州，1961—1964 年，路易·康

七巧板构图

符号和标志不如文字那样适合表达微妙的差异或轻微的含义差别，但尽管如此，它们还是有效地表达了元素的个性以及行动或过程的性质。与仅用文字表达的可能性相比，这种视觉抽象往往更能迅速地表达。即便如此，我们经常使用解释性文字说明一幅示意图的符号，即使仅以缩略的凡例或图例形式。

我们可以改变以下特征调整显示图形以及符号和标志的意义：

· 每个符号或标志的相对大小可以描述每个元素可量化的方面并且建立起元素之间的等级排序。
· 网格或其他几何秩序图形可调节示意图范围内实体或对象的定位与布局。
· 相对邻近性表明实体之间的关系强度。彼此接近的元素比相距较远的元素传达出一个更强的关系。
· 形状、大小与色调明暗的相似与对比等在所选定的物体和构思当中建立了等级类别。减少元素和变量有助于保持适当且可控的抽象程度。

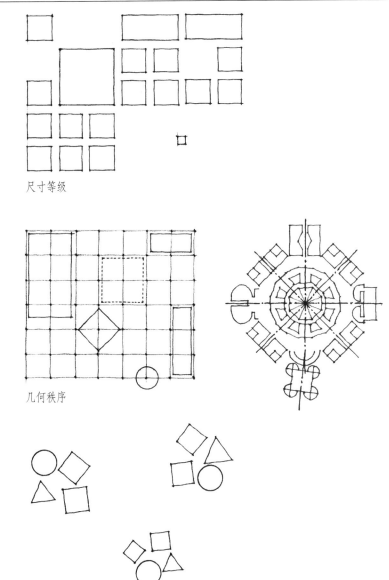

尺寸等级

几何秩序

根据邻近性组织

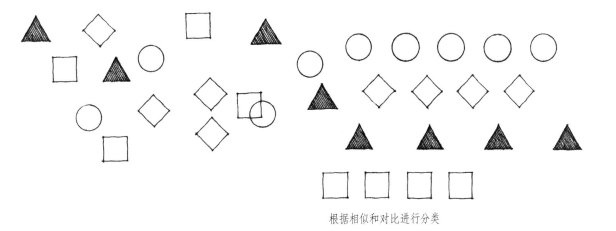

根据相似和对比进行分类

为了使示意图中元素之间的关系更加鲜明，我们使用邻近性、连续性和相似性的分组原则。为了进一步说明和强调特定的联系类型或实体之间的互动特性，可以运用各种线条和箭头。改变这些连接元素的宽度、长度、连续性及色调明暗，也可以描述出连接的程度、水平和强度。

线条　Lines

我们在示意图中利用线条的组织能力来定义区域的界限，表示了元素的相互依存以及结构整齐规范的空间关系。在阐释示意图的组织和关系特征时，线条同时使抽象概念和图画概念都清晰可见并易于理解。

箭头　Arrows

箭头是一种特殊的连接线类型。楔形端点可以表示从一个元素到另一个元素单向或双向的运动方式，指出一个力或行动的方向，或表示一个过程的阶段。为了澄清目的，我们使用不同类型的箭头区分出不同的关系类型，并区分出不同等级的强度或重要性。

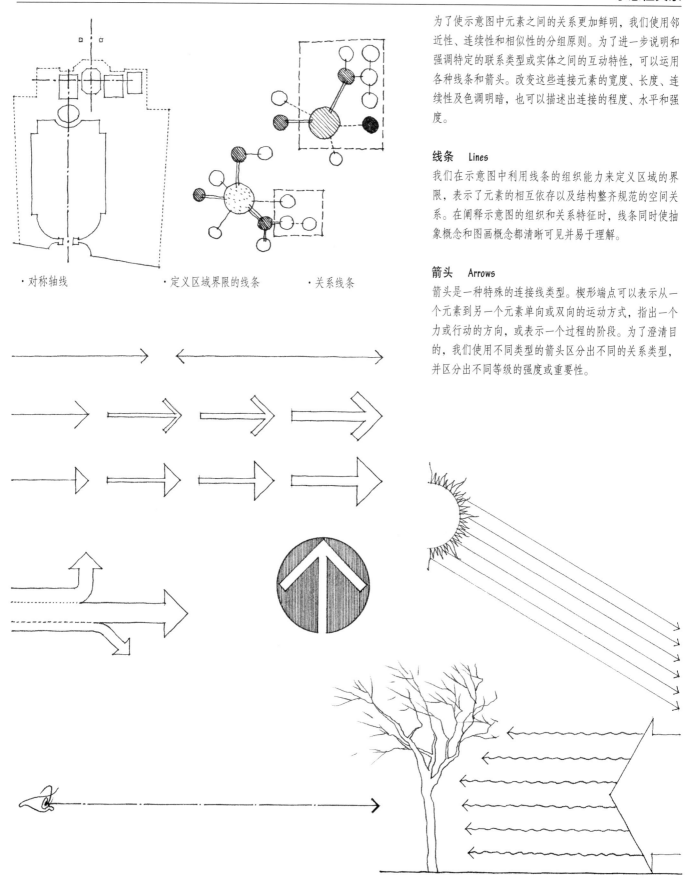

· 对称轴线　　　　· 定义区域界限的线条　　　　· 关系线条

练习 10.1

下面的示意图是建筑设计的空间构图。

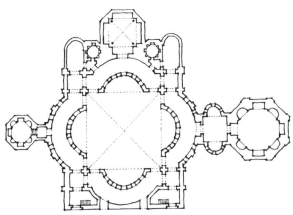

圣洛伦佐·马乔里教堂（San Lorenzo Maggiore），米兰，意大利，约公元 480 年

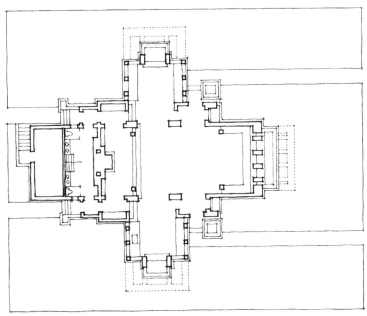

孔利剧院（Coonley Playhouse），河畔（Riverside），伊利诺伊州，
1912 年，弗兰克·劳埃德·赖特

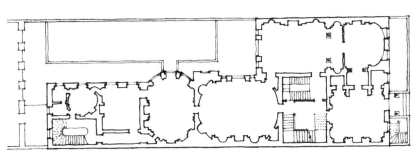

德比爵士住宅（Lord Derby's House），伦敦，1777 年，罗伯特·亚当
（Robert Adam，1728—1792，苏格兰建筑师）

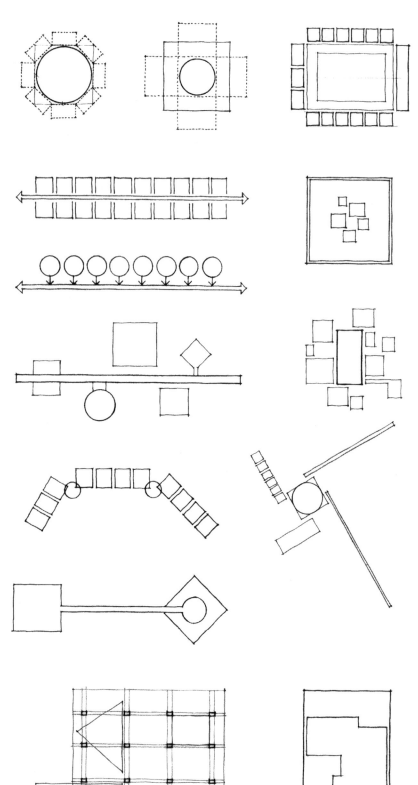

我们在设计过程的初始阶段使用示意图来研究现有的条件并生成、探索及阐述概念。我们还可以在设计过程中的表现阶段使用示意图解释设计方案的概念基础。

概念性设计　　Parti

概念是一种精神上的构思或是能够推动和指导设计发展的图像。在建筑设计中涉及概念或基本组织构思时，我们使用"概念设计"这个术语。以示意图的形式绘制出一个概念或概念性设计，使设计师能够快速有效地研究设计方案的整体特质与组织。并非专注于设计的外观，概念性示意图更关注构思的关键性结构特点和关系特点。

一个合适的概念肯定是恰当的，与设计问题的本质相关。此外，一项设计概念和示意图的图形描述应该具有以下特点。

一个概念示意图应该是：

·包容性：能够解决一个设计问题的多个议题；
·视觉描述：实力足以指导设计的发展；
·适应性：具备足够的灵活性去迎接改变；
·可持续：能够在设计过程中经受操控运作与变换而不失去个性。

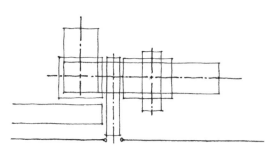

练习 10.2

前一页是各种概念性设计示意图的例子。对于如下所示的每个建筑平面，选择最紧密对应设计方案组织思路的示意图。修改所选示意图从而发展每个平面的概念性设计。

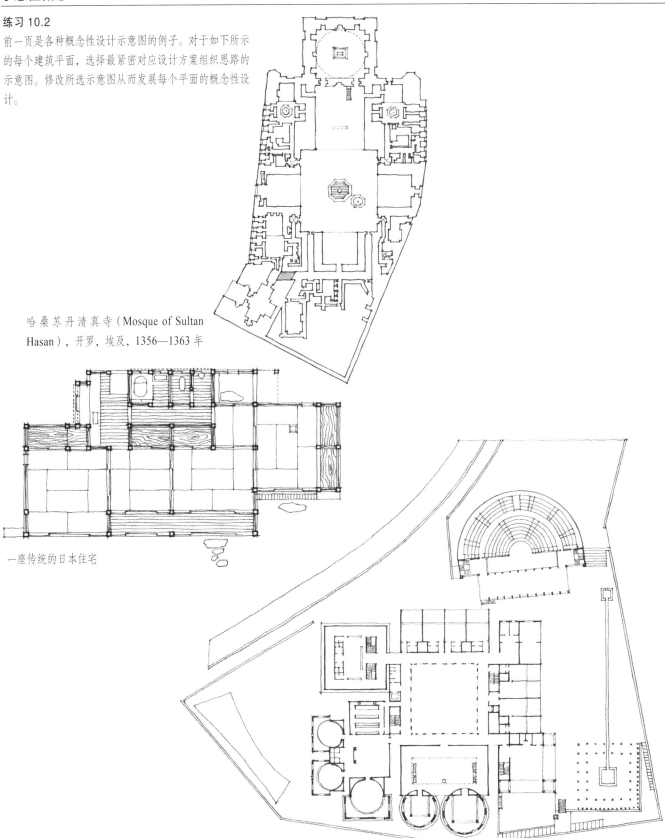

哈桑苏丹清真寺（Mosque of Sultan Hasan），开罗，埃及，1356—1363 年

一座传统的日本住宅

会议厅（Meeting House），萨尔克生物研究所（Salk Institute of Biological Studies），拉霍亚（La Jolla），加利福尼亚州，1959—1965 年，路易·康

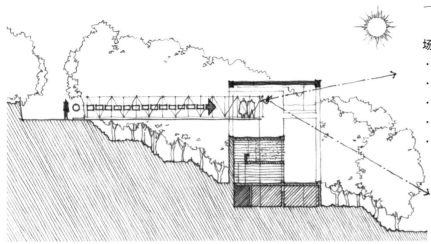

一些概念示意图可以有效地处理议题，包括：

场地　Site

· 周边环境制约因素和机遇
· 历史与文化的影响
· 太阳、风和降水等环境因素
· 地形、景观、水文
· 通过场地的路径、出入口和通路

圣瓦伊塔尔住宅（Residence at Riva San Vitale），卢加诺湖（Lugano Lake）畔，瑞士，1971–1973 年，马里奥·博塔（Mario Botta，1943—，瑞士建筑师）

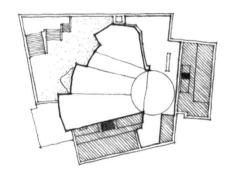

塞伊奈约基剧院（Theater in Seinäjoki），芬兰，1968–1969 年，阿尔瓦·阿尔托

规划任务　Program

· 活动所需的空间尺寸
· 功能的接近和邻接
· 被服务空间和服务空间之间的关系
· 公共和私人功能的分区

流线　Circulation

· 行人、车辆和服务性路径
· 运动的路径、入口、节点和通路
· 水平和垂直的路径

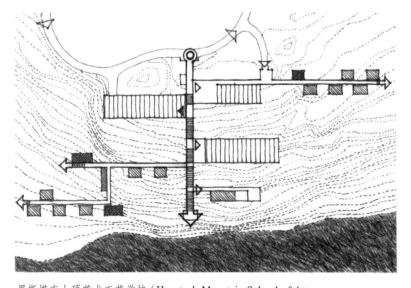

黑斯塔克山顶艺术工艺学校（Haystack Mountain School of Arts and Crafts），鹿岛（Deer Isle），缅因州，1960 年，爱德华·拉勒比·巴恩斯（Edward Larabee Barnes，1915—2004，美国建筑师）

形态问题   Formal Issues

- 图—底关系与虚—实关系
- 排列原则，如对称和节奏
- 结构元素和模式
- 围护的元素和布局
- 空间品质，如庇护和瞭望
- 空间的等级性组织
- 形态体量和几何
- 比例和尺度

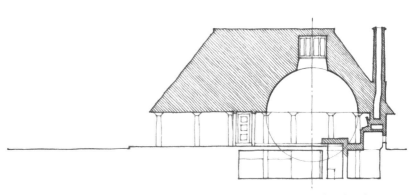

伍德兰德教堂（Woodland Chapel），斯德哥尔摩，瑞典，1918—1920 年，埃里克·贡纳尔·阿斯普伦德

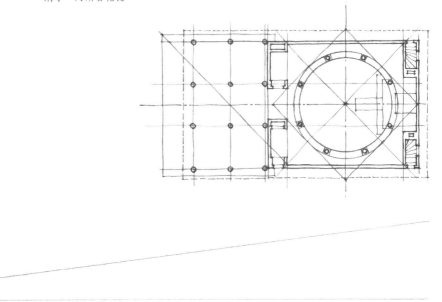

紫禁城太和殿，北京，1627 年

系统   Systems

- 结构、照明与环境控制系统的布局和整合

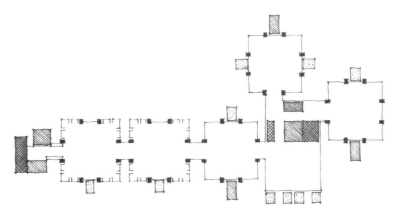

理查德医学实验室（Richards Medical Research Laboratory），宾夕法尼亚大学，费城，1957—1961 年，路易·康

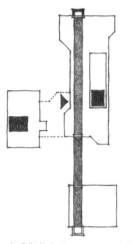

海恩斯住宅（Hines House），海洋牧场（Sea Ranch），加利福尼亚州，1966 年，MLTW

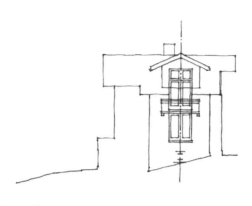

弗莱格住宅（Flagg House），伯克利（Berkeley），加利福尼亚州，1912 年，伯纳德·梅贝克（Bernard Maybeck，1862—1957，美国建筑师）

在生成、发展并利用概念示意图时，一些原则帮助激发我们的思维。

· 保持概念示意图简洁。绘制小尺度示意图，凝聚信息便于管理。
· 删除多余信息，按需要把重点放在特定问题上，提高示意图的整体清晰度。
· 重叠或并列一系列的示意图以观察某些变量如何影响设计特质，或者设计的各组成部件和组成系统如何结合在一起，形成一个整体。
· 颠倒、旋转、重叠或扭曲一个元素或连接从而为观察示意图提供新的途径并发现新的关系。
· 当探寻秩序的时候，利用尺寸、接近性和相似性等修饰要素重组、重置构成元素。
· 必要时添加相关信息以利用新发现的关系。

在所有情况下，示意图的视觉清晰度和组织应该令视觉悦目并向观察者传递信息。

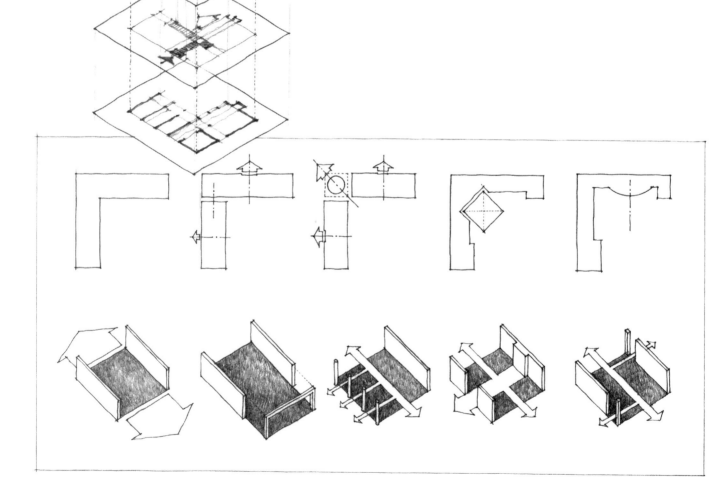

练习 10.3

分析芒特·安杰尔·伯纳狄汀大学图书馆的平面图和横剖面图。推进示意图传递以下信息：

· 结构模式
· 围护系统
· 空间组织
· 功能区划
· 流线模式

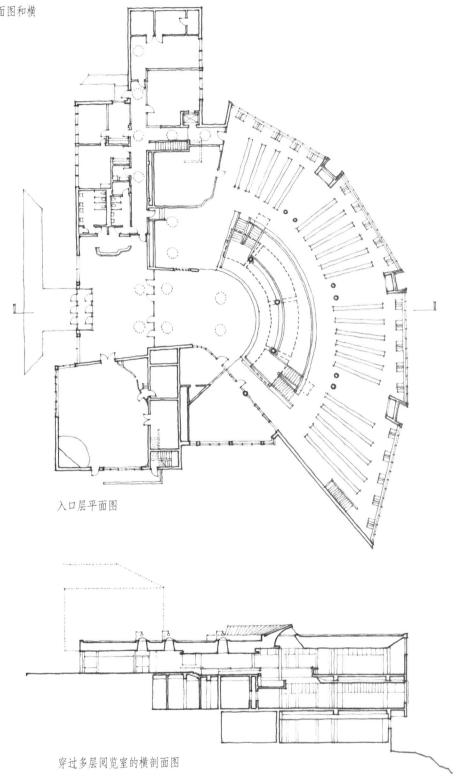

入口层平面图

穿过多层阅览室的横剖面图

芒特·安杰尔·伯纳狄汀大学图书馆（Library of Mount Angel Benedictine College），芒特·安杰尔（Mount Angel），俄勒冈州，1965—1970 年，阿尔瓦·阿尔托

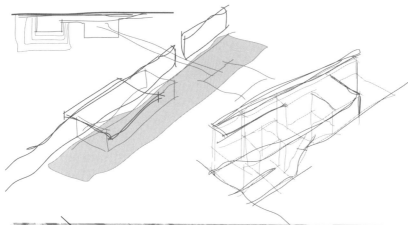

虽然用钢笔或铅笔在图纸上徒手绘制概念示意图仍然是开启设计思路最直接、最直观和最灵活的手段，但仍然有一些数字工具，使我们对一个设计问题的理解以及处理、解决甚至重塑这个问题的可能性方法变得鲜明可见。既然我们探索利用数字化工具启发设计思路，应该记住本章前几页中所阐述的议题和原则仍然适用。

· 二维光栅图形软件加上数字手写笔、平板电脑和触摸屏，或是简单的鼠标就能让我们勾画出一个构思的本质性内容。

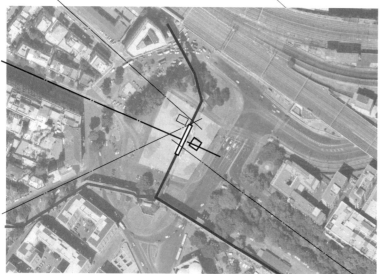

· 数码照片和绘图在启发分析示意图时是有用的。可以使用一张空中鸟瞰照片作为场地分析示意图的底图，或利用现有建筑物或场景的照片从体验的视角来分析背景文脉。

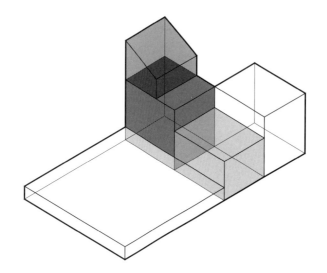

· 基于矢量的绘图软件可以让我们创建代表基本示意性元素的对象，并使用默认的线条和箭头传递出所需的关系。

· 三维建模软件赋予示意性元素和各种相互关系以空间尺寸。当使用一个建模软件时，重要的是要保持示意图的概念性本质，将建模元素读解为抽象概念而非表现真实的实体建筑构件。做到这一点的一种方法是使用线框视图以及表示相对用途和重要程度的颜色和明暗色调。形状、尺度和比例很容易操作，应慎重考虑传递示意性元素所需的特性。

数字化工具提供了一些相对于徒手绘图的优势。

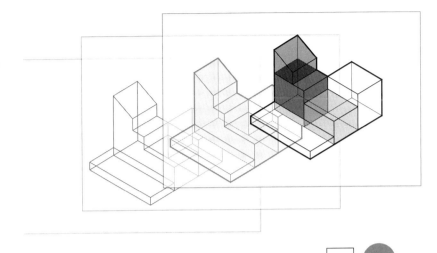

· 绘图和成像软件内置的分层功能允许对某些元素不
予强调或"关闭"，同时将其他一些元素前置实现
强调。

· 可将元素按相似性组群分类，在数字空间内彼此相
对移动，构成实体拼贴，并可随意重新安排，以探
索可能的关系。⋯⋯⋯⋯⋯⋯⋯⋯⋯⋯⋯⋯⋯⋯⋯⋯⋯⋯⋯⋯

· 也许图形软件最强大的功能是在试错过程中撤销移
动，保存档案的副本，使我们自由地探索替代性方案，
而不必担心丢失以前的工作成果。

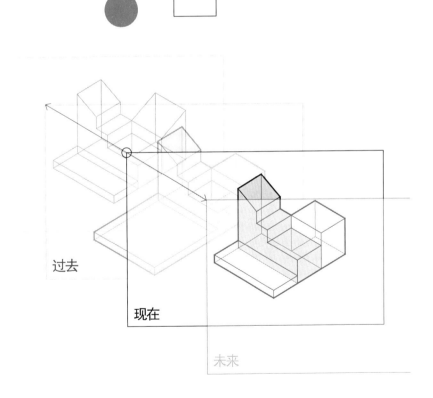

使用数字化工具一个特别的缺点是软硬件相结合表现
出的抽象层次与我们构想的抽象层次在显示器或屏幕
上所呈现效果间的差距。因此使用数字媒体有效示意
设计概念的关键是我们能够获得足够流畅的使用软件，
从而可以凭直觉观察、思考与绘制，而无须担心操作
键盘、菜单或调色板上的哪个命令，这会打断我们连
续的思维。

建模软件另一个特别的缺陷是在设计过程的开始阶段
需要开放性操作，但建模软件却会明显坚持绘图的精
确性。尽管我们可以自由地解读数字化数据所表现的
方式，但是它们默认的表现模式是一种固定的模型。
尽管如此，如果了解这些趋势，我们就可以有效地使
用数字化工具示意设计构思。

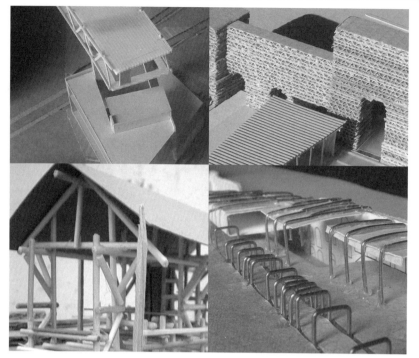

实体模型　Physical Models

与工艺图一样，实体研究模型对于将设计理念快速图像化是很重要的。用双手切割并组装真实的材料提供了触觉感知，增强了视觉感知，并赋予它一个空间尺寸。虽然实体研究模型常常用来作为表现工具，它们主要被视为是探索的手段。一旦建成，实体模型可以在我们的手中和思维中翻转、拆分和重塑。可以从不同视点拍摄模型，还可以扫描摄影图像用来进行数字化的研究、打印或绘制。

数字模型　 Digital Models

三维建模软件使我们能够建立起设计构思的虚拟模型，并从不同的观点研究它们。这使它们有望进一步发展设计构思，只要我们将模型的图像认为是尚在进行中的工作，而不是最终成品。

使用数字模型，在创建模型时需要掌控三维建模程序所需的数据准确性。同时应该在心中牢记数字模型是思维工具，可以改变和修正。因此我们应该不使输入和输出中的具体性来限制设计过程中的开放性。

由于数字化建模大量依靠使用轴、切点、对齐的面和边作为建模辅助来构成一个三维形式，当我们在建立实体模型时思考这些术语，通常可以获取更加高效的建模过程。

也许实体模型与数字模型之间最引人注目的差异在于我们如何看待物质和空间特征。实体模型直观性强，而数字模型需要借助当今科技手段——显示器或屏幕来观察分析，本质上是三维数据集合的二维图像，这就需要和阅读手绘图相同的解读技能。

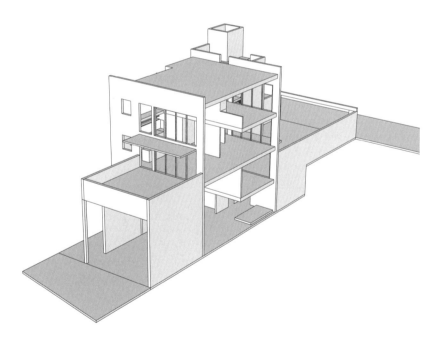

布尔运算 *Boolean Operations*

在三维建模软件中运用布尔运算可以通过一组简单的几
何元素实体，如立方体、圆柱体、球体、棱锥体或圆锥
体，建立比较复杂的模型。以下所有操作都是解构的，
因为每个操作完成操作之后都去除了原本实体。

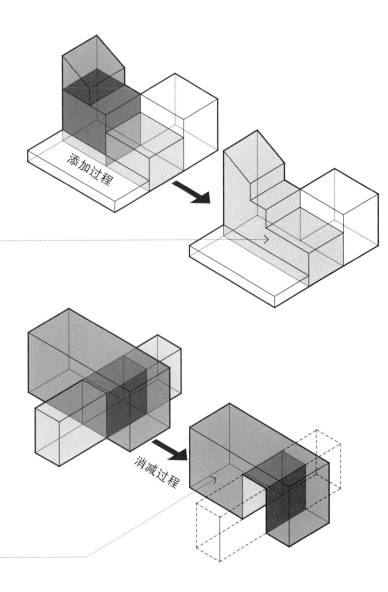

· **布尔合集**（Boolean union）是一个添加的过程，将
  两个或更多单一独立的个体结合到一个新实体，新实
  体包含了所选实体共有和非共有的体量。

· **布尔差集**（Boolean difference）是一个消减的过程，
  从一个或其他选定的实体中去除或剔出共有的体积。
  注意消减形态也可以通过直接操纵原始形态的点或表
  面创建。

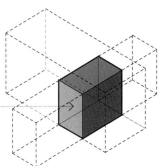

· **布尔交集**（Boolean intersection）是基于两个或更多
  选定实体共有体量创建一个新实体的过程。

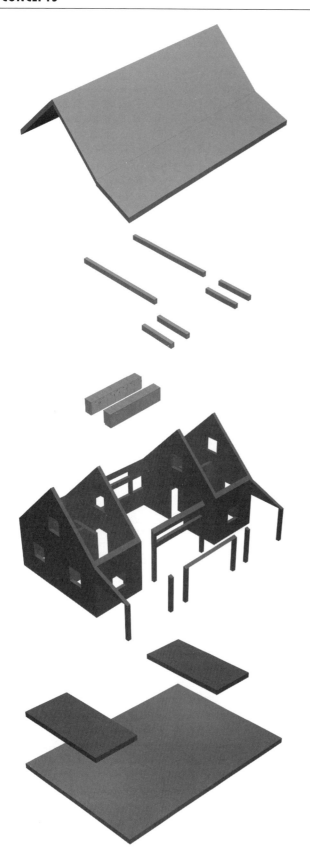

建模视图　　Modeling Views

三维建模程序鼓励我们以透视角度审视我们所建立的模型，这在研究设计的体验特征方面是有价值的。然而，一项设计往往有些特征，如横向和纵向的关系，应在正投影中加以研究。要做到这一点，我们可以从三维数据集合中提取传统的二维平面、剖面和立面。理想的建模程序设置是在不同的视窗中提供了多个视图，再有一个足够大的显示器能同时看到所有视角的视图。这样我们可以看到一个视图中的变化，例如在平面视图中移动一面墙，它如何会立即影响了透视图中的空间品质。

我们也可以开启和关闭不同的图层来生成剖切视图。我们可以导出和重组特定的视图来描述设计或施工的顺序。这是以逻辑和连贯的方式组织任何数字模型数据集合的两个很好的理由。

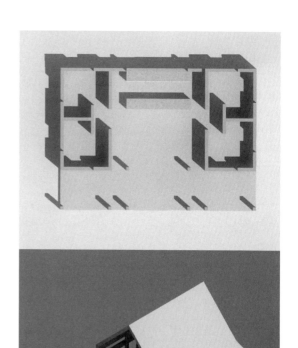

大多数建模软件提供多个查看选项，每个选项强调了我
们正在创建的模型某些方面，同时忽略了其他一些方面。

实体视图　Solid Views

实体视图，有时也称为"隐藏线条视图"（hidden-line
view），显示模型表面为不透明的元素，这在从外部视
点研究体块和构图时是有价值的。实体视图在研究城市
环境下由建筑物构成的外部空间时是特别有帮助的，视
图可以指定日光源用于阴影的初步研究。

透明视图　Transparent Views

透明视图，有时也被称为"幻影视图"（ghosted
view），显示模型表面为半透明的平面，使我们能够穿
透或越过物体或组合看到内部。透明视图强调数字模型
的立体感和空间品质，可有效作为叠加研究虚—实关系
的基础。

线框视图　Wireframe Views

线框视图显示的模型表面为完全透明，让我们看到所有
组成物体或组合每个平面的边缘。线框表现可能是模糊
不清的从而导致了多重解读。然而这种不确定性也可以
看做是种优势，它让我们在构建模型时看到了非我们本
意的其他可能性。

渲染视图　Rendered Views

渲染视图赋予数字模型每个表面特定的材料，使一部分
物体和表面不透明，而另一些保持透明。在设计过程的
初始阶段，开放式思维需要一定程度的抽象，而无需特
定性，渲染一个数字模型的用途最小。因此渲染材料应
保留到设计过程的后期阶段，当它表现的模型和设计变
得更加精致时采用。

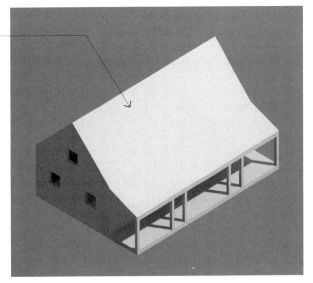

实体模型

数字模型

思考与发展 **设计构思** 的方法

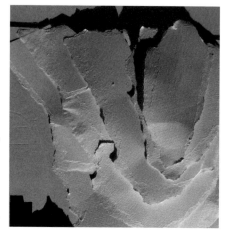

实体拼贴

手绘

设计过程　Design Process

虽然设计过程通常是作为一系列的线性步骤，它实际上更像是一系列对现有信息循环反复的精心分析、直觉洞察力的综合以及可能解决方案的评估等等。这个不断重复的过程直到预想与现实之间实现成功磨合。设计过程可能被压缩至一个短暂的、高强度的周期，或延长超过几个月甚至几年，这视设计问题的紧迫性或复杂性而定。设计也可能是一个凌乱的过程，困惑混沌伴随着乍然清晰，又穿插着沉静反思。为了通过这一过程，我们依靠各种表现方式从示意图到设计构思的发展与完善。

表现模式　Modes of Representation

我们运用各种表现方式展现和塑造用于研究、分析和发展的设计理念。这不仅包括传统绘画，而且也包括摄影、实体拼贴、模型以及数字化的探索和模拟，任何我们可以有效培育设计理念"生命"的方法。没有哪种表现模式是最适合任何设计过程的特定阶段。即没有一个对每个人来说都是最好的实践方式可以让我们接近设计过程。

我们知道有一系列可视化图形工具，每种都有其固有
的优势和偏好，应当自由应用。根据设计调查或探索
研究的性质，我们可以选择：

· 使用描图纸覆盖或数字化手段在一幅鸟瞰照片上描绘
  出它可以影响建筑物的选址和形式的城市设计要素。

· 研究尺度以及场地与建筑剖面之间的垂直关系。

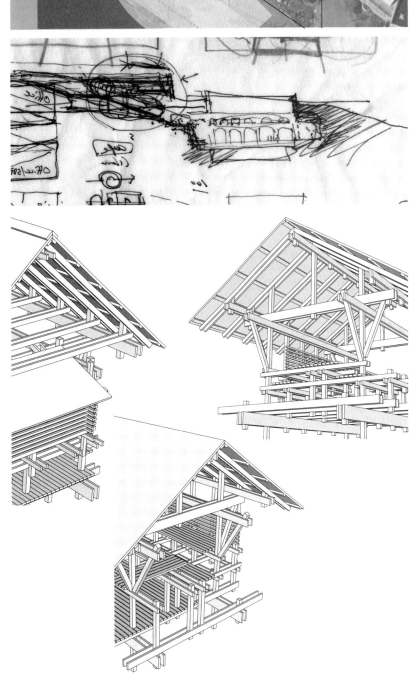

· 用材料质地和实体拼贴表现美学特征。

· 以实体模型或数字模型探索形式的可能性。

记住设计思路可能局限在我们表现能力的范围之内，
无论是手绘、数字媒体设备或是制作实体模型的能力。
我们以各种方式表现的技能越好，我们越可以轻松地
使用这些可视化工具开拓设计思路。而且正如从不同的
视角观察，可以帮助我们灵活地思考，在传统方法与数
字式可视化方法之间不断切换也有助于以一个不同角
度观察一个问题或构思，并可能导致意想不到的新见解。

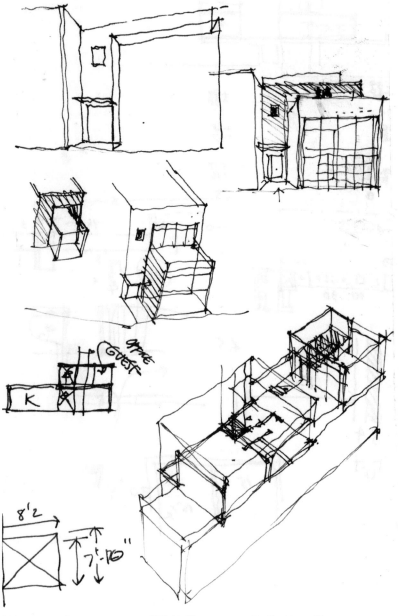

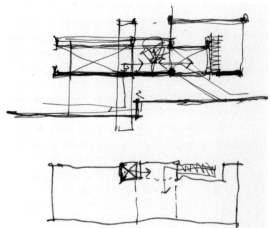

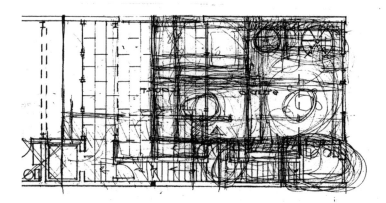

工艺图 Process Drawings

一旦确定并澄清了恰当而且丰富的设计理念后，我们使用工艺图将示意性概念推演为确定的方案。当这样做时，我们应该提醒自己，设计图纸是一种语言，三大绘图体系——多视点绘图、轴测绘图和透视图提供了不同的方法来思考与表达我们的构想。每个体系表现了一个独特的视点并包括一种固有的心理活动，它指导着我们对于相关设计议题的探索。在选择一种绘图体系研究一个特定设计议题时，我们有意或无意地选择将哪些方面展示出来，将哪些隐藏起来。

· 什么时候透视研究的环境特质与体验特质具有实用价值？
· 什么时候轴测绘图完整的、可缩放的三维视图是最适合的？
· 什么时候平面视图所揭示的水平关系是最相关的？
· 剖面视图相对于平面视图或轴测视图的优势在哪里？

在这个阶段，如同相机的变焦镜头一样工作是很有实用价值的，可以更大的比例尺度和更详尽的细节放大特定区域进行研究，也可缩小仔细研究设计方案的整体比例尺度、基本组成部分及其相互关系。随着设计理念的明确和发展，用来表达构思的绘图也变得愈加明确和精细，直到最终敲定设计方案。

关键草图 Key Drawings

一般来说，在第322~323页内所陈述的议题对于成功解决设计问题是必要的。然而在一定情况下，一些问题相对于其他显得更加重要，并形成了一个设计思路或方案的核心，围绕该思路可以推进设计方案。基于这些关键问题的特质，我们可以识别相应的关键示意图，绘制出最适当，也最相关的方法探索这些关键问题。

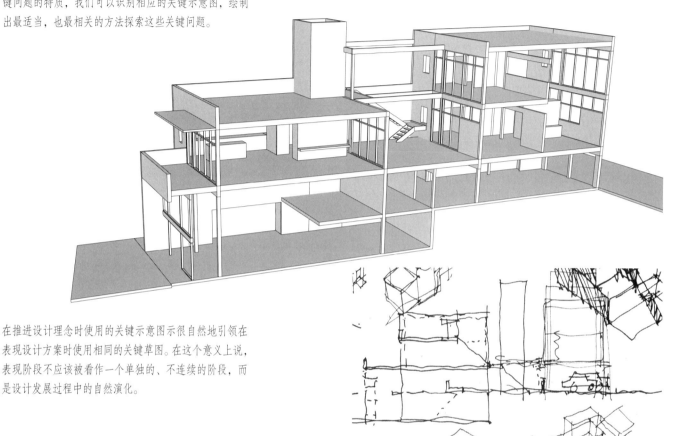

在推进设计理念时使用的关键示意图示很自然地引领在表现设计方案时使用相同的关键草图。在这个意义上说，表现阶段不应该被看作一个单独的、不连续的阶段，而是设计发展过程中的自然演化。

场地和背景因素 Site and Context Matter

一些设计问题由基地和背景主导，并最好通过类似表现手段，如鸟瞰照片、现场照片、场地剖面图等进行研究。特别在城市情景中，图—底模式、运动路径、节点位置、轴线和边缘以及历史遗迹或文物、感知的视线与视角等都要求表现现有条件，实现了对这些城市设计因素的分析与综合。对于具有地形特色的场地，等高线图和场地剖面图提供了最好的平台，用来研究地形对基地路径和建筑结构与形式的影响。

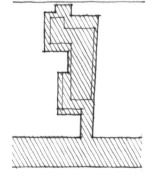

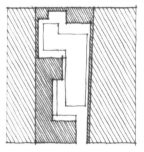

示意图

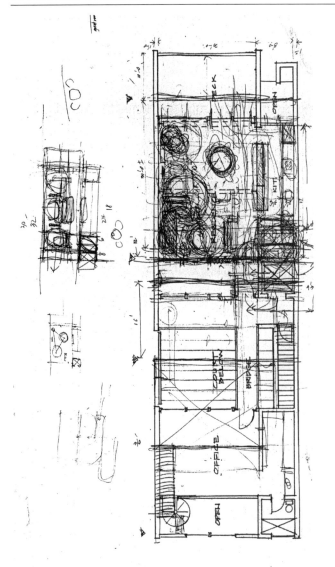

任务书问题　Programmatic Issues Matter

通过列出使用者和活动的要求，设计任务书赋予建筑设计生命。在分析任务书要求时，我们应该小心不能将特定的气泡图或关系示意图与建筑设计的最终形式等同起来。在推进分析任务书时，我们应该依赖于把任务书的分析与形式理念或结构理念相互激发、融合或叠加。

尺寸、尺度与比例问题
Size，Scale and Proportion Matter

注意尺寸、尺度和比例是极其重要的。所需的设计空间尺寸可以通过多种方式实现。例如，一个400平方英尺的空间可以是正方形、长方形，或拉长的走廊形空间。或许它可能是不规则形状或曲线边界的。在所有这些选择中，我们如何作出决策而不必参考其他的因素，比如要适合其他空间、背景环境的机会与制约、结构材料和形式以及相关的表现品质？

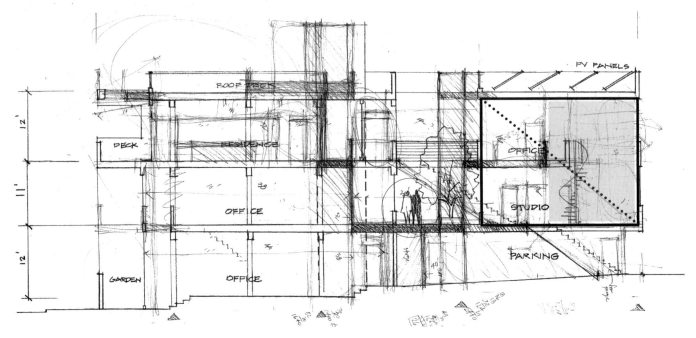

结构材料和系统问题
Structural Materials and Systems Matter

了解结构构件和系统如何缓解压力，知道如何组装材料以及如何构建建筑，将指导完善建筑设计的形式和内容。领会建筑材料和系统的塑形能力——木材、钢材和混凝土框架、砌体承重墙和混凝土板的平面语汇、高端构架系统的体量可能性，所有这些都会提示设计方案在外形与表现品质上的潜能。

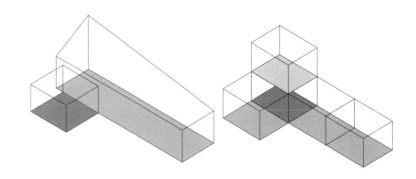

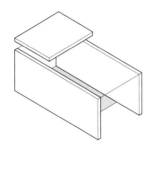

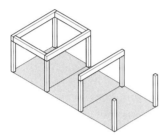

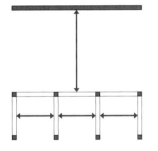

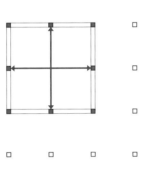

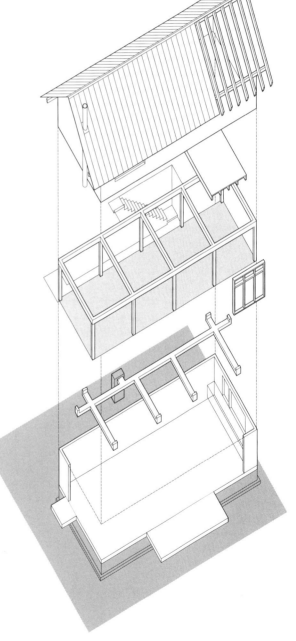

系统整合问题　*Systems Integration Matters*

建筑设计中所有系统的成功布置，从技术上的结构、照明和环境控制到空间角度需要我们不断思考在三维中它们之间的关系以及如何整合。我们通过叠加平面或剖面，或利用轴测视图更为完整地进行。

形式问题   Formal Issues Matter

随着绘制出与设计问题相关的背景、任务、结构以及构造
等方面议题的示意图，我们应该注意到最终绘图的外形品
质特征是设计过程的自然产物。我们不能忽略示意图的外
观，也不能忽略它们在形式上可能展现的内容。

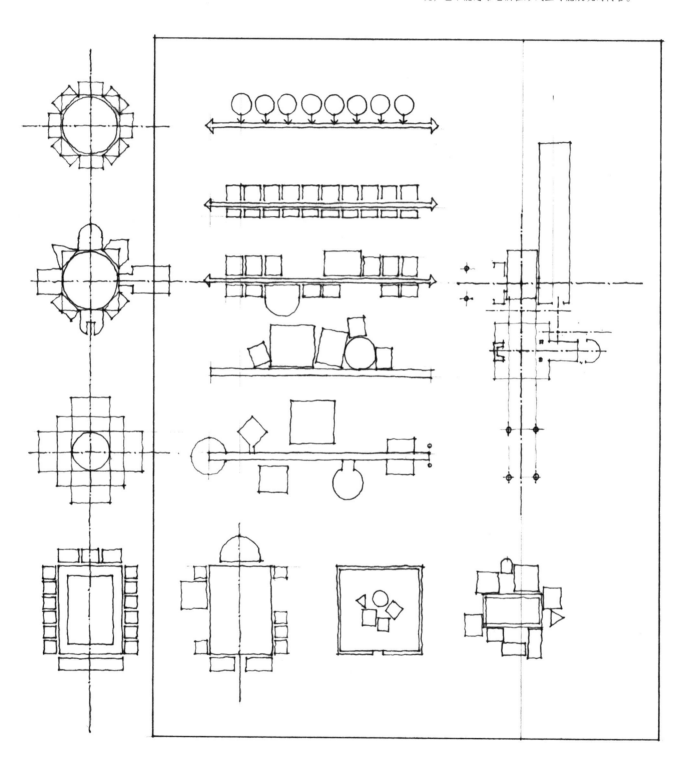

正如我们对各种关系的示意图揭示了设计的构图，我们的形式意图应该揭示示意过程。甚至还有的情况下，具体的形式特质本身可能就是设计过程的驱动力，比如交通设施的线性特质、高层建筑物的垂直性，或城郊园区的广阔性。因此，通过将背景、任务、结构及构造的可能性与一定的秩序原则相叠加，例如，重复、节奏或对称性，我们可以进行必要的调整来阐释设计方案的精髓。

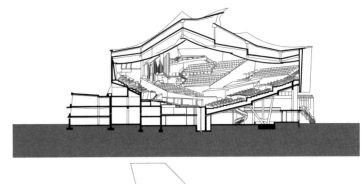

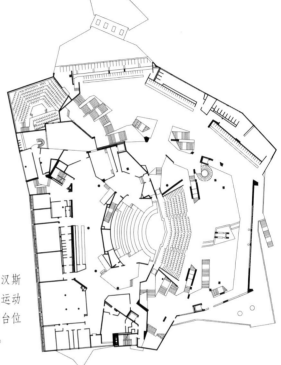

爱乐厅（Philharmonic Hall），柏林，德国，1960—1963年，汉斯·沙隆（Hans Scharoun，1893—1972，德国建筑师）。表现主义运动的实例，这个音乐厅有一个帐篷似的不对称混凝土屋顶结构，舞台位于阶梯座位的中间。它的外观服从于对音乐厅的功能和声学要求。

悉尼歌剧院（Sydney Opera House），1973年，约恩·伍重（Jørn Utzon，1918—2008，丹麦建筑师）。标志性的薄壳结构由预制和现浇混凝土肋组成。

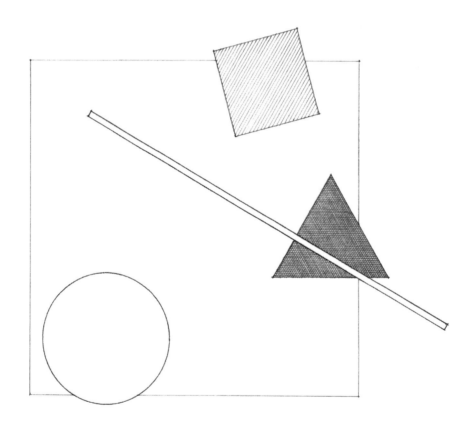

11
构图
Drawing Composition

绘图是一个设计体系。缺失了对构图的关注，无论对于恰当的视角选择或是技法的美观都是不充分的。在组织绘画时，我们操控基本的图形元素——线条、形状和色调将其运用到连贯的图—底模式中，传达了视觉信息。通过这些元素的组织与关系，我们定义了绘图的内容和背景。因此规划构图是表达信息的关键。

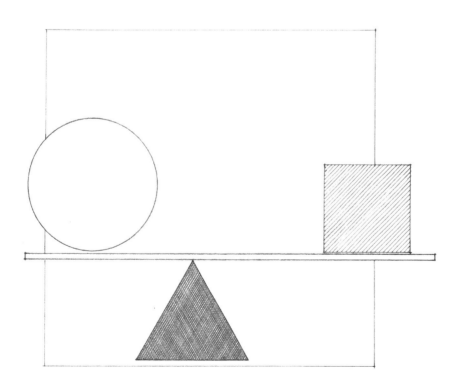

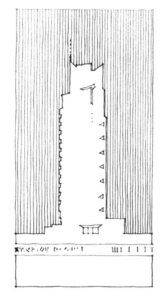

组织构图的第一步是确定对应于纸张或画板尺寸的绘图区域的形状、大小和比例。这个区域应该足以容纳一部分的设计背景以及图纸标题、图形比例和相关符号。

绘图区域，可能是正方形、长方形、圆形、椭圆形或不规则形状。矩形区域是最常见的，可以按垂直或水平方向定位。无论绘图区域的形状如何，一定的基本原则适用于其内部的元素组织。

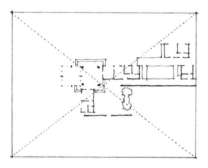

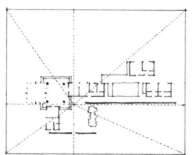

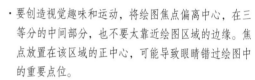

- 要创造视觉趣味和运动，将绘图焦点偏离中心，在三等分的中间部分，也不要太靠近绘图区域的边缘。焦点放置在该区域的正中心，可能导致眼睛错过绘图中的重要点位。
- 当多个兴趣中心引导眼睛环视绘图区域，有一个平衡点或视觉重心，它应靠近于绘图区域中心。
- 眼睛跟随由兴趣中心建立的力线。避免对角线引导眼睛进入绘图区域的角落。建立同心的力线，保持视力处于绘图区域之中。
- 避免将两个关注中心放置在绘图区域相对的两侧边缘上，因此建立了一个缺少兴趣点的中心空间。

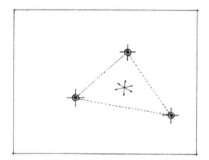

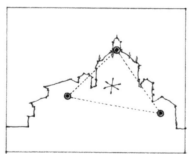

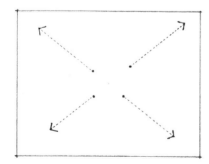

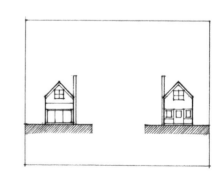

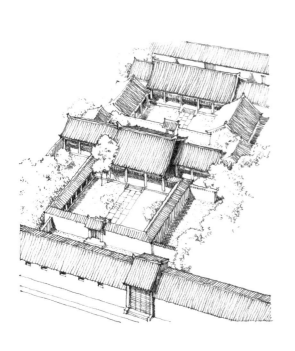
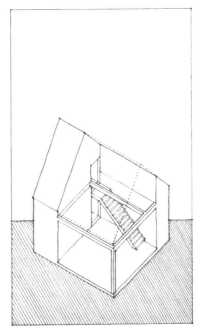
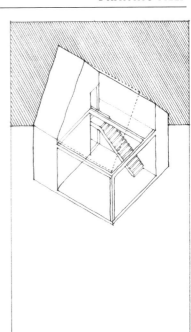

· 如果将构图的下半部分，特别是左下角区域作为主导，
会使得画面显得稳重接地气。另一方面，将画面上半
部分作为主导会让人感觉草率和失重。

· 避免将绘图区域等分。对称划分可能导致乏味、无趣
的构图。

· 我们从左至右阅读，因此往往也期望信息从页面的左
侧展开。信息或焦点放置在区域右侧会制造紧张不安，
可能需要重新引导眼睛回到绘图区域。

· 允许某些图形元素突破绘图区域的界限，可以提高动
态品质，并强调出绘画的图面深度。

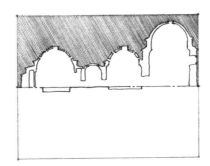
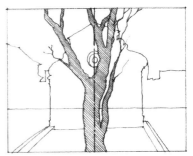
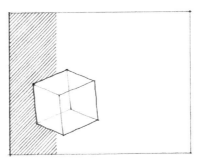
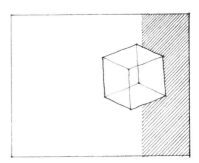
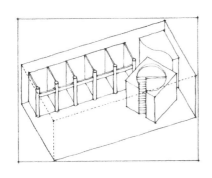
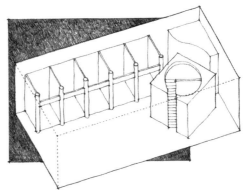

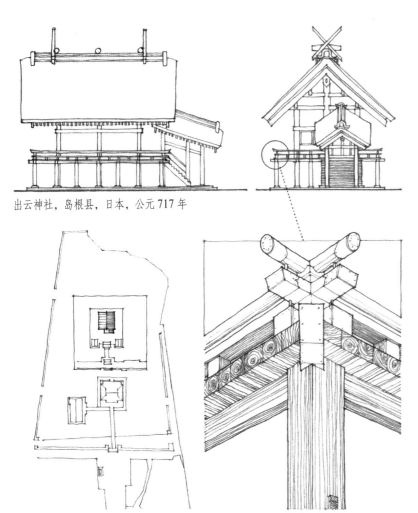

出云神社，岛根县，日本，公元 717 年

设计图纸是全尺寸物体或构筑物的缩小版本。在为绘图选择一个合适的比例时，要考虑几个因素。

首先，在绘图比例和绘图表面大小之间有一个明显的关系。设计项目越大，在画面或画板上所表现出的越小；设计项目越小，比例可能越大。同样影响绘图比例的是图纸表达出的布局方式。例如，当平面图、剖面图和立面图组成一套互相关联的信息，其比例必须使一整套信息适应于单张画面或纸板。

其次，绘图比例调节观察者心灵之眼与设计表现之间的感知距离。特写图提供了针对物体特征的细节观察。小比例的图纸增加这种感知距离，但可以迅速把握一个构思的整体。同时，这些远距离视图最大限度地减少了可以描述的细节数量。

另一方面，大比例绘图是近距离视图，允许显示更大程度的细节和复杂性，渲染了更大范围的色调明暗。由于绘图比例增加，保持可读性和准确性所需的细节数量也有所增加。在较大比例绘图中缺乏充足的细节，会让图纸显得稀疏和示意化。

最后，图纸比例会影响我们绘制所使用工具和技法的类型。尖细的工具，如钢笔和细铅笔，支持小比例绘图，使我们能够专注于精致的细节。粗笔尖工具，如彩色马克笔和木炭，支持大比例绘图，阻碍对小比例特征的研究。

分辨率是指人们的视觉系统分辨或区分两个对象的能力——从屏幕上的像素比例与行驶在高速公路上的卡车——尽管它们在我们的视野中非常接近。在绘画中，我们分辨线条、形状、色调对比构图的能力对于阅读图像是十分重要的，最终不仅依靠图像如何被创建，也依赖它的尺寸和我们观察的距离。

绘图介质和绘画表面之间的相互作用决定了手绘图像的相对平滑度或粗糙度；所产生的结果是人眼可以立即识别出来，可以评估恰当的对比度和细节。了解物体的属性、绘图的比例与被观察的距离，我们可以决定图形应该是光滑的或是粗糙的。例如，眼睛可以在一定距离内分辨粗糙表面炭灰的纹理特征，超出这个距离，清晰的明暗模式开始变得模糊，眼睛看到的色调变得更平滑。另一方面，用细尖的墨水笔绘制的一幅小图的细节必须从比较近的距离上审视才能欣赏。

数字分辨率　　Digital Resolution

虽然原始手绘图的大小和分辨率是很明显的，数字图像可能在图片大小和分辨率上有所变化，这取决于如何获取图像以及输出图像的方式。当使用数字图像表现时，图像的大小、分辨率和视觉质感之间的关系是一个重要问题。这取决于是扫描、显示还是打印图像，我们以采样、像素或每英寸的点数量测和表达数字分辨率。

以下章节专门谈光栅图像，它由矩形网格的像素组成，与分辨率息息相关。另一方面矢量图形，使用基于数学的几何图原，如点、线、曲线和各种形状来构造数字图像。矢量图与分辨率无关，它可以更容易地放大到输出设备所需的质量，无论是显示器、投影仪还是打印机。

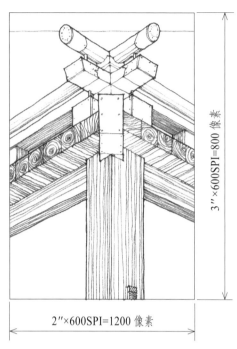

一幅 3″×2″ 英寸图像以 600SPI 或 DPI 扫描将会产生 1800 像素高、1200 像素宽的数字图像。

这幅插图显示从 200 万像素到 700 万像素图像的相对尺寸。

扫描分辨率　*Scanning Resolution*

为了复制出一幅图像，扫描仪采用了电荷耦合器件（CCD，charge-coupled device）或其他传感器收集原始图像的样本采样。每英寸的采样（SPI，samples per inch）数量越多，扫描图像的分辨率越高，也更忠实于原始图像。许多制造商使用的每英寸点数（DPI，dots per inch）取代每英寸的采样（SPI）确定他们扫描仪的分辨能力，但从技术上讲扫描的图像是没有点的，只有将它打印出来才有。

当扫描手绘图或照片时，应该知道最后的输出方法，以确保我们以适当的分辨率扫描。例如，可用于网页上粘贴图片的扫描分辨率打印输出时的质量就很差。

扫描仪产生的光栅图像，其扫描分辨率通过使用图像编辑软件重新调整大小和取样。因为大多数扫描图像需要某种类型的图像编辑，稍高分辨率的扫描往往是有价值的。相比于在编辑过程中修复丢失的分辨率，扫描后删除不必要的分辨率则更容易一些。

相机分辨率　*Camera Resolution*

数码相机如同扫描仪，使用电子传感器捕捉图像。相机的分辨率通常表示为百万像素或单一图像可以记录的百万像素。例如，一个捕捉 1600×1200 像素的相机，拍摄分辨率 1.92 百万像素的图像，最终以商业目的四舍五入为 2 百万像素。

- 一个 700 万像素、3072×2304 像素分辨率的图像，可以打印的照片质量尺寸最大为 20×30 英尺。
- 一个 500 万像素、2560×1920 像素分辨率的图像，可以打印的照片质量尺寸最大为 11×14 英尺。
- 一个 300 万像素、2048×1536 像素分辨率的图像，可以打印的照片质量尺寸最大为 8×10 英尺。
- 一个 200 万像素、1600×1200 像素分辨率的图像，可以打印的照片质量尺寸最大为 5×7 英尺。

在创建大尺度打印或剪裁图像时，更高的相机分辨率可以提供更多的像素来加工处理。

屏幕分辨率　Screen Resolution

当创建的图像在屏幕上显示或在网络上发布，我们应该考虑每英寸的像素（PPI, pixels per inch）。计算机显示器通常显示的图像为 72 或 96PPI，但高分辨率显示器可显示更多的每英寸像素。如果图像将永远不会被打印，会增加不必要的文件大小和下载时间，创建并扫描超出显示器屏幕分辨率的图像是一种图像数据的浪费。如果以原件同样的或更大的尺寸打印图像，那么增加图像的扫描分辨率将提供所需额外的图像数据来保持质量良好的输出分辨率。同样注意，同一张图片在低分辨率显示器上看起来比在高分辨率显示器上更大，因为相同的像素数量散布在更大的范围。

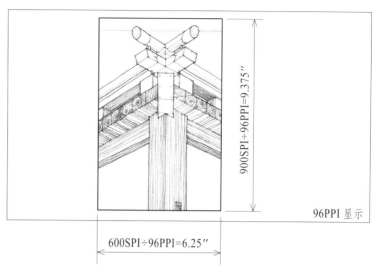

上一页中的同一张图片以 300SPI 扫描，产生的图像为 600 像素宽、900 像素高。当在 96PPI 的显示屏上观看，图像的面积范围为 6.25″×9.375″（$\frac{600}{96} \times \frac{900}{96}$）。

打印分辨率　Print Resolution

打印分辨率，以每英寸点数（DPI）衡量，是指照排机、激光打印机或其他印刷设备可以在 1 英寸的打印文本和图形上放布的油墨或炭粉点。大多数打印机水平或垂直打印相同数量的点数。例如，一个 600DPI 的打印机将在 1 英寸范围内水平和垂直方向分布 600 小点。

一般情况下，打印机每能够输出的英寸点数越多，打印的图像越锐利清晰。相应地，降低了打印机的 DPI，它可以打印的精密细节以及它可以模拟的灰色色调就越少。因为屏幕分辨率通常低于印刷分辨率，低分辨率的图像在屏幕上虽然看起来很好，但是在打印时通常效果不佳。

打印输出的质量不仅取决于打印机分辨率，同时也取决于使用的纸张类型。某些类型的纸张比其他的更容易吸收油墨，导致油墨点扩散（网点扩大），大量减少图像的 DPI。例如，因为油墨在报纸上更为扩散，所以墨点肯定比高品质的铜版纸更为分散，铜版纸可以吸收更密的墨点。

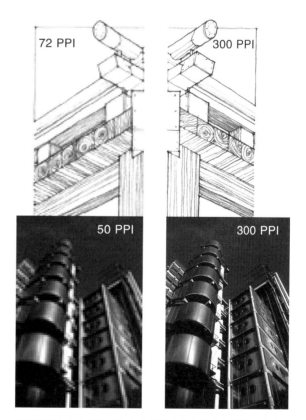

以相同的大小和分辨率打印出的低分辨率与高分辨率图像的视觉比较。

屏幕分辨率　Screen Resolution

构图

屏幕图像

SPI，PPI 和 DPI 如何相关
How SPI，PPI and DPI Relate

在实践中，SPI 和 PPI 往往交替使用，DPI 是经常可以替代这两个名称。然而，每个样本图像的像素或点数的作用不同，这取决于是扫描、在屏幕上观看或是打印。当处理数字图像时，一项特别的挑战是协调扫描的图像大小和分辨率之间的差异，图像是如何显示在屏幕上的以及如何打印出来的。

为了说明这一点：

· 以 600SPI 或 DPI（扫描分辨率）扫描 3×5 英寸（物理尺寸）的照片图像。

· 扫描的光栅图像尺寸为 3×5 英寸，或 1800 像素宽、3000 像素高，文件大小为 5.15 兆字节（MB）。

· 显示器的分辨率是 96 PPI，即屏幕上 31.25 英寸高（3000 像素 ÷96PPI）的高度，显示全尺寸图像。

1. 如果我们使用图像编辑软件从 600 DPI 降低采样至 300 PPI，但保留 3×5 英寸的物理尺寸，其像素尺寸降低到 900×1500 像素，这样只需要在 96 PPI 的显示器屏幕上 15.625 英寸（1500 像素 ÷96PPI）的高度就可显示完整尺寸的图片。

2. 如果我们将 300 DPI 图像降低采样至 96 PPI，但保留 3×5 英寸的物理尺寸，它的像素尺寸将减少到 288×480 像素。屏幕上显示的图像会比 300 PPI 的图像小，因为显示器以像素显示，300 PPI 的图像能包含更多的像素，比 96 PPI 图像占用更多的屏幕空间。

3. 如果原始扫描的 600 DPI 图像不降低采样，但降低其分辨率至 300 DPI，其物理尺寸提高到 6×10 英寸，因为它的像素尺寸保持 1800 ×3000 像素。[（1800×3000 像素）÷300DPI =6×10 英寸]

在以 300 DPI 打印时，前两个数字图像产生相同大小的 3×5 英寸印刷品，但 300 PPI 图像会比 96 PPI 的图像更好看，因为它每英寸挤占的点数更多。第三幅 6×10 英寸 300 DPI 图像的打印件在更大面积上分布与第一幅图像相同数量的点数。这是将原始图像生成更大的打印尺寸同时又保持整体质量的一种方法。

在以 600 DPI 打印时，三幅数字图像产生极大的尺寸差异。

1. 在以 600 DPI 打印时，第一幅图像生成 1.5×2.5 英寸的图像，因为相同像素数以一个更大的密度打印出来。[（900×1500 像素）÷600DPI = 1.5×2.5 英寸]

2. 第二幅图像以 600DPI 打印时会产生一个 0.48×0.8 英寸的图像。[（288×480 像素）÷600DPI = 0.48×0.8 英寸]

3. 第三幅图像以 600DPI 打印时会产生一个 3×5 英寸图像，与第一幅图像以 300DPI 打印时相同，因为它们包含相同的像素数。[（1800×3000 像素）÷600DPI = 3×5 英寸]

前两种情况下会在纸面上产生较小但更清晰的图像。

多少分辨率够用？   *How Much Resolution is Enough?*

当打印演示文档或图版时，从 150 到 300 DPI 范围的分辨率可以产生良好的高质量输出。分辨率在 300 DPI 以上能提高打印质量，但提高程度不一定保证更大的文件尺寸。另一方面，分辨率低于 150 DPI 可能导致粗糙或模糊的图像，缺乏细节、颜色和色调的微妙变化。因此 150~300 DPI 范围是一个普遍的标准，并能根据打印尺寸和印刷方法加以调整。

在屏幕上观看的或张贴在网站上的表现图的分辨率低于打印的分辨率，因为大多数显示器是 72~150PPI 之间的像素密度。这些显示器不能显示出任何超过它们屏幕本身分辨率以外的像素信息。虽然技术的进步增加了显示器的像素密度，100~150PPI 之间的图像分辨率一般都足够产生良好的图像质量。用于投影幻灯片或动画的表现图，其分辨率应该符合数字投影机的分辨率。

注意数字分辨率还取决于观察的距离。一幅图像在近距离观察时可能显得模糊，当在足够远的距离上观察时又可能显示出高质量。

打印图像

除了调整数字图像的分辨率，我们也可以通过裁剪图像来改变它的大小、比例和图—底关系。裁剪数字图像保留所需的部分，去除剩余部分。另一方面蒙版涉及创建一个窗口，通过它我们查看所选图像的某个部分。开口的大小、形状和位置控制我们所看到的和遮挡住的原始图像部分。

通过裁剪改变光栅图像的比例。

光栅图像通常进行裁剪，而矢量图像通常需要蒙版。一旦裁剪，栅格图像就不能恢复被切割掉的部分。而蒙版矢量图像则更灵活，因为我们可以操控和调整蒙版的大小、形状和位置。

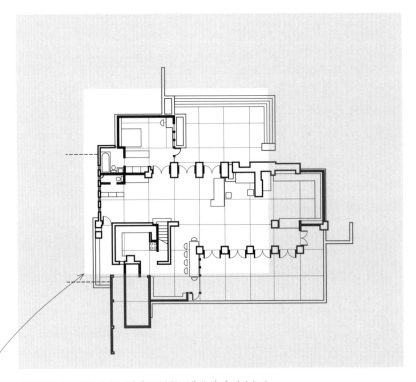

蒙版的大小、形状和位置决定了原始图像能被看到的部分。

相对于图纸面积，图形图像的大小决定了我们如何解读图形。

小插图　Vignette

将绘图放置在一个大图纸中强调其个体性。绘图和纸张边缘之间的空间面积通常应接近或大于绘图尺寸。

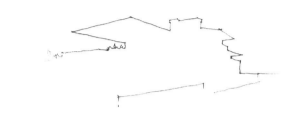

相互作用　Interacting

如果我们放大或缩小图纸的大小，其图形就开始与背景在视觉上互动。图纸开始具有了可以被识别的形状或其自身的图形特征。

模糊　Ambiguous

扩大绘图或缩小图纸还可以进一步模糊图—底关系，图纸元素也可以被看作图形。

当轴测图、透视图或其他图形图像不具备矩形轮廓，它往往显得是漂浮在图纸中。我们通过标题框或水平色带来使图像变得稳定。

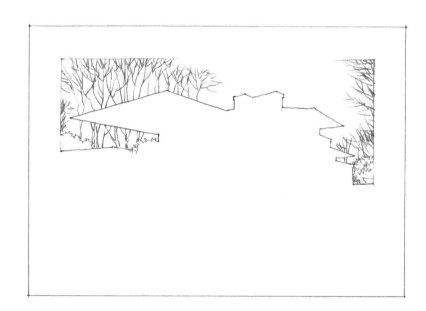

在框定绘图时，避免采用双重或三重衬底。这样做可能导致本身已有了一个背景的图形，又放置在另一个背景之上的错觉。因此会将注意力从图形转移到周围图形的画框上。

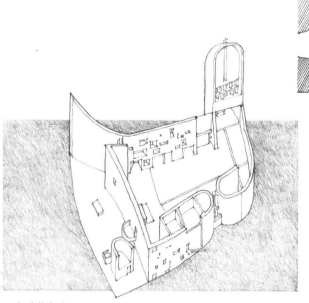

郎香教堂（Notre Dame Du Haut, Ronchamp），法国，1950—1955 年，勒·柯布西耶

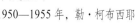

构图

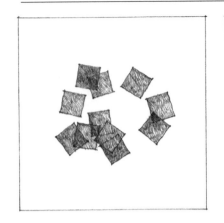
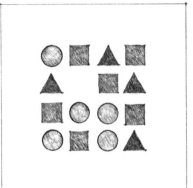

构图关注图形图像各部分之间的关系，而非渲染任何特定部分。我们运用视觉设计的一些原则规定组织绘图，推进秩序感和整体感。

整体与多样   Unity and Variety

在促进整体性的同时，下列秩序原则并不排除追求多样和视觉趣味。相反，追求秩序的方法是为了囊括包含不同元素和特征的模式。

在扫视图像时，眼睛会被一些图形元素所吸引。眼睛会搜寻以下地区：

· 突出的大小或比例
· 对比鲜明或不寻常的形状
· 强烈的色调对比
· 完善或精美的细节

我们将一个元素从构图中独立隔离出来以强调其重要性。我们使用引人兴趣的点或区域来定义绘图的焦点。在每种情况下，必须建立构图主导因素与附属侧面之间一个明显的反差。没有对比就没有主导。

绘图中可能存在不只一个焦点，而是多个焦点。一个可能是主导，而其他的作用为强调。我们必须注意，多兴趣中心并不一定会引起混乱。当一切都被强调了，也就不会有任何元素成为主导。

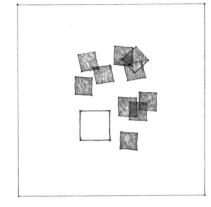
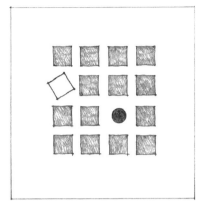
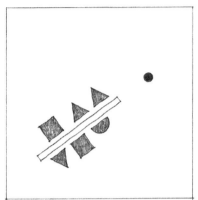
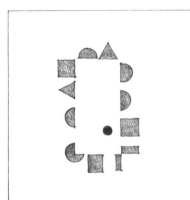

摩尔住宅(Moore House)，奥林达(Orinda)，加利福尼亚州，1961 年，查尔斯·摩尔(Charles Moore，1925—1993，美国建筑师)

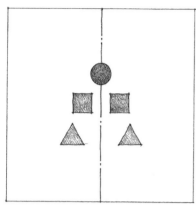

任何绘图中都自然有形状和明暗色调的组合。我们如何组织这些元素来产生一种平衡的视觉感。平衡是指会让人在设计或构图中感到赏心悦目，各部分元素或比例和谐排列。平衡原则指绘图中的重量、压力和张力等因素在视觉上实现平衡的原则。

有两种主要的平衡：对称和不对称。对称是指在分割线或轴线两侧各部分的大小、形状与排列完全对应。两侧对称或轴线对称源自在中轴线两侧布置类似的组件。这种对称轴以平静的方式将眼睛引导向中轴线。

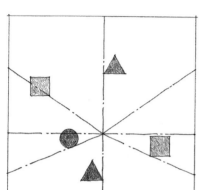
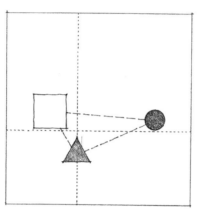

径向对称源自围绕一个中心点或中轴线布置类似的辐射状组件。这种对称强调了一个构图的中心点或平衡点。

我们认识到非对称缺乏构图元素在大小、形状或色调明暗上的呼应。为了达到视觉或光学上的平衡，不对称构图必须考虑每个元素的视觉重量及作用，并采用杠杆原理布置安排。有视觉力度并能吸引我们注意力的元素必须与作用较弱的元素相平衡，它们是较大的元素或者距离构图重心较远。

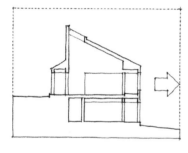
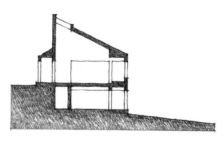

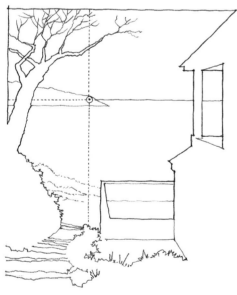

练习 11.1

在一个较大的绘图区域中探索这个西班牙小镇局部的组织方式。如何构建视图能强调小城位于山巅之上？如何能够改变构图，强调它与远山的关系？

练习 11.2

在一个较大的正方形或矩形区域内探索悉尼歌剧院视图的组织布局，它由约恩·伍重在 1956 年设计。我们如何布置结构强调高耸的屋顶形式以及它们与对面海港的关系？

练习 11.3

右图是巴基斯坦伊斯兰堡议会大厦（Capitol Complex）的平面示意，由路易斯·康 1965 年设计。探索一下如何在一个矩形区域达到构图平衡。如何在一个正方形区域达到相同的构图平衡？将平面旋转 90° 会如何影响构图的可能性？

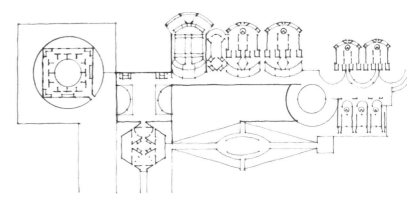

构图

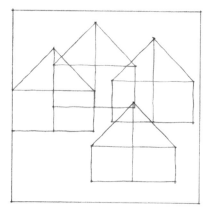
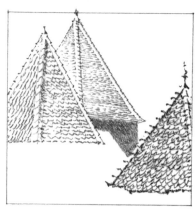

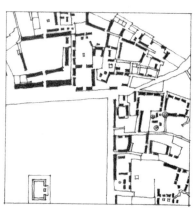

和谐是指调和——设计或构图中各部分协调一致。平衡是通过细心安排相同和不同的元素达到整体统一，和谐原则涉及精心挑选具有共同的特性或特征的元素：

·类似的大小
·类似的形状
·类似的明暗色调或颜色
·类似的方向
·类似的细节特征

也许绘图中最自然产生和谐的方式是在构图中使用类似的介质和技术。过于严格地采用和谐原则会产生统一但无趣的构图。图纸需要多样性作为单调无趣的调节方法。但当为了追求趣味性把多样性发展到了极端，可能会导致视觉混乱和支离破碎的信息。有序与无序之间，即在统一和变化之间的小心谨慎和艺术张力使和谐变得活泼。稳定性和整体性来自于刺激对比行为以及相似性的整合。

有时可能要结合手绘和数字创建的表现图生成一个单一的复合图像。这样做时我们应该小心控制线宽与色调明暗的风格、宽度范围与对比，确保模拟图和数字图之间和谐的关系。

· 模拟风格和数字风格不应该存在激烈的竞争，我们使用一个微妙的风格对比强调绘画的主题并使周围环境和背景处于从属地位。

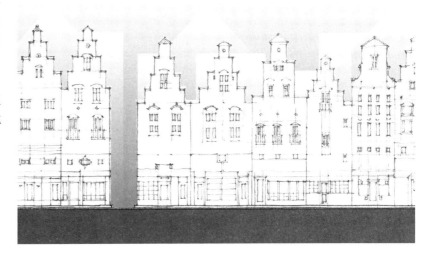

· 将一幅扫描的手绘图导入图像处理软件让我们能够调整它的颜色和明暗色调范围。

· 当缩小或放大扫描的手绘图时，光栅图像的线条也将被缩小或放大，这可能导致无法看到轻浅绘制的线条而夸张粗重的线条夺人眼球。

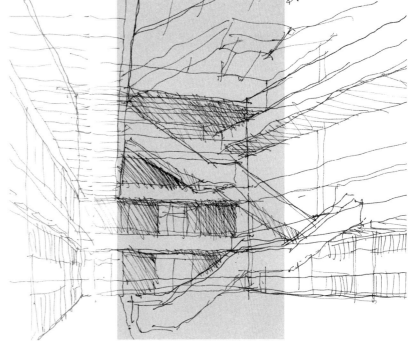

· 矢量图形线宽扩大或减少的同时既可以缩放线宽，也可以不缩放线宽。

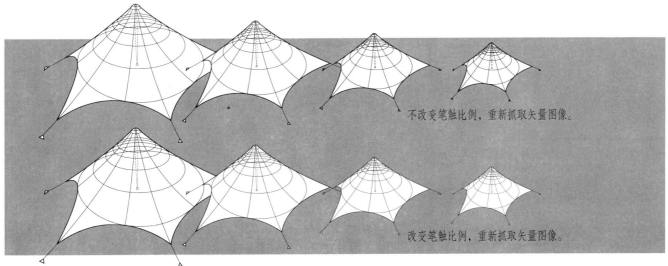

不改变笔触比例，重新抓取矢量图像。

改变笔触比例，重新抓取矢量图像。

数字照明　Digital Lighting

一系列数字技术可以用来建立与模拟三维形态和空间的照明。最简单的方法是光线投射。

光线投射　Ray Casting

光线投射技术可用于分析三维的几何形体，并根据相对于假设光源的方向，确定表面的照明和阴影。光线投射的主要优点是速度快，被照亮的三维图像或场景往往可以在现场实时产生。这使得光线投射成为初步设计中研究建筑体块的太阳光照效果、建筑形体组合构成及其投影的有效工具。参见第166~167页的例子。

然而光线投射并不考虑光线抵达物体表面后的交叉投射路径，因此它不能准确渲染光线的反射、折射或阴影的自然衰减。因此，有必要研究光线追踪。

无照明的基本阴影模式　　　　　　　　　　直射光的光线投射

光线追踪　Ray Tracing

一条光线从光源射到一个表面被中断，它可能会在一个或多个方向上被吸收、反射或折射，这取决于表面的材质、颜色和纹理。光线追踪是追踪这些路径来模拟光照效果的数字技术。

局部照明是光线追踪的基础层次，它的研究范围是直接照明和光线特定反射。虽然局部照明并不考虑在三维空间或场景中表面间的多次漫反射，但一些光线跟踪软件依据它们的照明算法可以近似地计算出环境光。

局部照明：直射光 + 近似环境光的光线追踪

全局照明　Global Illumination

能够更好预估任意数量光源如何照明空间的一种方法是全局照明。全局照明技术使用了更复杂的算法准确地模拟了一个空间或场景的照明。这些算法考虑的不仅是从一个或多个光源直接发射出的光线，它们也追踪表面之间的反射与折射，特别是空间或场景中表面之间反射光的漫射现象。但是这种模拟水平的提高是有代价的——这一过程需要时间和大量计算，因此只适用于手头合适的设计任务。

全局照明：直射光 + 环境光的光线追踪

构图

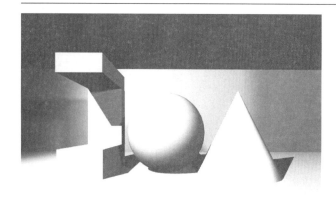

当在设计图纸中运用颜色时，我们应该仔细考虑色调、强度和明暗的范围以及它们如何在图像中分布。在这些颜色的属性中，明暗是我们如何看待图像构图元素及其关系最关键的属性。高对比度区域比低对比度区域更能吸引我们的注意力。高亮度图像光亮突出，所以看起来更细腻、优美和优雅。低亮度图像暗淡深沉，能产生更忧郁、质朴的感觉。

色调强度应符合图片或模型的比例。正如将一幅全尺寸的图像缩小以适应纸面或图版的大小，颜色强度在模型中也应减弱。

数字颜色　*Digital Color*

当在数字环境中指定颜色，重要的是考虑到设计的输出方式。对于数字屏幕和投影仪，彩色光阵列是以添加方式产生的。对于打印输出，色彩色素通过减色过程产生颜色范围。

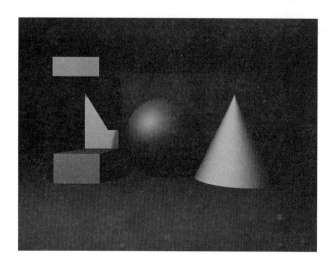

三原色模式　　*RGB Color Model*

三原色模式是加色模式,其中白色通过三基色光,即红色、绿色和蓝色的叠加产生,而黑色是由缺乏光线而产生的。红、绿、蓝光色可以用各种方式叠加产生我们所看到的颜色频谱。三原色模式的主要目的是感知、表现,并显示电子显示屏系统中的图像,如数码相机、扫描仪和投影仪、电脑显示器和电视。

当我们放大数字图像时,可以看到的图像其实是由很多像素组成,每个像素都有各自的色彩和明暗,这是由三个光学子像素——红、绿、蓝的亮度和颜色组合决定。改变红、绿、蓝光色的亮度将会产生我们在数字环境中使用的全范围颜色。通常情况下,每种颜色的亮度分为256 个亮度等级,校准等级从 0 到 255。等级为 0 的强度即没有颜色的亮度,而等级为 255 的亮度表示这一颜色的完全亮度。以此类推,三原色值为 0,0,0 会导致黑色(无任何颜色的光亮度),而三原色值为 255,255,255 会导致白色(红色、绿色和蓝色都是完全亮度)。数字频谱中每个颜色都被赋予一个具体的三原色值,它将确定三个主要光原色:红色、绿色和蓝色的亮度。

三原色是与设备紧密相关的色彩空间——不同的设备探测或复制出的给定三原色值不同,这是因为不同制造商生产的色彩元素(如荧光粉或染料)以及它们对不同等级的红、绿和蓝三色的反应是不同的,或即使同一设备随着时间的推移也不同。因此如果没有某种颜色管理系统,三原色值无法在不同设备之间定义出统一的颜色。

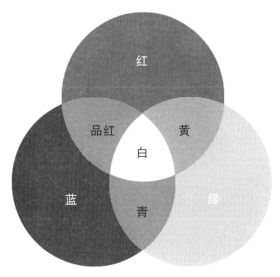

三原色模式

这幅照片左侧被放大部分显示了构成图像的像素。使用三原色模式,每个像素被指定一个特定的三原色值。在这一实例中,因为摄影照片是一个灰度图像,每个像素指定一个灰色等级。

CYMK 颜色模式　　*CYMK Color Model*

CMYK 是在印刷过程中使用的四种颜色的缩写——青色、品红色、黄色和黑色。 CMYK 是减色模式，因为在印刷中所使用的四种彩色颜料——青色、品红色、黄色和黑色，通常是从纸张的白色背景中减少了亮度，黑色源自彩色颜料的完全混合。每种颜色吸收特定的光线波长，我们看到的颜色就是未被吸收的颜色。通过每种颜色都使用半色调点，就可以实现全谱色印刷。

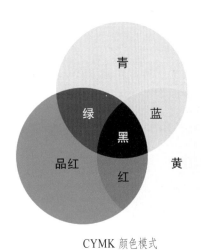

CYMK 颜色模式

灰度　　*Gray Scale*

在数字环境中，色调明暗要么通过使用光在屏幕上以加色模式显示出来，或使用颜料从印刷机或绘图仪上以减色模式呈现。在显示屏上，像素显示的光亮度决定了色调明暗。256 个光亮度等级对应 256 种不同的灰色调明暗，从 0 亮度等级对应的黑色到 255 亮度等级对应的白色（全光亮度）。

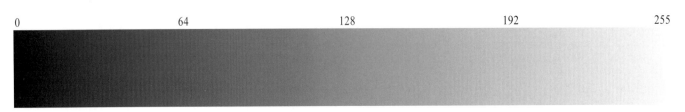

| 0 | 64 | 128 | 192 | 255 |

数字灰度显示了 256 种灰色的色调明暗

手绘 10 个等级的灰度

因为我们要设计与评估建筑物与其周围环境的关系，所以综合设计方案图的背景是很重要的一环。在每种主要绘图体系中，我们延伸地面线与平面来涵盖毗邻建筑物和场地特点。除了自然环境外，我们应该指明囊括了人物和家具陈设的空间尺度和用途。我们也可以尝试陈述光线的品质、材料颜色和质地、空间的尺度和比例或者细节的累积效果来描绘某一场所的环境氛围。

这些元素只是一个更大整体的某些部分，我们给予它们的兴趣和关注应该与它们在整体中的重要性成正比。因此，下列原则适用于绘制环境设置：

· 只使用那些表达环境、比例尺度和用途的背景元素。
· 仅绘制简洁的背景元素、适当的细节水平，并与表现图的其余部分保持一致的图形风格。
· 不要模糊重要的结构元素或定义空间的元素以及它们与背景元素的关系。
· 考虑背景元素的形状、大小和色调明暗作为重要的构图元素。

通往朗香教堂的道路，法国，1950—1955 年，勒·柯布西耶

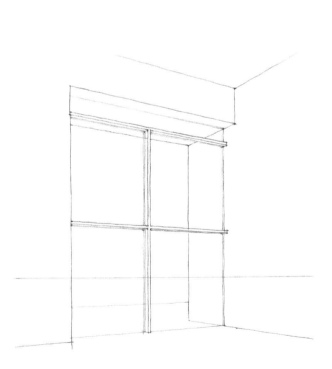

巴拉甘住宅和工作室的室内（Interior of Barrágan House and Atelier），特拉尔内潘（Tacubaya），墨西哥城，1947 年，路易斯·巴拉甘（Luis Barrágan）

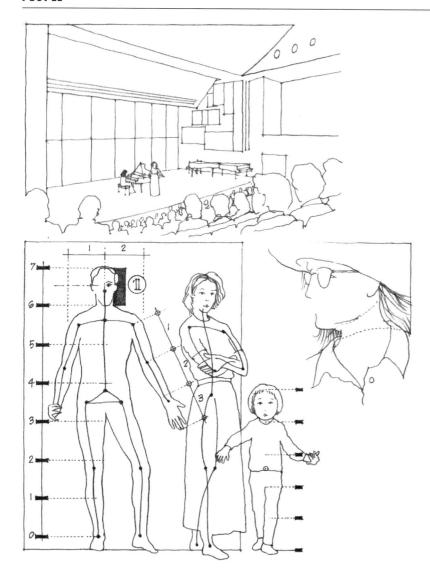

需要将绘图的观察者与图中的人物形象联系起来，从而将他们也纳入场景中。因此，在绘制建筑物和城市空间时，我们要把人物包括进去，从而：

·表明了空间的尺度；
·表达空间深度和水平变化；
·通过人们生活和居住的印迹使空间生动。

尺度　Scale

我们用来填充绘图的比例人应该与环境成比例。因此，需要以适当的尺寸和比例绘制比例人。我们可以将站立的比例人等分为 7~8 份，头部作为总身高的 $1/7$ 或 $1/8$。

·建立每个比例人的高度和各部分的比例，最关键的是头部的大小。
·下颚线指向头部与脊柱相交的位置。
·颈部背面通常比下颚高。
·肩膀从颈后下垂到胳膊。
·鼻子和耳朵的高度是相等的。
·使用眼镜来提示眼睛。
·不需要画出眼睛和嘴，用在下面加微妙的阴影暗示它们的存在。
·就大多数建筑图纸的比例而言，比例人不是必要的，而且通常会分散注意力。
·手臂下垂几乎触及膝盖。

·赋予比例人体积感，特别在轴测图和透视图中。
·避免绘制人物的正面视图，这样人物经常会显得平平的，像是用纸板剪裁出的一样。
·给人物绘制合适的衣着，避免不必要的细节，这些细节可能分散绘图的焦点。

·建立姿势和仪态，要特别注意脊椎和身体支撑点的轮廓。
·绘制不同姿势和仪态时，使用身体各部位的相对比例作为指导。
·用胳膊和手展示人物的仪态。
·使用下巴和鼻子引导观察者的关注。

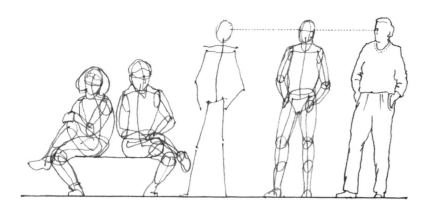

在多视点的正视图中，我们可以按比例缩放 5 或 6 英尺的高度。记住，在正投影中，不管它们在投影图中的深度如何，元素的高度和宽度保持不变。我们也可以在轴测图中按比例缩放比例人的高度。由于是向下方观察，人物应该有一定程度的圆润度来表示它们的体积。

在透视图中，比例人的位置不仅可以指出空间深度，也表现出水平面的变化。通常最简单的就是从定位每个人所站的位置开始。然后竖向扩展这个位置，在视平线上放置人的眼睛。一旦比例人的高度建立了，我们就可以用线性透视原则朝左右、上下或向透视深度移动比例人。应首先认定高于或低于观察者水平高度的比例人处于同一水平线上，然后根据需要向上或向下移动。当绘制坐姿的比例人时，通常最好是画一个站在座椅旁边的人物。然后用已建立的比例画出坐着的同一个人物。

排列布局   Disposition

我们选用来表示尺度和功能的比例人也是构图的重要元素，它不应隐藏或分散绘图的焦点和基本特征。同时既可以使用人群，也可以使用单个比例人，运用重叠原则传递深度信息。

活动   Activity

我们通过数量、排列布局、姿势和服装暗示活动情况。比例人应传达活动的属性信息，而且与场所和背景相匹配。绘画方式应该回答根本性问题：在这个房间或空间内应该进行什么样的活动呢？

构图

数字人物　Digital Figures

我们可以使用图像处理软件创建数字人物，也可以检索在线资源获取。在建筑环境中可采用与手绘相同的原理来控制数码人物的尺度、服装、位置和仪态。

能够制作出栩栩如生的人物图像是很有吸引力的。记住，我们在建筑制图中的绘图风格不应该分散或削弱想要表达的建筑主题。这些人物应该有类似的抽象程度，并与图面设置的图形风格相一致。

练习 11.4

带上钢笔、铅笔和速写本到人们聚集的公共场所。练习画出你看到的人物。绘制出站立和坐着的人；绘制远处的小人以及较近距离的人物。首先绘制好每个人的结构、比例和姿态，然后确立一种体积感，最后添加必要的细节。缓慢地开始第一步。在之后的每一步中，逐渐缩短绘制每个人物所用的时间，并相应减少细节的数量。

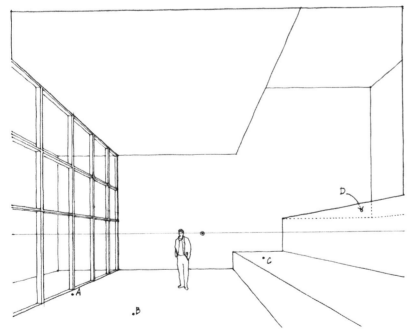

练习 11.5

在这幅线性透视中，使用分析线条和汇聚原则将人物转移到 A，B，C 和 D 点。

除了人物，我们还使用其他元素来说明绘图的环境。这些通常包括：地形和环境——建筑渲染图中所显示的景观和其他环境特征。

除了标明尺度，树木和其他景观特征描述一个场地的地形和特征，无论是丘陵或平地，丛林或荒原，城市或农村。这些环境不应该是相互抵触竞争的，而是作为说明描述设计的陪衬。

按照类似下面构造场景的方式来绘制树木和灌木。我们从分支结构开始，接着是从地面向上的生长方式。在这个框架内，我们可以添加枝叶的形状和整体外形，密切注意纹理、色调和透明度。做到实用，渲染的详细程度应与图面的尺度和风格保持一致。

树木和其他植物材料是提供绘图色调明暗和纹理的重要方式。因此，如何描绘自然元素是在规划构图的明暗范围和模式中的一项考虑。

在绘制树木时，注意结构、形状、尺度和目的。

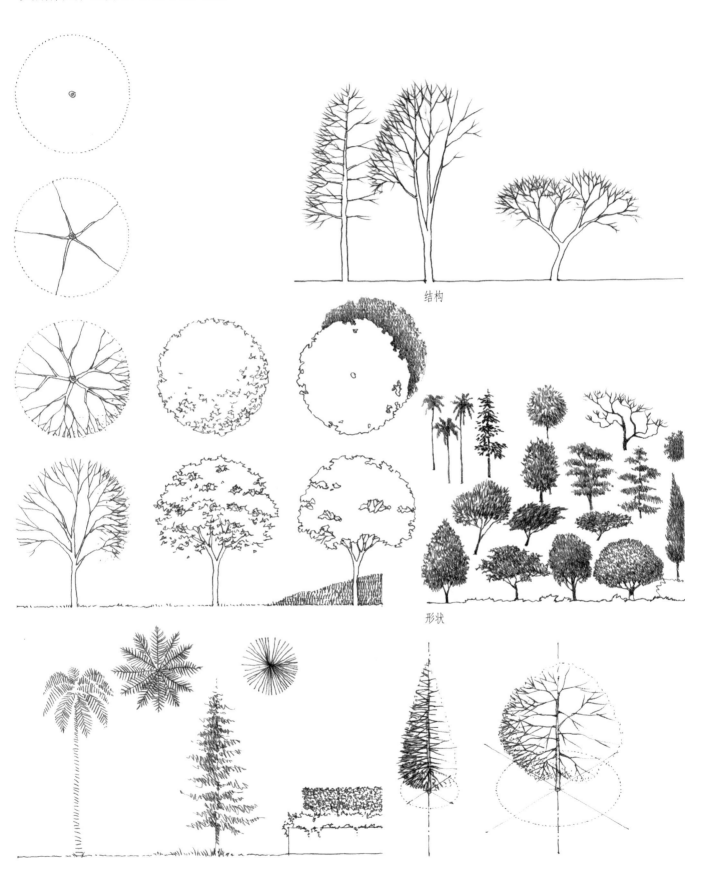

结构

形状

数字景观　*Digital Landscaping*

图像处理软件提供了处理现有场地和景观的摄影图像的方法，并调整它们适用于描述一项建筑设计的环境。

和人物数码图像一样，能够制作出栩栩如生的人物图像是很有吸引力的。记住场地的图形风格和环境元素不应分散或减损建筑主题。它们的图形描绘应该有类似的抽象程度，并与图面设置的图形风格相一致。这是可以通过调整这些图像的透明度、亮度／对比度和色彩饱和度实现的。可以使用多种过滤器加工这些要素来降低环境的细节水平以配合其余绘图的细节。

练习 11.6

带钢笔、铅笔和速写本到公园。练习绘制你看到的各种树木和其他植物。画出远处的树木和近处的树木。首先遮住对象树木的分支结构。在这个框架内，确立枝叶的形状、质地、体量和色调明暗。

练习 11.7

直接观察绘制一系列定时落叶乔木速写。从 5 分钟速写开始，然后做 3 分钟速写，最终做 1 分钟速写。从结构到形状再到色调明暗绘制每幅图。对针叶树木重复此项练习。

练习 11.8

直接观察绘制一系列定时落叶乔木速写。首先从 25 英尺远的距离绘制对象。而后移动到 50 英尺的距离再一次绘制相同的树木。从 100 英尺的距离再次绘制同一棵树。每次移动到更远时，注意树木枝叶从梯度纹理向色调明暗形状的转变。对针叶树木重复此项练习。

家居陈设的类型和布局是人在空间中使用与活动的重要指标。它们的位置应该能提示我们有哪些地方可坐、可倚靠或放置胳膊或脚，或者仅仅是能触摸而已。

把家具与人物一起绘制有助于建立尺度感，并保持各部分适当的比例。除非家具属于设计方案的主题，否则应该选用设计精良的作为实例样品，并从各部分的基本几何形式着手。一旦建立了形体的结构框架，可以进一步表达材质、厚度和细节。

传统高背椅（Traditional Wing Chair）

路易十六扶手椅（Louis XVI Armchair）

酒吧柳条椅（Bar Harbor Wicker）

梯背椅（Shaker Ladderback）

桑纳曲木椅（Thonet Bentwood）

瓦西里椅（Wassily Chair）——马塞尔·布劳耶（Marcel Breuer，1902—1981，美国建筑师）

我们使用轿车、卡车、公共汽车，甚至自行车等各种车辆来提示室外场景中的道路和停车区。它们的位置和尺度应该符合实际。

车辆与人物一起绘制有助于建立它们的尺度感。请尽量使用真实实例，与绘制家具一样，从它们的基本几何形式上着手。如果我们过度绘制这些元素，包括太多细节，就很容易分散绘图的焦点。

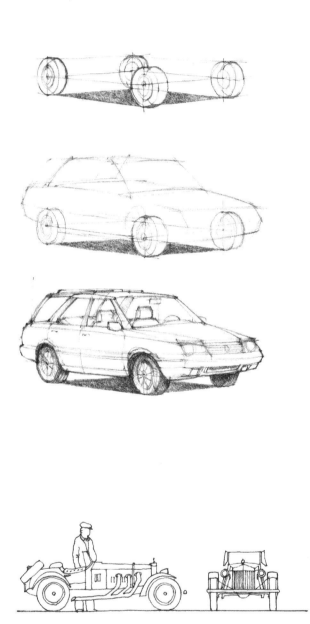

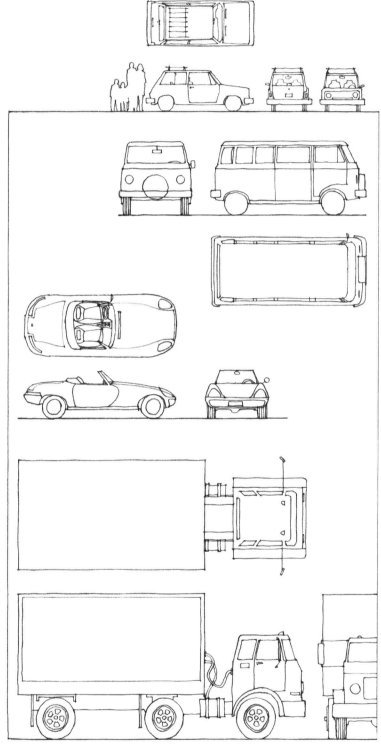

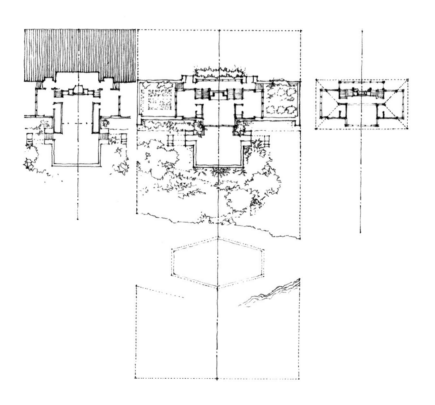

12
表现绘图
Presentation Drawing

我们通常认为，表现图是指那些被冠以"设计绘图"这类术语的绘图。这些绘图以一种图形化的方式描述设计方案，目的是说服听众和观众认同其价值。听众、观众可能是一位客户、一个委员会，或者仅仅是浏览构思的某个人。无论表现图是以私下交流，还是公开竞图的方式，来辅助客户发挥想象力或用以获取委托项目，它们都应尽可能清晰准确地表达出设计意图的三维特征。尽管图纸所包括的表现图可能是值得展览的优秀二维图形，但它们是用来进行表达设计理念的工具，而不只是简单的图纸本身。

哈迪住宅，拉辛，威斯康星州，1905 年，弗兰克·劳埃德·赖特

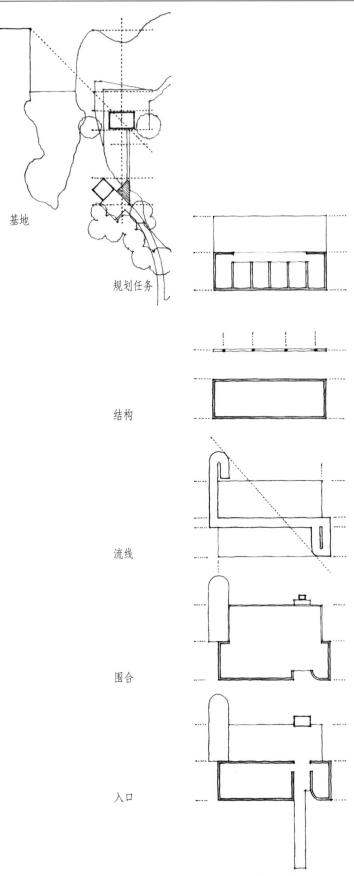

基地

规划任务

结构

流线

围合

入口

示意图，史密斯住宅（Smith House），达里恩（Darien），康涅狄格州，
1965—1967年，理查德·迈耶（Richard Meier, 1934—，美国建筑师）

除非表现图容易理解并且有说服力——它们的设计意图和内涵容易理解并有实质意义，否则表现图将是缺乏说服力和无效的。一张有效的表现图应具有能够提升单个绘图可读性的普遍特征。

视角　Point of View
明确设计意图。一张表现图应该表达出设计方案的中心思想或理念。示意图形和文字说明是沟通和阐述设计方案内容的有效方法，尤其当它们在视觉上与常用的设计绘图类型相关联的时候。

效率　Efficiency
图纸要经济有效。一张有效的表现图会使用经济实用的表现手段，仅使用表达意图所必需的交流方式。表现图中的图形元素会分散注意力，模糊掩盖表现图的设计意图与目的。

明晰　Clarity
表达要清晰。至少，表现图应清晰详尽地解读一项设计，使不熟悉的观众能够理解方案的意图。应消除意外的干扰，例如含混不清的图—底关系或不合适的图纸分类，大多时候，因为我们知道自己想表达什么，于是对这些小问题视而不见，以致无法以一种客观的态度来审读我们的作品。

准确　Accuracy
避免出现歪曲或表达不正确的信息。表现绘图应能准确地模拟可能的现实和未来行动的结果，从而使在该信息基础上所作出的任何决策都是合情合理的。

统一　Unity

组织要严密。在一张有效的表现图中，任何部分都应该协调一致，不能消弱整体感。统一不应与单调一致相混淆，这取决于：

· 对于图文并茂信息富有逻辑性的全面安排；
· 根据表现图的设计，综合运用适用于设计、场所和观众的格式、尺度、介质与技术。

连续　Continuity

表现图的每个组成部分都应与它的前后内容相关联，强化表现图中的其他部分。

统一性和连续性的原则是相互支持的；无法独立存在。一个因素必然会加强另一个因素。然而，同时我们通过对主要的或辅助性的图文元素的设置和追踪来聚焦方案的核心意图。

反别墅（Anti-Villa），纳帕山谷（Napa Valley），加利福尼亚州，1977—1978 年，巴蒂和马克事务所（Batey & Mack）

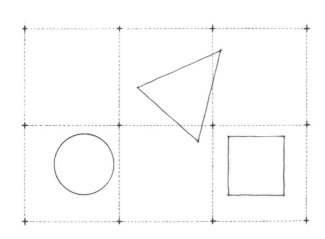

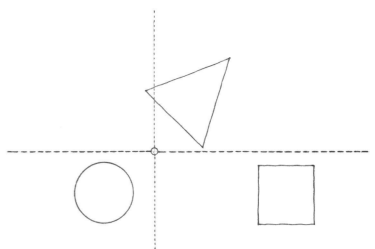

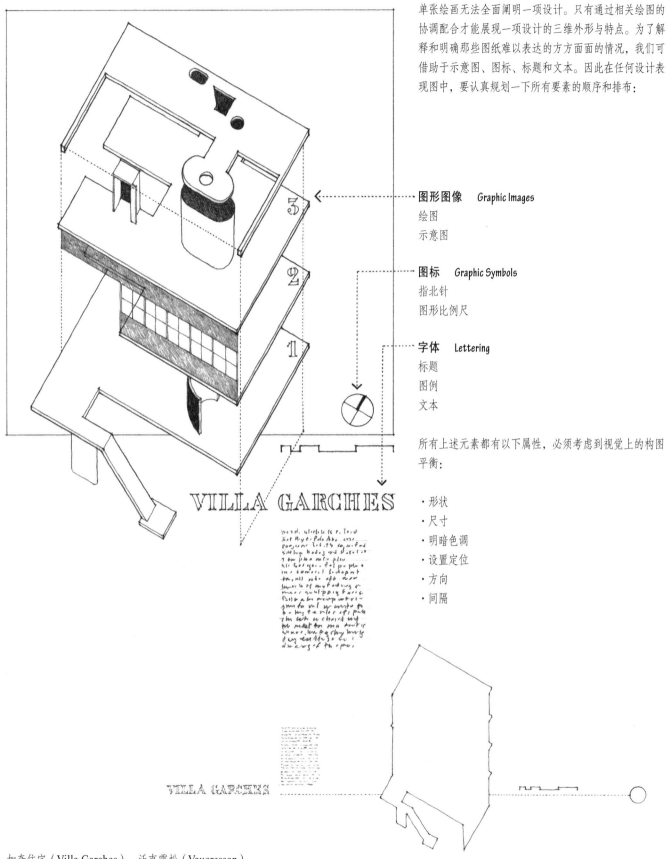

单张绘画无法全面阐明一项设计。只有通过相关绘图的协调配合才能展现一项设计的三维外形与特点。为了解释和明确那些图纸难以表达的方方面面的情况，我们可借助于示意图、图标、标题和文本。因此在任何设计表现图中，要认真规划一下所有要素的顺序和排布：

图形图像 *Graphic Images*
绘图
示意图

图标 *Graphic Symbols*
指北针
图形比例尺

字体 *Lettering*
标题
图例
文本

所有上述元素都有以下属性，必须考虑到视觉上的构图平衡：

· 形状
· 尺寸
· 明暗色调
· 设置定位
· 方向
· 间隔

加奇住宅（Villa Garches），沃克雷松（Vaucresson），法国，1926—1927 年，勒·柯布西耶

通常我们按照从左至右、从上到下的顺序审视设计表现图。
然而,幻灯片和数码演示涉及时间序列。无论何种情况,
被展示对象的图形信息都要按从小到大、从广泛的视角或
者说背景的视角到个别特定的顺序。

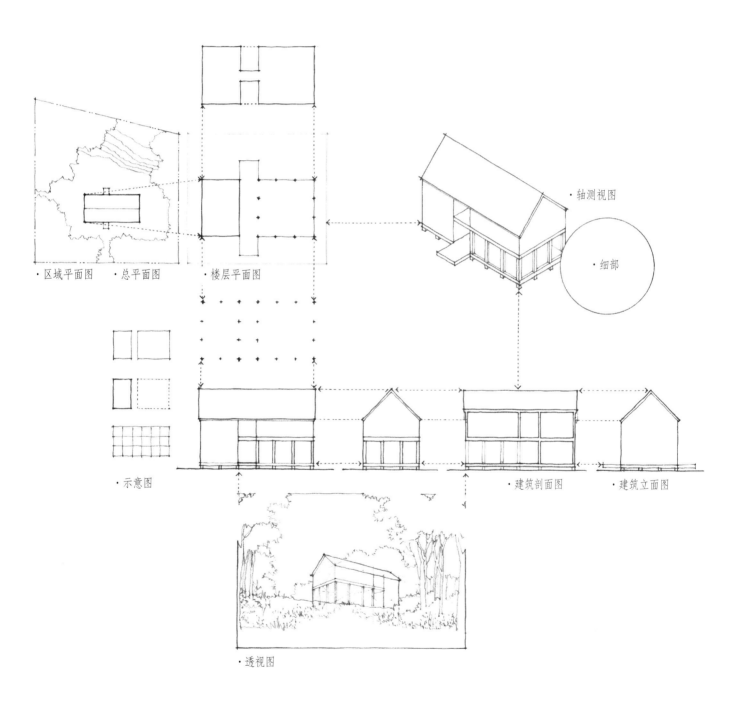

· 区域平面图   · 总平面图   · 楼层平面图

· 轴测视图

· 细部

· 示意图   · 建筑剖面图   · 建筑立面图

· 透视图

绘画关系   Drawing Relationships

设计图纸的顺序和排布应该加强其投影关系。

· 采用相同的方式排布所有平面。只要有可能，就采取
  上北下南的方向布置平面图。
· 将多层建筑的各楼层平面垂直或水平摆放，最好是沿
  其长边摆放。
· 把建筑立面图垂直排列或者水平排列，尽可能使它们
  与相应的楼层平面图相关联。
· 同样把建筑剖面图垂直排列或者水平排列，并尽可能
  使它们与相应的楼层平面图或者立面图相关联。
· 规划一系列相关的垂直或水平轴测绘图。每个图按照
  从下到上或者从左到右的顺序排列。
· 将轴测绘图和透视图尽可能直接地与平面图联系起来，
  从而最佳地展现背景。
· 在全部绘图中包含人物和家具，反映出空间的尺度和
  用途。

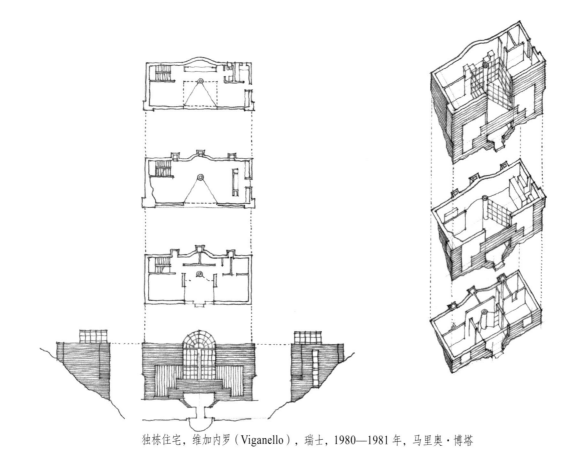

独栋住宅，维加内罗（Viganello），瑞士，1980—1981 年，马里奥·博塔

关键序列　　Key Sequences

除了不同绘图类型的内在投影关系之外，某些序列的视觉性或陈述
性特征可以指导组织表现图的方式。

· 时间序列

　　时间轴可以作为一系列绘图的基准，用来传递随着时间推进，构
　　思的发展、延伸和转变。

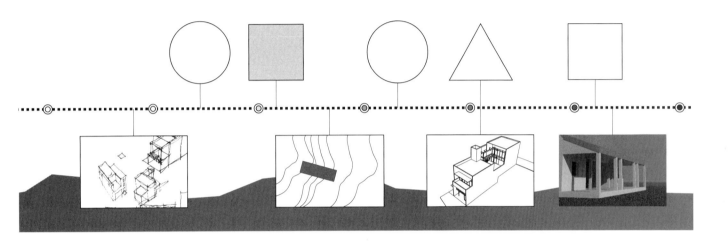

· 体验序列

　　一个系列线性透视可以传递出在建成环境中移动的体验，可作为
　　表现图中其他绘图的索引。

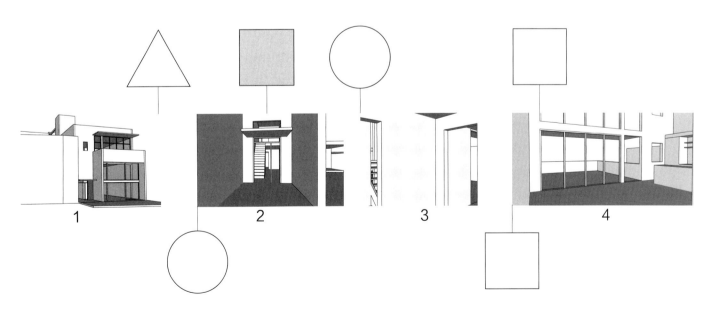

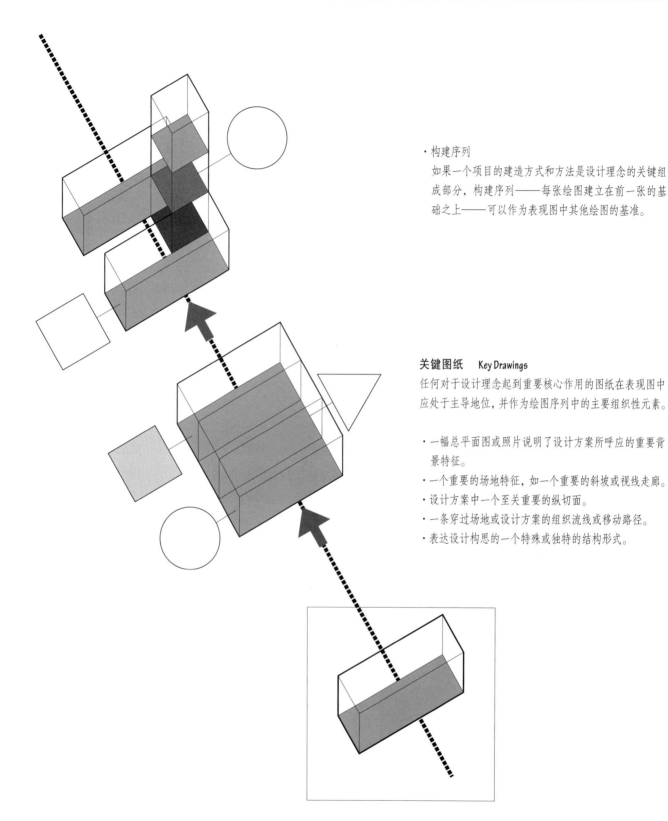

· 构建序列
　　如果一个项目的建造方式和方法是设计理念的关键组成部分，构建序列——每张绘图建立在前一张的基础之上——可以作为表现图中其他绘图的基准。

关键图纸　　Key Drawings

任何对于设计理念起到重要核心作用的图纸在表现图中应处于主导地位，并作为绘图序列中的主要组织性元素。

· 一幅总平面图或照片说明了设计方案所呼应的重要背景特征。
· 一个重要的场地特征，如一个重要的斜坡或视线走廊。
· 设计方案中一个至关重要的纵切面。
· 一条穿过场地或设计方案的组织流线或移动路径。
· 表达设计构思的一个特殊或独特的结构形式。

练习 12.1

为总平面图、楼层平面图和轴测绘图研究两种不同的表现
图布局，一组是水平形式，而另一组是垂直形式。

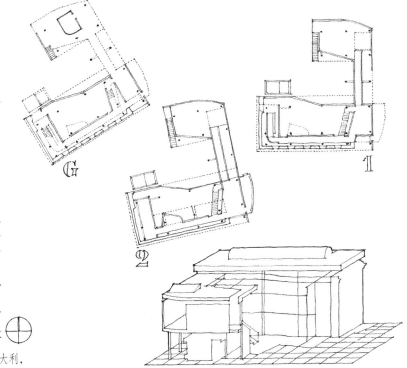

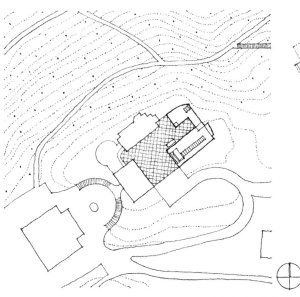

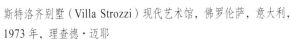
斯特洛齐别墅（Villa Strozzi）现代艺术馆，佛罗伦萨，意大利，
1973 年，理查德·迈耶

练习 12.2

为平面图、立面图和剖面图研究两种不同的表现图布局，
一组是水平形式，而另一组是垂直形式。

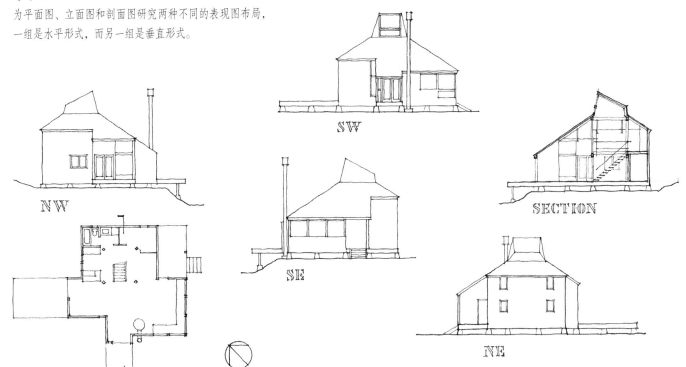

乔布森住宅，帕罗科罗拉多峡谷，加利福尼亚州，1961 年，
查尔斯·摩尔

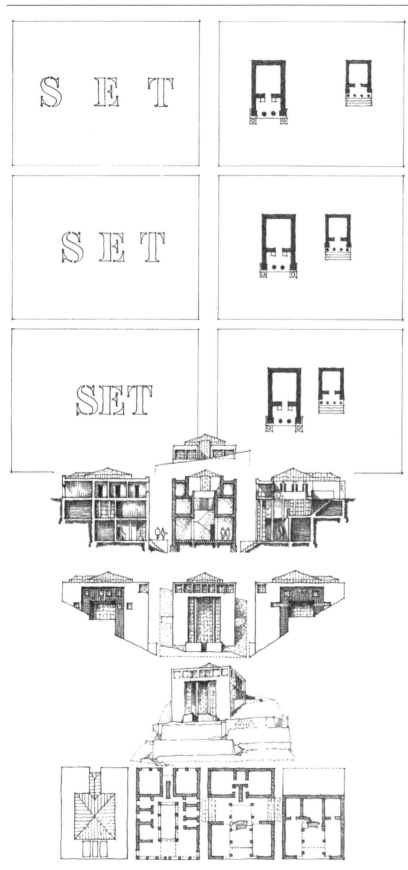

我们通常将设计绘图表现为一系列或一组相关的图形。典型的例子包括多层建筑的一系列平面图或一组建筑立面图。这些单张图纸的间距和排列方式以及相似的形状和处理方法，是决定我们将这些图纸理解为一组相关信息的集合和单独个体的关键因素。

· 使用留白和对齐排列来强调表现图中图形与文字信息的组织。若非必要，绝对不必填满空白。

· 如果我们想将两张图纸解读为两个独立的图形，它们之间的间隔应该与每张图和最近的边界间距相同。

· 将两个图移近一些能使它们作为一个相关的整体被解读。

· 如果把两张图移得更近一些的话，它们会显得似乎是一个图，而不是两个相关的独立视图。

· 恰当布局的绘图形成一个视觉集合，能够为其他绘图或人物形象限定区域边界。

· 线条可以发挥分隔、统一、强调和勾勒的作用。然而当间距或对齐排列可以达到同样的目的时避免使用线条。

· 图框可以在一个较大的范围或图纸、图版边界内建立一个区域。但要注意太多图框可能导致混乱的图—底关系。

魏德曼住宅方案（Project for Weidemann House），斯图加特，德国，1975年，罗伯·克里尔（Rob Krier, 1938—，德国建筑师）

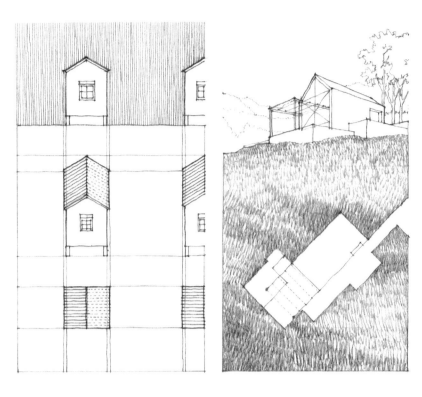

· 我们可以用明暗色调在一个更大的范围内定义一个区域。例如，立面图中一个暗背景可以与剖面图合并。透视图的前景可以成为建筑平面视图的区域。

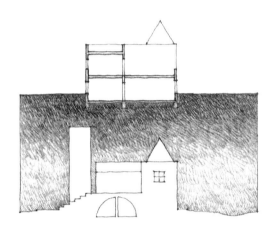

练习 12.3

为平面图、立面图和剖面图研究两种不同的策略，形成三组不同但相关的视觉信息：一组平面图、一组立面图和一组剖面图。如何使用色调明暗区域来建立或加强一个或多个视觉集合？

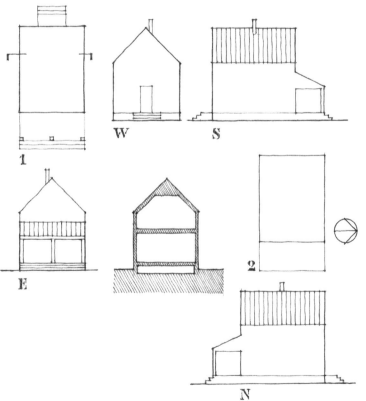

图标　Graphic Symbols

图标帮助观察者识别一幅图纸或表现图的各个方面。两个主要的图标类型是指北针和图形比例尺。

· 指北针指示了建筑平面的主要方位，使观众能够把握建筑物及其基地的朝向。

· 图形比例尺是有刻度的线段或标尺表现比例尺寸。当图纸按比例放大或缩小时这些比例尺仍保持比例，因此十分有用。

图标依靠惯例传达信息。为了很容易地识别和解读，使其保持简单干净——无多余的细节和花哨的样式。为了加强表现图的清晰度和可读性，这些图标也成为一副完整构图和表现图的重要元素。

图标和字体的影响取决于其尺寸、视觉重量和位置。

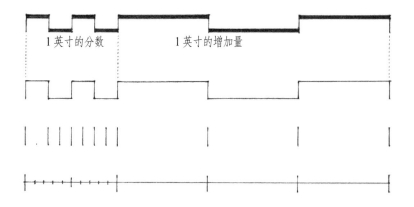

1英寸的分数　　　1英寸的增加量

尺寸　Size

图标和字体的大小应该与图纸比例相符，并在预计的距离内可读。

视觉重量　Visual Weight

尺寸和色调决定了图标和字体的视觉重量。如果需要一个大符号或大字体便于识读，而又不会因过于浓重的色调影响构图平衡，那可以使用轮廓线符号或字母样式。

位置　Placement

放置图标、标题和文字时尽可能靠近它们所指示的图纸。尽可能使用间距和对齐排列，来代替图框所形成的视觉信息集合。

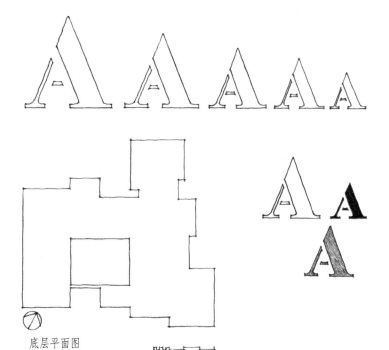

底层平面图

字体   Lettering

字体最重要的特性是可读性与一致性。我们使用的字体应该适合所表现的设计，而不会分散对于图纸的注意力。精心设计并可有效易读的字体和数字字体可供选择。因此，我们应该花时间用于选择和使用适当的字体，而不是试图设计新字体。

- 我们以目测等分字符间的空间来放置字符，而非通过机械性地测量每个字母端点之间的距离。通常数字插图和排版软件能够调整字距——调整两个特定字符的间距以纠正视觉上间距的不等距——同时追踪—调节一个单词或文本块的间距，它会影响文本的密度和质感。

- 如果整个表现图的风格一致，适宜采用小写字母。由大小写字母组成的文本块通常比全部由大写字母组成的文本块更容易阅读，因为小写字母之间的差异更加明显而且容易识别。

- 衬线是用来结束字母主要笔画的细线。它们提高了字体的识别性和可读性。避免在台头和标题中混合衬线和非衬线字体。

- 使用参考线控制手写体字母的高度和行距是必不可少的。最大的手写体字母是 3/16 英寸。超过这个尺寸，字体就超出了钢笔或铅笔所能产生的笔触宽度。

- 判断观察者将观看表现图的距离确定字体大小的范围。记住我们可能在不同的距离上识读到表现图的不同部分——项目概述、示意图、细节和文本等。

TYpO gRaPHY

正确的字体间距   不正确的字体间距

Lowercase lettering is particularly appropriate for bodies of text.

Serifs enhance the recognition and readability of letter forms.

HELVETICA IS A VERY LEGIBLE TYPEFACE.

**HELVETICA NARROW
is useful when space is tight.**

**TIMES IS A CLASSIC EXAMPLE OF A
TYPEFACE WITH SERIFS.**

**PALATINO has broader proportions
than Times.**

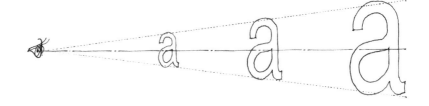

ABCDEFGHIJKLMNOPQRSTUVWXYZ 1234567890 abcdefghijklmnopqrstuvwxyz

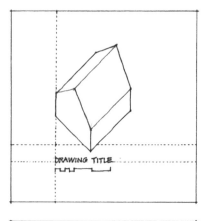
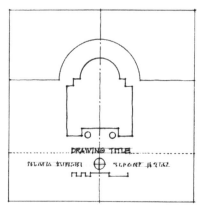

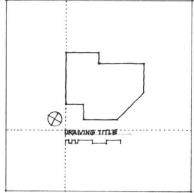
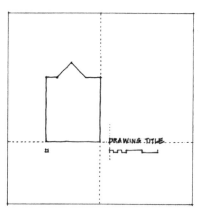

设计表现图中的文字应该仔细融入每幅图纸或图版的构图中。

图纸标题　Drawing Titles

将标题和图标联系起来以便识别与解释一个特定图纸的内容。按照惯例，始终把标题放在图纸的正下方。有时也可以将标题靠近一侧与绘图底部对齐。在这些位置上，标题有助于稳定绘图区域，特别是形状不规则的物体。使用对称布局来排版对称图形和设计方案。在任何情况下，一个垂直排布整齐的标题对于绘图本身，还是绘图区域来说都更容易识别。

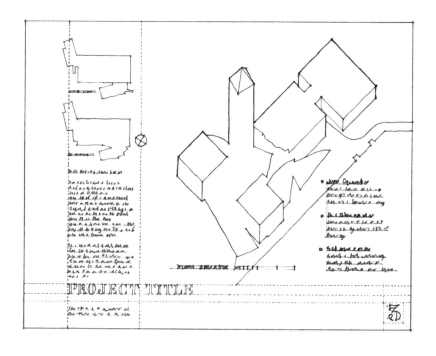

文本　Text

组织文本形成信息的视觉集合，并把这些集合直接关联到它们所指示的绘图部分上。文本行间距应该是 1 倍到 1 倍半的字体高度。文本段落之间的空间应等于或大于两行文字的高度。

项目名称　Project Title

项目名称及相关信息应与整张图纸或图版相关，而不是版面内的任何单张图纸。

一组相关图纸可布置成垂直、水平或网格状形式。在规划表现图的排版布局时，我们首先要确定想取得的基本关系。然后在着手绘制最终表现图之前，使用故事版或小比例演示图来尝试不同的图纸布局、对齐排列和相互间距。

· 记住摸索各类图纸或图版之间的内在联系。

· 使用地面线或标题对齐来保持图纸间的水平连续性。

· 不要包括不必要的尺寸标注、边框或图鉴；这些是绘制构造图或工程图的惯例。

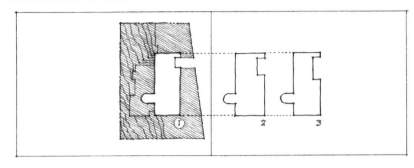

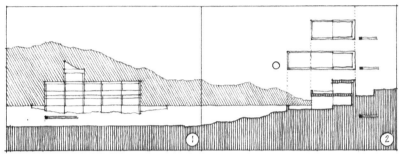

当表现图包含多张图纸、图版或版面时，给每个版面标注编号。此类信息应放置在每个版面的相同位置上。如果想以一个特定的方式呈现一组表现图的版面，我们使用更多的图形表示方法来标识每个版面的相对位置。

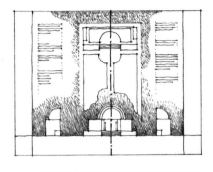
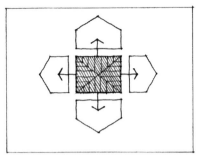

对称布局表现对称设计方案的效果最好。

居中布局适合表现由立面围合起的平面图、伸展的轴测图或大比例细节局部图纸围绕的轮廓图。

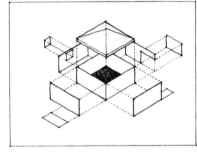
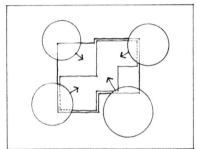

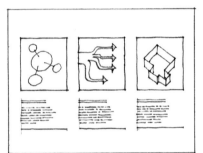
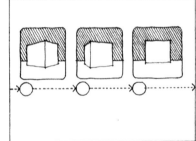

如果一系列相关绘是以不同方式或不同风格类型绘制的，我们利用图框或方框的统一方式将它们整合。

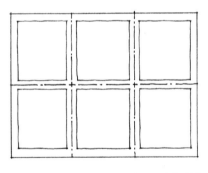
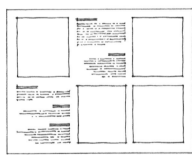

网格为在版面或图版上布置一系列图纸和文字信息提供了最大的灵活性。由网格创建的潜在秩序感使各种信息以统一的方式展现。

· 网格可能是正方形或长方形。
· 我们可以通过单独的方框或图框展示图纸、示意图和文字。
· 我们可以水平展示图纸并将文字置于每幅图纸之下，形成相关的纵列。
· 一张重要的绘图可能会占据超过一个方框或图框的范围。
· 图形和文字可以通过一种有机的方式结合起来。

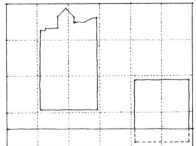
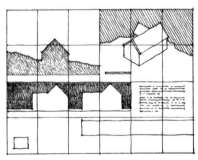

数字化排版　Digital Layout

准备徒手表现图并直接绘制到图纸或图版表面是一项设计难题，需要精心策划，确立适当的绘图关系，在排版之前用故事板模拟可能的布局。虽然这种需要时间检验的方法需要经深思熟虑并且几乎不允许出错，但其结果可能会令人惊叹。

另一方面，使用数字软件排版表现图提供了比直接在画面或画板表面绘图更多的优点。主要优点是能够在确定最终构图前尝试不同的布局。这可以通过数字软件的编组和图层功能组织图像和其他布局元素，并在决定最终的布局之前自由移动它们。必要的话，可以备份一份数字排版文件，如果新的排版尝试没有达到预期效果，便可恢复之前的版本。

虽然基于光栅的软件是通过剪裁、过滤和调整色调／颜色处理图像的理想选择，基于矢量的绘图和页面排版软件利用链接文件的功能，而不是嵌入文件更适合表现图排版。图像文件的链接使我们可以混合多种介质——手绘扫描、数码照片、矢量图像以及光栅图像——到一个单一的表现图中。使用链接图像文件的另一个好处是如果对任何原始图像进行了任何加工处理，一旦重新加载原始文件，版式文件中的图像就会被更新为修改过的图像。

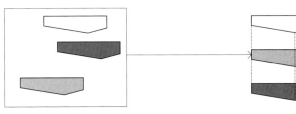

三幅数字图像在被链接或放置在排版文件时，可以对齐、等距然后编组。

如果需要的话，图像可以先旋转，再对齐、等距最后编组。

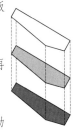

一旦被链接，编组的图像可以被移动直到达到理想的位置和排列布局。

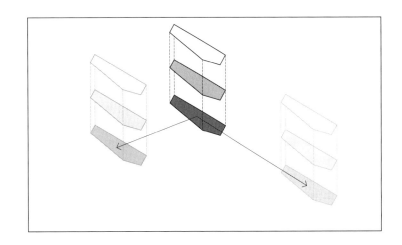

链接图像可以移动或蒙版

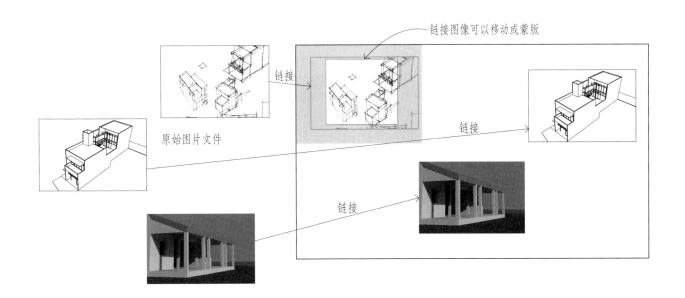

链接

原始图片文件

链接

链接

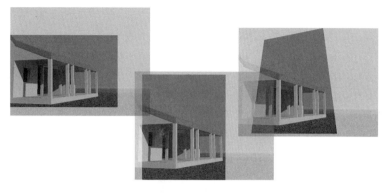

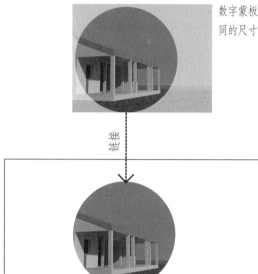

数字蒙板可以有不
同的尺寸和形状。

链接

在基于矢量的绘图和页面排版软件中，图框发挥占位符的作用，在其中可以放置或链接各种表现图的图形元素。每幅图框就像一个窗口，通过它我们查看放置的图像。原始图像可以被蒙版，而无需像在光栅图像操作软件中那样被裁剪。图像呈现出的部分由我们在绘图或排版软件中所创建的开口大小和形状决定。一旦被放置或链接，我们可以自由地移动图像，取景光圈会落到表现图排版中的不同位置，调整大小或旋转图像，以提高表现图的整体构图。

同样，我们可以添加其他表现图元素，如线条、形状和文字到排版文件中，移动、调整大小或旋转这些元素使其对布局构图产生最大的贡献，并增强所建立起的视觉信息集合。也可以使用非打印的引导线帮助我们调整和协调视觉信息集合，并在图纸、图版或版面之间保持布局的一致性。

数字图形软件的图层功能使我们能够将某些元素前置并让其他元素后置，这在立面图、剖面图甚至轴测绘图中研究适合的前景—背景关系时是十分有用的。

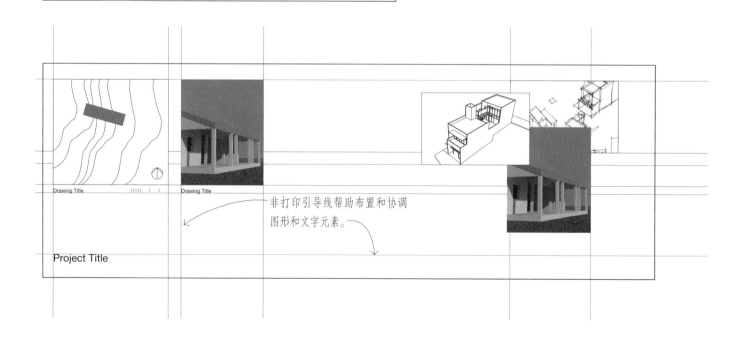

Drawing Title

Drawing Title

非打印引导线帮助布置和协调
图形和文字元素。

Project Title

当准备数码环境中的表现图时,我们应该认真考虑图像、字体以及图标彼此之间和相对于整个布局的尺寸大小。因为我们可以很容易地放大或缩小表现图的某一部分,并在整体中审视它——通常我们在计算机屏幕上看到的图像是缩小的尺寸。确定任何表现元素的大小是比较困难的,特别是文字,例如判断打印或出图时表现元素是否太小造成无法阅读或是相对于排版布局中的其他元素,表现元素的尺寸是否过大。以实际尺寸将整张图或选取部分表现图打印、绘制出来可以在最终打印出图前提供有价值的反馈。

在任何一种情况下,所有我们希望别人观看的绘图在各种距离上都应可读。当作为一个整体观看时,图纸应该有一个引人注目的图—底关系构图;当更靠近观看时,应该展现出适当的细节水平。

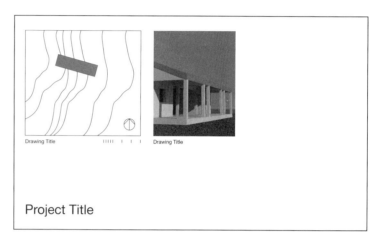

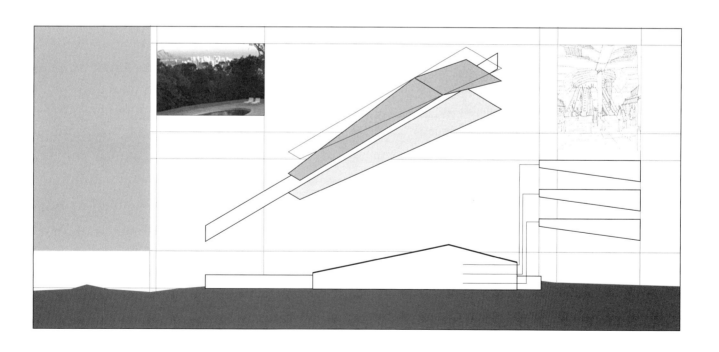

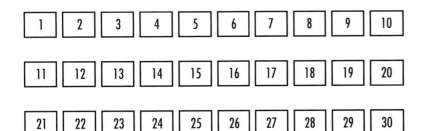

数字技术可以使动画将时间和运动元素引入建筑表现图中。在传递空间环境的体验特质时，动画实际上是由一系列静止图像或帧按顺序放映在电脑显示器或屏幕上。这些帧的放映速度越快——称为"每秒帧数"（fps，frames per second）的速率——动画中显示的视运动就越顺畅。常用的帧播放速率是每秒 30 帧，帧速过慢会出现断断续续的跳帧现象。

每秒放映 30 帧

动画使用的是每秒 30 帧的速率，1 分钟就是 1800 帧。如果每个图像需要 5 分钟渲染时间，动画全部的处理时间将是 9000 分钟或 150 小时。渲染处理时间是图像尺寸和模型复杂程度的函数。例如 1280×960 像素的图像比 640×480 像素的图像需要更多的处理时间。材料的反射和模型中灯光和表面的数量也会影响渲染每帧的时间。因此计划制作一个动画确保高效的工作流程并减少制作时间是至关重要的，并需要使用故事板。

预制作 *Pre-Production*
我们用故事板绘制出每一个重要的场景、场景将发生的顺序和我们计划的场景之间的切换。故事板不仅有助于建立相机视角，还有助于选择灯光和材料。它还允许设计师集中精力花费时间用在动画中能够实际看到的这些元素和特征上，而不是将精力集中于不出现在最终动画里的数字模型上。

确立拍摄点：镜头 1

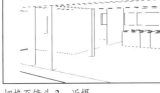

切换至镜头 2

近摄：镜头 2

切换至镜头 3：近摄

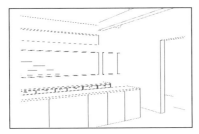

切换至镜头 4：室内

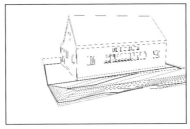

切换至镜头 5：室外

制作　Production

创建步行穿过建筑项目的动画意味着我们只是绘制出一条希望走过的连续路径，沿着这条路走过时带上一台相机，沿途用相机记录一系列的图像帧。虽然这可以表达我们如何感知空间环境，而使用一条连续的线路往往会造成项目视角混乱、重复和晕头转向。一个更有效的方法是采用由电影人发明的技术，在一系列重点突出的动画中利用一系列的相机和短步穿行走过空间。然后我们可以编辑并把这些短动画连接在一起，使用连续编辑以保持空间的连续性和简短序列之间的易于理解。

远景包括全部空间、物体或建筑

中景包括主要的而非全部的空间或建筑。

中近景关注一个细节或特征，但提供了一些空间背景。

近景关注特定细节、特征或一部分的空间。

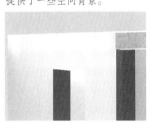

特写关注很小一部分的空间细节或特征。

拍摄比例　Shot Scale

拍摄比例决定了包含在一个场景中的视觉信息的数量。在一帧中物体的大小取决于两个因素：相机距离物体的距离和相机镜头的焦距。

相机移动　Camera Movement

相机定位与相机移动相结合允许我们移动一个空间或物体。在动画中一些常见的相机移动如下：

· 平移：沿纵轴左右旋转相机复制我们头部的水平移动。这是一种有效的相机移动，从空间或建筑一侧移向另一侧。

· 倾斜：沿水平轴上下旋转相机模拟我们头部的上下移动。这是在空间内相机一种有效的上下运动。

· 追踪：移动相机模仿我们头部如何跟随移动的物体或图形。这有助于表达出我们如何跟踪一个人从一个空间走到另一个空间，或在校园中的建筑之间游走。

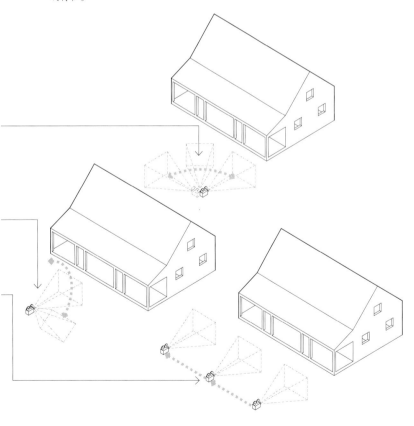

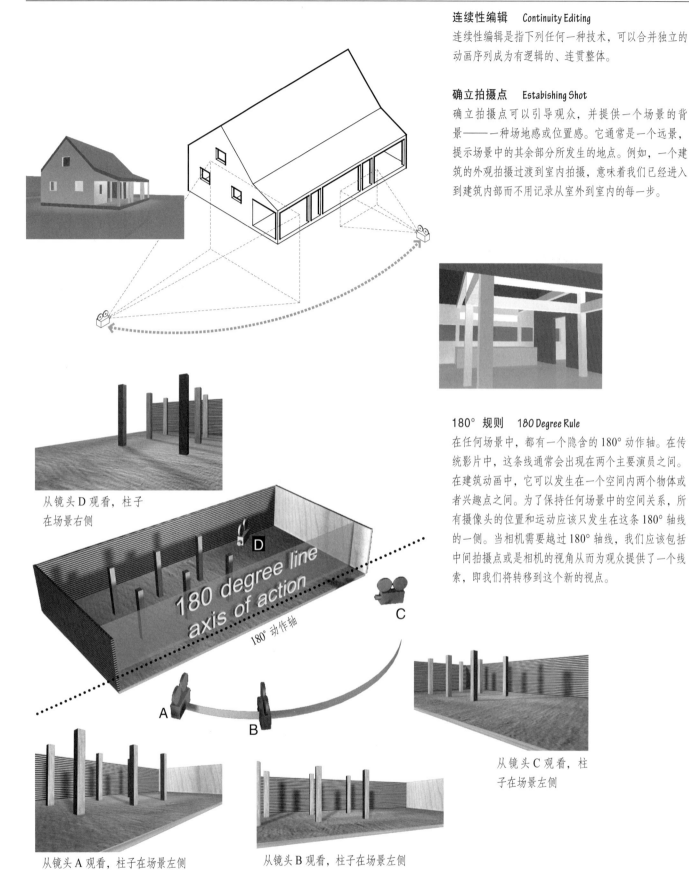

连续性编辑 *Continuity Editing*

连续性编辑是指下列任何一种技术，可以合并独立的动画序列成为有逻辑的、连贯整体。

确立拍摄点 *Estabishing Shot*

确立拍摄点可以引导观众，并提供一个场景的背景——一种场地感或位置感。它通常是一个远景，提示场景中的其余部分所发生的地点。例如，一个建筑的外观拍摄过渡到室内拍摄，意味着我们已经进入到建筑内部而不用记录从室外到室内的每一步。

180° 规则 *180 Degree Rule*

在任何场景中，都有一个隐含的180°动作轴。在传统影片中，这条线通常会出现在两个主要演员之间。在建筑动画中，它可以发生在一个空间内两个物体或者兴趣点之间。为了保持任何场景中的空间关系，所有摄像头的位置和运动应该只发生在这条180°轴线的一侧。当相机需要越过180°轴线，我们应该包括中间拍摄点或是相机的视角从而为观众提供了一个线索，即我们将转移到这个新的视点。

180 degree line
axis of action

180° 动作轴

从镜头 D 观看，柱子在场景右侧

从镜头 C 观看，柱子在场景左侧

从镜头 A 观看，柱子在场景左侧

从镜头 B 观看，柱子在场景左侧

30° 规则　　*30 Degree Rule*

当从一个相机视角转移到下一个，相机定位应该至少转移30°，新视角提供了充足的透视变化足以使观察者能够重新评估场景的背景环境。遵循这一规则也可以软化改变拍摄距离所带来的影响，如从中景变为特写。以较小变化增量改变相机位置不能显著转变我们的视点，有可能会造成迷惑。

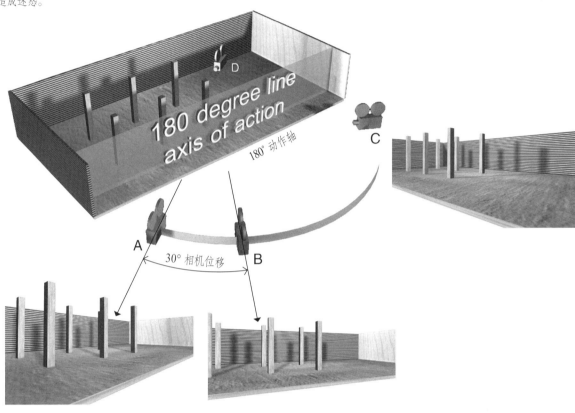

交替反向拍摄　　*Shot-Reverse Shot*

交替镜头拍摄是在两个相机之间变换，从而在一个场景或空间内建立起两相对应的透视。这种方法与180°规则相结合，提供一个空间或建筑物的全面视图，而无须采取过多的相机移动或渲染时间。

拍摄

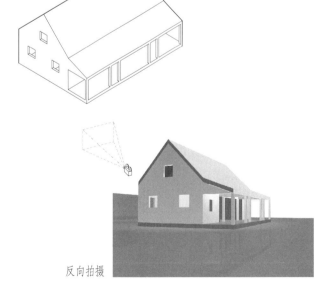

反向拍摄

后期制作　Post-production

动画表现的后期制作是在创建各个构成序列完成之后。它不仅包括编辑序列，也包括创建切换以及建立伴随着配乐动画播放的节奏。

切换　Transitions

从一个场景到下一场景的切换在为观众提供一致的空间方位感时起到了至关重要的作用。虽然数字软件提供多种切换效果，从旋转的立方体到翻页到随意切换镜头，许多更精心的切换往往会分散表现的连续性并将注意力从表现的内容转移到特效上。有四种简单但有效的切换效果，可用于场景的直接移动而会不破坏视觉信息的流畅。

切换：从一个场景立即转换到下一个。

节奏　Pace

每分钟切换的次数会影响动画的感知节奏。更多的剪切将创造一个更快的节奏，建立一个更积极的氛围或接近一个空间；而较少的剪切将放慢节奏，这在表达一个建筑或环境的复杂性时是有用的。

渐入：一个场景逐渐从黑色或空白背景中显现出来。

声音　Sound

声音增加了观察体验中强烈的感官层面。配乐应该补强图像，但不是压倒视觉信息。声音，特别是音乐，可以加强一个空间的体验品质，无论是一个房间表面的反射特质或一个大厅中活跃的社会环境。音频可以键入到动画中特定的切换，增强编辑节奏以及在不同场景间建立时间的连续性。最后不同于视频编辑，音频编辑同时涉及水平和垂直的分层过程，因为多音轨可以层叠在视频上。

渐出：一个场景逐渐变为黑色或空白背景。

淡出／淡入：一个场景溶入一个叠加的图像而不会立即出现切换或亮度变化。

练习12.4
使用的⅛英寸高的手写字母书写以下引文，文字行间距¼英寸。

"我从6岁就开始喜欢临摹，到了50岁左右作品就常出版，但直到70岁都还没画出什么值得一提的作品，75岁时约略掌握了花草树木的生长、虫鱼鸟兽的结构，希望到了80岁时会有长足进步，90岁时更能参透万事万物的原理，到110岁时信手拈来就能画出栩栩如生的事物。"

——《漫画》，葛饰北斋（1760—1849，日本画家）

"From the age of six I had a mania for drawing forms of things. By the time I was fifty I had published an infinity of drawings, but all I have produced before the age of seventy is not worth taking into account. At seventy-five I learned a little about the structure of nature—of animals, plants, and bees, birds, fishes and insects. In consequence when I am eighty I shall have made a little more progress. At ninety I shall certainly have reached a marvelous stage, and when I am a hundred and ten, everything I do—be it but a line or a dot—will be alive."

—*The Manga*, Hokusai（1760–1849）

练习12.5
使用你的手写稿和《癫狂的诗人》（*Mad Poet*）图进行页面布局。

表现绘图

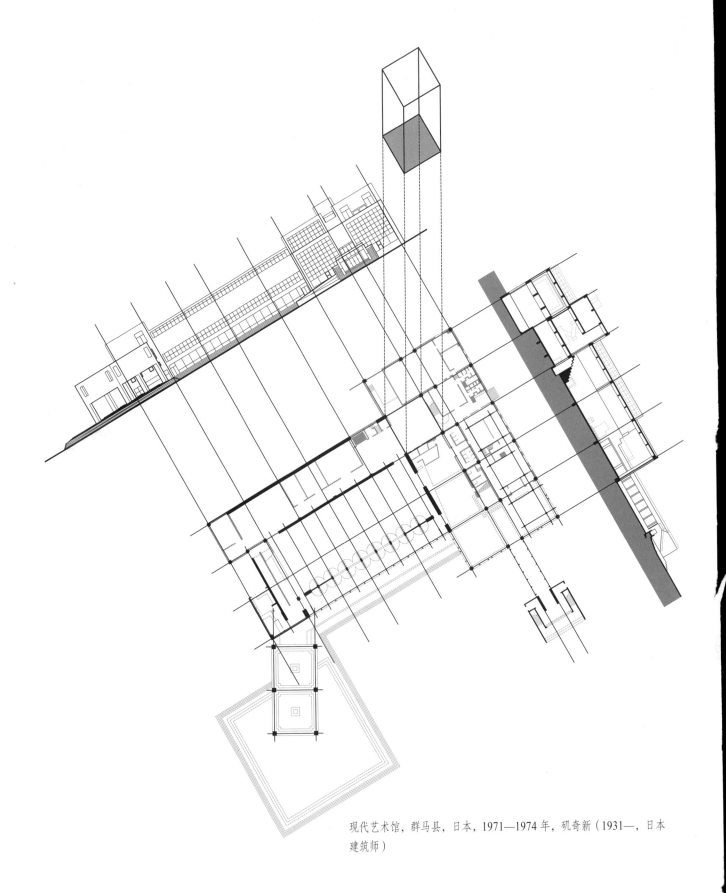

现代艺术馆，群马县，日本，1971—1974 年，矶奇新（1931—，日本建筑师）